블로우 드라이
Blow Dry

김주섭·유세은·최복자·이미정 지음

구민사

저자 약력

김주섭 상지영서대학교 뷰티케어과 교수
유세은 여주대학교 뷰티헤어스타일과 교수
최복자 노블헤어팀 원장
이미정 이미정헤어 원장

모델 남하나, 김보람, 안다해, 최미정

블로우 **드라이**

초판 1쇄 인쇄 2014년 3월 5일
초판 1쇄 발행 2014년 3월 10일
초판 2쇄 발행 2018년 8월 3일

저 자 김주섭, 유세은, 최복자, 이미정
발 행 인 조규백
발 행 처 도서출판 구민사
(07293) 서울특별시 영등포구 문래북로 116, 604호(문래동3가 46, 트리플렉스)
전 화 02.701.7421~2
팩 스 02.3273.9642
홈페이지 www.kuhminsa.co.kr
등 록 제2012-000055호 (1980년 2월 4일)
I S B N 978-89-7074-897-9 93150
값 26,000원

머리말

미용시술의 여러 분야에서 블로우 드라이는 드라이기와 둥근 롤을 사용하여 모발을 펴거나, C컬, S컬을 형성하여 헤어스타일을 연출하는 시술이다.
커트, 염색 시술이 끝나면 헤어스타일의 완성도를 높이기 위해 블로우 드라이 시술을 한다.

본 교재는 모발의 길이별, 성별, 테크닉별로 분류하여 내용을 구성하였다.
모발의 길이별로는 쇼트의 길이, 미듐의 길이, 롱헤어의 길이로 구분하여 구성하였다. 성별은 남성과 여성으로 구분하여 구성하였고, 테크닉은 펴기, C컬, S컬로 구분하여 시술 순서에 맞추어 사진과 해설로 구성하였다.

또한 사진으로 시술을 따라 연습하거나 이해하기에 부족한 감이 있어 짧은 동영상을 제작하여 QR 코드로 제작하여 각 파트별로 구성하여 누구나 쉽게 블로우 드라이 시술 테크닉을 보면서 연습할 수 있도록 하였다.

본 교재가 나오기까지 적극적으로 후원해주신 도서출판 구민사 대표 조규백 사장님을 비롯한 직원분들께 감사드리며, 모델로 수고해주신 민스헤어 강릉교동, 택지점 직원분께 감사의 마음을 표한다.

저자 일동

CONTENTS

1장. 블로우 드라이(Blow Dry)

2장. 블로우 드라이 기초 테크닉

CONTENTS

3장. 앞머리 블로우 드라이 스타일

1. 숏트 스타일

2. 미듐 스타일 앞머리 연출

4장. 길이에 따른 블로우 드라이 스타일

1. 쇼트 스타일

2. 미듐 스타일

3. 롱 스타일

5장. 블로우 드라이 스타일

6장. Man's 드라이

7장. Man's 스타일 연출

Blow Dry

Chapter 1

블로우 드라이(Blow Dry)

1. 블로우 드라이란?
2. 블로우 드라이 도구
3. 블로우 드라이 시 얼굴형과 디자인
4. 블로우 드라이 시술순서
5. 블로우 드라이 시 주의사항

Blow Dry / Chapter 1

1. 블로우 드라이란?

블로우 드라이는 미용실에서 헤어드라이기의 열과 바람으로 젖은 모발을 건조시켜 일시적으로 새로운 스타일을 연출하는 작업을 말한다. 헤어커트, 퍼머넌트, 스타일링의 3요소 중 헤어 스타일링을 위한 가장 기본적이고 중요한 기술이다. 정확한 커트에 의해 형성된 헤어스타일에 스트레이트, C컬, S컬 등의 스타일을 완성하는 기술이며 외부 자극에 의한 손상으로 손실된 모발의 윤기와 탄력을 일시적으로 줄일 수 있는 시술이다.

미용실에서 드라이어와 롤 브러쉬 등을 사용하여 고객이 만족하는 헤어스타일을 창조해 나가는 마무리 작업이다.

우리나라 블로우 드라이의 시술은 1960년대 중반 이후 급격히 보급된 현대미용의 테크닉이다. 헤어스타일에 관한 관심은 1900년도를 전후로 외국의 문명이 유입되면서 시작되었다.

1933년 처음으로 미용실이 생겨나 극히 일부 층에서만 이용하였는데, 이러한 변화는 여성들의 사회 참여와 함께 급속도로 확산되었다.

헤어스타일을 구사하기 위해 아이론(iron)에만 의존해 오다 1970년대에 일본을 통하여 드라이어가 도입되었으며, 아이론이 모발에 좋지 않은 영향을 끼치게 됨을 인식하면서 1980년대에 드라이어 사용이 확산되었고, 현재는 대부분의 가정에서 사용하는 일반화된 미용 기구의 하나라 할 수 있다.

1) 블로우 드라이 원리

드라이기의 열풍, 온풍, 냉풍을 이용해 일시적으로 모발의 구조에 변화를 주어 스타일링을 형성하는 방법으로서 모발에 물이 닿으면 모발 내부의 측쇄 결합 중 수소결합이 일시적으로 끊어지게 되고 모발이 마르면 다시 재결합이 이루어진다. 이런 원리를 기본으로 드라이기의 열풍을 이용해 모발의 수분을 증발시키면서 물리적인 힘을 가해 새로운 형태의 모양을 만든다. 이때 수소결합과 염결합의 재결합으로 새로운 형태가 만들어져 고정되며, 그 형태 변화는 펴기, 안말음, 웨이브 등이 된다. 그러므로 다른 형태로의 전환이나 스타일링을 형성시키기 위해서는 반드시 모발에 적당한 수분을 골고루 공급하는 것이 필요하다.

Tip!

- 열 + 바람 + 수분으로 스타일을 만든다.
- 롤, 파마로드, 아이론 등의 공통점은 둥글다. → 컬이 만들어진다.
- 한 바퀴 와인딩 → C컬이 생긴다.
- 두 바퀴 반 와인딩 → S컬이 생긴다.
  * 반을 더 말아야 하는 이유는 리치가 생기는 부분이 꺾이기 때문이다.
- 모발에 열을 가하면 모발이 쭈그러든다. 이때 롤을 이용해 모발을 잡아당겨서 스타일을 낸다.
- 젖었을 때 모발은 평상시 보다 최대 2배까지 늘어난다(수소결합이 절단). 이 역시 롤을 사용한다.
- 젖은 머리 그대로 말리면 원상태로 되돌아간다.
- 모발에는 유분과 수분이 있다. 드라이 할 때 수분이 먼저 증발하고 유분이 남아서 모발에 막을 형성해 윤기를 준다(돈모 사용 시 고루 윤기가 난다).
- 손상모는 드라이 시 윤기가 없다(다공성 모라 간충물질도 없고 수분도 증발하고 유분도 남아 있지 않다). 따라서 에센스나 트리트먼트(수분+유분)를 해줘야 한다.
- 손상모를 드라이할 때 손상모의 끝이 다 갈라져(지모) 모발이 엉킨다. 스타일 상에 있어서는 열을 더 줘야 하며, 미리 에센스 등으로 트리트먼트를 한다.
- 드라이한 곳에 열을 가해 드라이하면 스타일이 안 나온다.

  이유는 이미 수분을 주어 수소결합을 파괴하고 열과 바람을 이용해 건조시켜서 수소결합이 재결합되면서 스타일을 만들었기 때문이다.

  이때는 분무를 해서 수소결합을 다시 절단시킨 후 스타일을 만들거나 더 높은 열을 이용해서 스타일을 변형시켜야 한다(높은 열 사용 시 머리 손상에 항상 주의를 하자).

  예를 들어 100℃에서 수분의 1/2이 증발하면서 스타일이 완성된다면 더 높은 열(아이론) 사용 시에는 150℃에서 남아있는 수분의 어느 정도를 또 증발시키면서 스타일이 고정된다.

2) 블로우 드라이 시술 시 중요한 요소

(1) 열과 수분

버진헤어는 드라이로 80%정도 말린 후 시술에 임한다. 즉, 언제나 20% 정도의 수분이 모발에 유지된 상태에서 작업에 임한다(웨이브 퍼머 헤어, 건성 모발은 70%, 지성 모발은 90%의 파워드라이를 한다). 적당한 수분이 있는 상태에서 드라이를 시작하여 드라이를 끝낸 후에는 모발 자체의 수분이 10~14%가 남아있어야 한다. 수분이 없는 건조한 상태에서 드라이를 하게 되면 건조 후에도 남아 있어야 할 모발 자체의 수분이 손실되므로 모발 손상의 원인이 된다.

블로우 드라이 스타일링 시 드라이어의 열이 지나칠 경우, 모발의 수분량이 과도하게 소비되어 모발이 거칠어지고 윤기를 잃기 쉽다. 드라이 시작 시 전두부 부분은 빨리 말고 시술에 들어가더라도 네이프 부분을 드라이하는 동안 자연 건조되기 때문에 수분 조절이 가능하다.

(2) 각도

드라이와 롤의 각도로 모발 모근 부분의 볼륨, 중간 부분의 흐름, 모발 끝의 방향을 디자인으로 컨트롤 한다.

(3) 위치

두상이 둥근 모양이기 때문에 머리는 방사(원형 상태)로 되어 있어 조금씩 원형으로 돌며 시술하여, 일치된 방향에만 텐션이 가해지는 것을 막아 골고루 텐션이 분배될 수 있게 한다.

(4) 회전

회전은 텐션과 긴밀한 관계를 가지고 있다. 회전은 많은 볼륨을 표현하고, 컬의 각을 만들며, 선의 흐름을 이어주는 역할을 한다.

(5) 텐션

드라이에 있어 가장 많은 부분을 차지하고 가장 중요한 부분이다.

롤이 헛 돌아서는 안 되며 피 시술자의 두상이 움직이게 해서는 안 된다.

롤을 쥐는 방법, 힘을 주는 방법, 드라이기를 두상에 대는 각도와 회전의 밀접한 관계를 유지해야 한다. 모발을 윤기 있게 드라이하기 위해서는 항상 롤 브러시를 회전해야 하며 고르게 힘이 들어가야 한다. 롤 브러시 회전 시 모발이 롤에 끼어 잘 빠지지 않을 경우, 롤 브러시를 회전 반대 방향으로 반 바퀴 풀어서 빼준 다음 다시 그 부분에서 브러시를 회전시키면서 드라이한다.

(6) 휭거워크

스타일링의 마무리 단계에 자연스러운 스타일 연출을 위해 손가락을 사용하여 시술하는 테크닉으로 각각의 테크닉에 따른 손가락의 역할이 있다. 스타일에 맞게 10개의 손가락으로 그때 상황에 맞는 역할을 반복 작업으로 기억해야 한다.

(7) 속도(Speed)

모발의 흐름을 정리하기 위해 행하는 드라이는 빠르게 진행하는 반면, 모발의 윤기를 내기 위해 행하는 브러시 회전은 천천히 여유 있게 시술한다.

3) 블로우 드라이 포인트

(1) 모발의 방향성을 이행한 표현의 연출이다.

(2) 하드와 소프트의 관계에 대한 대조의 세계이다.

(3) 메이크업, 패션과 동일한 헤어스타일의 질감 표현이다.

(4) 두피에 대한 업스템, 다운스템이다.

(5) 전두부(후런트)와 측두부(사이드라인)의 무게감과 반응하는 관계이다.

(6) 각 제품 용도에 대한 이해를 한 후 스타일을 연출한다.

4) 드라이 종류

(1) 로테이션 드라이(Rotation Dry)

손바닥을 사용하여 두피의 위에서 머리카락을 로테이션해가며 드라이어의 열로 볼륨을 만드는 일이다.

(2) 스크런치 드라이(Scrunch Dry)

손으로 모발을 쥐듯이 잡아서 드라이어의 바람을 이용해 볼륨을 만드는 일이다.

(3) 파워 드라이(Power Dry)

머리를 움직여서 머리끝까지 말리는 형태이다.

(4) 트위스트 드라이(Twist Dry)

섹션을 뜰 때 트위스트 해서 말리며 머리다발을 하나로 묶어서 질감을 내는 방법이다.

(5) 라운드 브러쉬 드로우 드라이(Round Brush Drow Dry)

머리를 롤브러쉬로 감아서 머리의 모근에서부터 컬을 만들어 가면서 머리끝까지 형태를 만드는 일이다.

(6) 덴만 블로우 드라이(Denman Blow Dry)

덴만 브러쉬를 사용해서 모근을 세우고 미끄러지듯이 사용해서 볼륨을 내어 스타일을 만드는 일이다.

(7) 벤트 드라이(Vent Dry)

벤트 브러쉬를 사용하여 방향성을 만들고 머리의 모근에 볼륨을 만드는 일이다.

(8) 오버 드라이(Over Dry)

모발의 수분 함유량은 11~13%가 이상적이다. 수분 함유량 10% 이하의 모발을 건조모라고 하는데 모발에 수분이 부족하면 머리가 푸석거리고 깨끗이 정리가 안 된다. 이렇게 지나치게 건조된 것을 오버 드라이라고 한다. 이 상태에서 정상으로 돌리는 것은 쉽지 않다. 모발의 주성분은 단백질로 열에 약하기 때문이다.

드라이어에 의해 수분이 지나치게 증발하면 모발은 손상되어 푸석거리게 되고 여기에 드라이어의 열을 더 가하면 갈색으로 변하면서 뻣뻣해진다. 오버 드라이가 되었다면 다시 한 번 머리를 적신 후 트리트먼트제를 발라준다. 프리 드라이는 물방울이 떨어지지 않을 정도면 충분하다.

2. 블로우 드라이 도구

1) 드라이기

(1) 잡는 법에 따른 분류

① 손잡이를 쥐는 방법

온도조절 장치를 작동하고 각도 조절과 상하로의 움직임을 용이하게 할 수 있도록 유동성 있게 드라이어의 손잡이를 잡는다.

② 노즐을 쥐는 방법

고객의 의자 높이가 높을 경우 작업이 용이하며 어깨와 손가락에 무리가 적어서 대부분 선호한다.

(2) 드라이 부속 기구

① **노즐 :** 드라이 출구에 끼워 열풍이 모아지기 때문에 방향을 변화시키거나 컬의 형태(볼륨)를 정확하고 강하게 나타낼 수 있다.
바람을 한 곳으로 집중적으로 보낼 수 있어 다른 부위에 영향을 주지 않으면서 효과적으로 스타일을 낼 수 있다.

② **디퓨져 :** 모발의 상태를 그대로 유지하여 자연스럽고 풍성한 볼륨을 낼 수 있게 하는 기구이다. 모발 전체에 균일한 바람을 넣어주기 때문에 모발 표면이 지나치게 건조되거나 흐트러지는 것을 방지할 수 있다.

③ **바디 :** 드라이어의 몸통 부위 안쪽에는 열선과 팬이 있어 열과 바람을 낸다.

④ **팬 :** 작은 팬으로 모터에 의해 바람을 일으킨다.

⑤ **컨트롤러 :** 냉·온풍을 조절한다.

⑥ **핸들 :** 드라이어의 손잡이 부분이다.

드라이어를 머리에 붙이면 – 정전기가 발생하고 머리가 눌리고, 열이 약해 잘 안 펴진다.

드라이어가 머리에서 너무 많이 떨어지면 – 머리카락이 날리고 열도 좀 약해진다.

드라이어는 모발로부터 1㎝ 정도 띄운다. – 바람구(노즐)가 내 몸으로 향하게 한다.

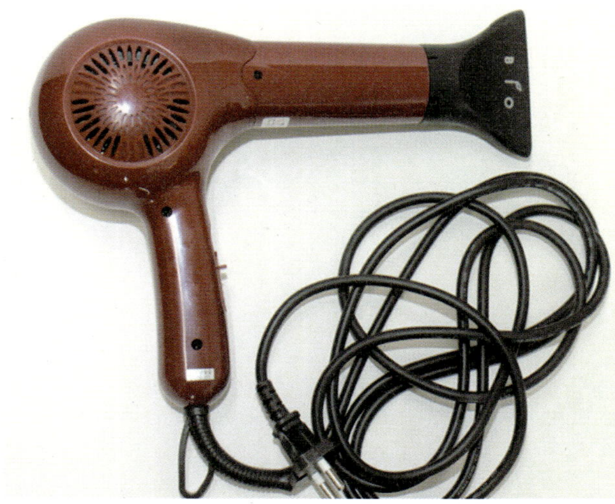

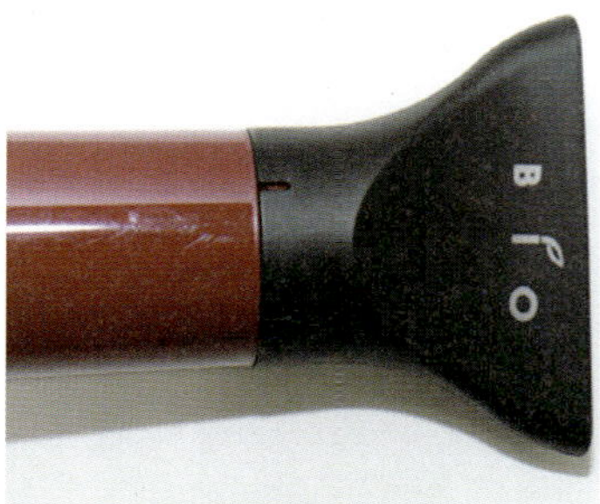

노즐 부분

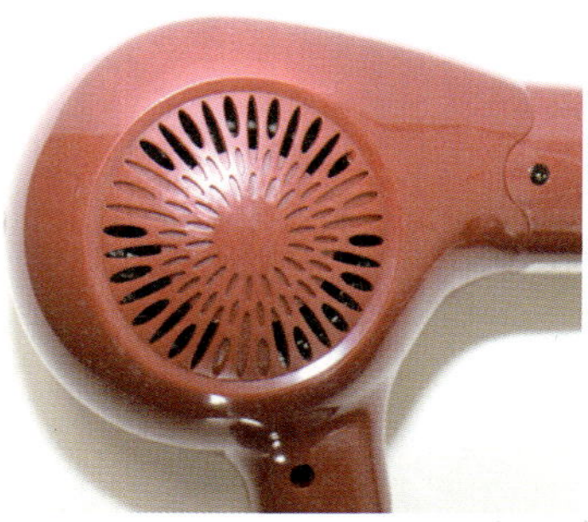

팬 부분

컨트롤러

2) 롤 브러쉬

(1) 롤 종류

① 정리용 브러쉬(가시롤)

자연스러운 부분을 원할 시 - 머리 흐름에 따라 라인을 만든다.

- **장점 :** 롤 자체가 성글기 때문에 섹션을 많이 잡을 수 있으며, 시술 시간을 단축시킬 수 있다. 웨이브 펌이나 스트레이트 펌 마무리 시 웨이브에 크게 영향을 주지 않으며, 자연스러운 마무리를 할 수 있다. 스트레이트 효과를 위한 강하지 않은 블로우 드라이를 할 수 있다.
- **단점 :** 롤이 성글기 때문에 정교한 스타일을 내기 어렵다.
  텐션이 약하다. - 곱슬, 웨이브 머리를 펴기가 힘들다.
  윤기가 나지 않으면 장시간 사용 시 모발에 정전기가 일어날 수 있다.
  잘 엉키기 때문에 긴 머리에 컬을 형성하기는 어렵다.

② 롤 브러쉬(돈모)

텐션을 주며 펴기에 사용한다.(곱슬머리 펴기가 쉽다) 예전에 많이 사용(디자이너에 따라 다 달리 사용)했다.

- **장점 :** 스트레이트 스타일에 적합 - 모가 촘촘하여 치밀하게 모발을 펴 주기 때문에 매끈하고 윤기가 난다. 자주 사용하면 길들여져서 긴머리의 모발을 컬링할 때 거친 질감의 모발이라도 잘 엉키지 않게 정확하게 시술할 수 있다. 장시간 사용하여도 정전기가 일어나지 않는다.
- **단점 :** 새 롤은 거칠기 때문에 모발에 자국을 내거나 강한 텐션을 줄 수 있으며, 길들여 지면 모발이 윤기나며, 매끄럽게 시술된다. 롤 자체가 촘촘하여 시술하기가 힘들며 시술시간도 더디고 컬을 만들 때는 와인딩 하기가 힘들어 고도의 기술이 필요하다.
  일단 컬이 형성되면 강하게 컬이 형성되어서 자연스러운 스타일을 원하는 사람에게는 적합하지 않다.
  섹션을 많이 뜨지 못하기 때문에 모발을 잡아 주는 것이 약하다.

③ 돈모와 나일론이 섞인 롤 브러쉬

롤 자체는 돈모에 가깝게 촘촘하며 길게 삐져나온 모가 나일론이다. 돈모의 단점이 보완되어 컬 형성하기가 쉬우며 초보도 쉽게 와인딩할 수 있다. 시술 시간을 단축할 수 있다. 정전기 발생이 억제되어 윤기 있는 마무리를 할 수 있다.

④ 금속성 브러쉬

롤의 몸에 금속이 있어 금속이 열을 받아들여 드라이 열이 오래도록 지속되어 시술시간을 단축해 컬 형성이 쉽다. 초보는 금속에 너무 많은 열을 가하여 모발 손상을 줄 수 있으니 주의한다.

⑤ **덴멘 브러쉬**(영국의 덴멘사가 제조한 브러쉬)

커트 라인을 아름답게 정리하고, 커트 선을 살려 자연스러운 웨이브를 형성하는데 적합하며, 퍼머 모발에 변화를 줄 수 있다. 또 남성 커트 후나 자연스러운 스타일을 원할 때 사용된다.

유럽에서 가볍고 내추럴한 머리에 많이 사용한다(모질이 가볍고 숱이 없다).

⑥ **스켈톤 브러쉬**(갈비뼈와 같이 브러쉬 몸통에 구멍이 있어 유래한 이름)

모발을 건조하면서 블로우 드라이 시 볼륨감을 주며 남성 헤어, 쇼트 헤어에 사용한다.

가시롤

돈모

가시돈모

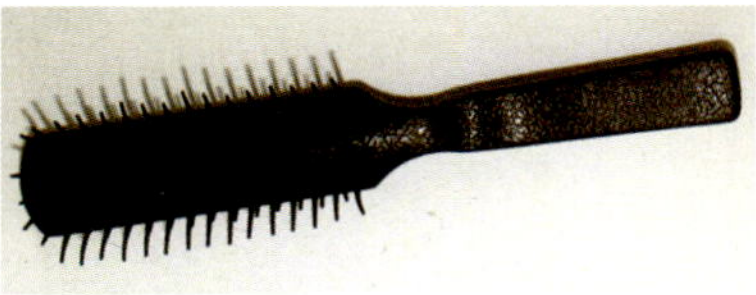
금속성 브러쉬

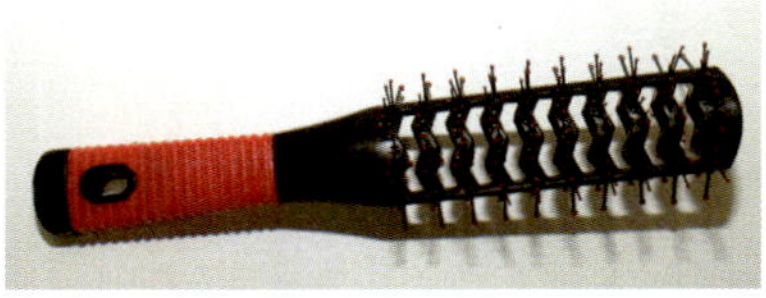
덴멘 브러쉬

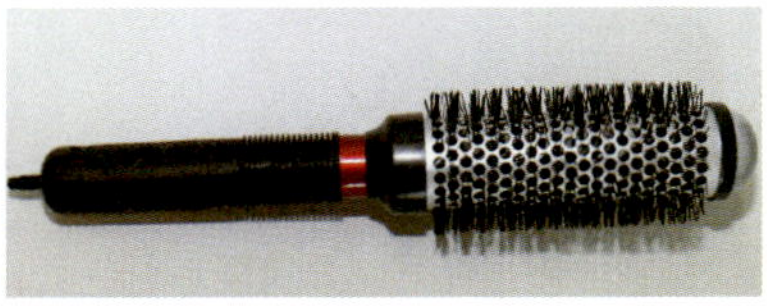
스켈톤 브러쉬

3) 분무기

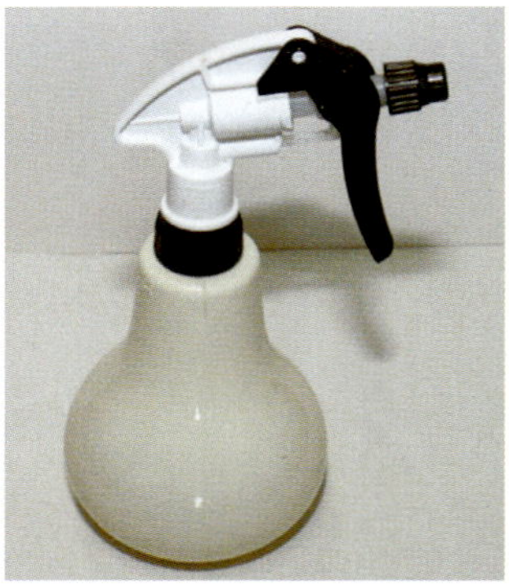

블로우 드라이 시술 시 모발에 물을 분무하기 위해 사용하는 도구이다. 물을 분무하는 이유는 모발의 수소결합을 절단하여 모발의 변형을 쉽게 하기 위함이다.

4) 클립(핀셋)

클립은 두상을 파팅하여 고정시키는 역할을 한다.

3. 블로우 드라이 시 얼굴형과 디자인

1) 디자인이란?

(1) 헤어디자인을 만들기 위한 기본원리

① 점

작은 점이 있고, 큰 점이 있다. 같은 디자인의 옷에 단추가 각각 다른 위치에 설정되어 있다면 전혀 다른 느낌을 받는다. 즉 어떠한 위치에서 점을 바깥면에서 혹은 안쪽면에서 설정함으로써 디자인에 변화가 생긴다.

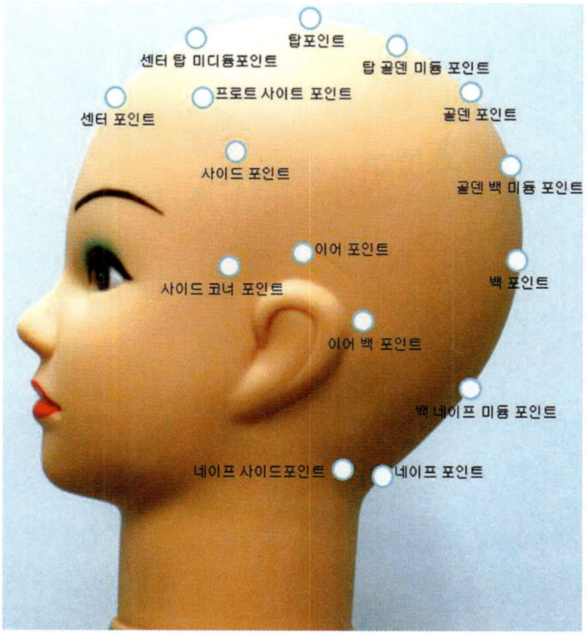

***머리 모형의 각 위치의 용어**

C.P : 앞머리 좌우
T.P : 볼륨, 헤어스타일 전체 좌우(인상)
G.P : 가장 튀어나온 부분(볼륨 시작)
B.P : 볼륨 끝
N.P : 뒷부분 기장
N.S.P : 뒷부분 기장
E.P : 머리형의 방향(이사도라, 스파니엘)
F.S.P : 얼굴 앞쪽 좌우(T.P 템플)

② 선

• 선의 느낌

다양한 선의 느낌을 이해함으로써 전체적으로 혹은 부분적으로 디자인에 접목시킨다.

· **직선 :** 강함, 단순함, 굳건함, 냉정함 등의 느낌을 준다.

· **곡선 :** 우아함, 따뜻함, 부드러움, 유동적인 느낌을 준다.

· **직곡선 :** 직선과 곡선의 양면성을 가지고 있다.

• 선의 방향

· **수평선 :** 표면의 감각을 갖추고 있어 안정, 평화, 안식 등의 느낌을 준다.

· **수직선 :** 높고 낮음을 표현하며 엄숙함, 영원함, 시원함의 느낌을 준다.

· **곡선 :** 균형에 안정감을 주지 않는 상태, 불안정감과 경쾌감을 준다.

③ 각도

선에서 발전한 것이다.

다음 세 가지로 각의 느낌을 파악한다.

• **직각 :** 열림도 닫힘도 없는 중간으로 안정감이 있는 느낌을 준다.

• **예리한 각**(예각, 90° 이하의 각) **:** 이 각은 팽창력이 있어서 각을 닫으려는 느낌을 주어 축소시키는 역할을 한다. 판넬(스트랜드)과 거의 평행하게 바람 출구를 대고 모발을 정리하면서 스타일을 낸다. 주로 펴기(스트레이트)에 사용한다.

• **둔한 각**(둔각, 90° 이상의 각) **:** 각의 힘이 바깥쪽으로 닫히는 힘이 감지되어 확대시키는 역할을 한다. 안말음, 바깥말음, 웨이브 등을 연출할 때 주로 사용하는 각도이다.

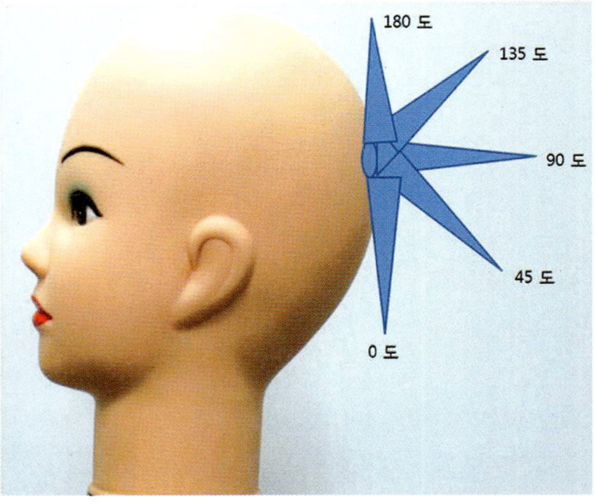

자연각도

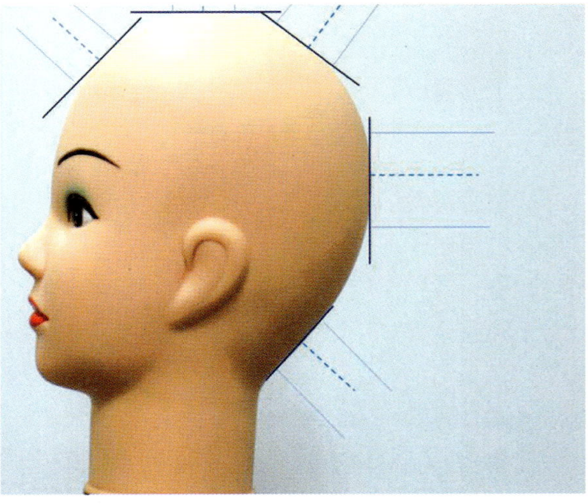

두피각도 90°

④ 면

면에서는 직선면, 곡선면, 혼합면이 있고, 이 면의 성격도 역시 선의 성격과 비슷한 느낌을 준다.

- **직선면 :** 강함, 가벼움, 냉담함 등이 느껴진다.
- **곡선면 :** 부드러움, 순한 느낌, 따뜻한 느낌을 준다.
- **혼합면 :** 양쪽의 성격을 다 갖추고 있고, 넓은 면은 확대시키고 좁은 면은 축소시킨다.

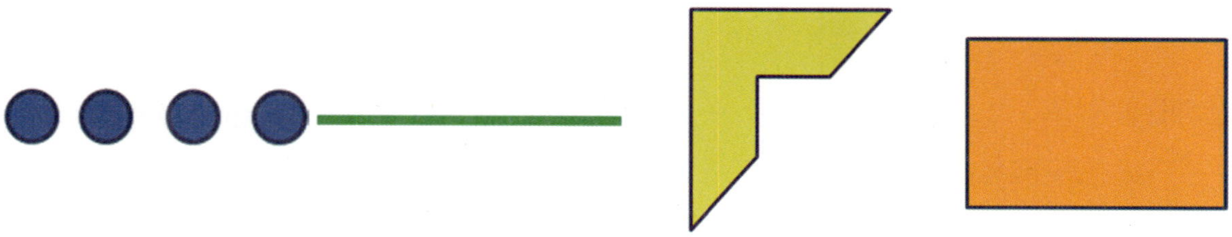

점 선 각도 면

⑤ 입체

입체는 면에서 더욱 더 발전하는 것인데 보는 각도에 따라 그 모양이 극단적으로 흐트러져 보이고 빛하고도 반응해 실루엣을 표현하는데 있어 아주 중요한 요소이다.

- **원형 입체 :** 사각형에서 코너를 제거한 개념으로 웨이브가 설정됨으로써 모발이 뒤쪽으로 흐르게 한다(얼굴을 확대시킨다).
- **삼각형 입체 :** 사각형에서 삼각선으로 코너를 제거한 개념으로 앞쪽으로 모발이 흐른다(얼굴을 축소시킨다).
- **사각형 입체 :** 모든 복잡한 느낌을 중화시키는 안정된 느낌에서 약간의 부드러움을 추가시킨 것이다.

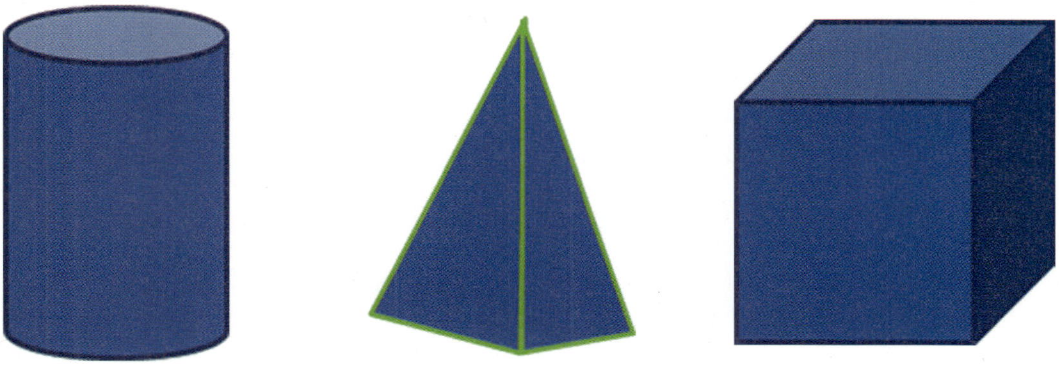

원형입체 삼각형입체 사각형입체

⑥ 드라이와 디자인

볼륨이란 : 부풀어 오른 느낌(풍만함)

- 볼륨의 위치에 따라 다르게 나타난다.
- 볼륨의 크기에 따라 다르게 나타난다.
- 긴머리와 짧은 머리가 조화롭게 연결되어야 한다

(2) 블로우 드라이 시 얼굴형과 디자인

① 계란형 :

얼굴형을 가리지 않으면서 개성을 살리는 헤어스타일을 한다. 어느 스타일이든 잘 어울리는 형이다.

② 둥근형 :

얼굴형을 가늘고 각져 보이도록 하고 탑부분의 볼륨을 강조하며, 이마 부분을 약간 드러내고, 사이드 부분에 볼륨을 주지 않는다. 헤어스타일에 따라서 강한 턱선을 부드럽게 하는 방법과 다른 부분을 강조하여 줌으로써 시선을 피하는 방법이 있다.

- 머리결이 부드럽게 옆으로 흐르도록 하면 온화한 느낌을 주므로 둥근 얼굴형을 커버할 수 있다.
- 머리를 턱선의 연장선 위에 가지런하게 손질하면 강한 인상을 주었던 턱선이 자연스러워 보인다.
- 탑 부분을 살려주고 사이드 부분은 가볍게 연출한다.

③ 장방형 :

길이보다는 너비에 더 많은 볼륨을 주어 더 넓어 보이도록 하고 디자인 형태는 너비를 넓게 하여 타원형이 되도록 연출한다.

- 장방형의 턱뼈를 강조하는 긴 스트레이트 머리이다. 직선의 앞머리나 가운데 가르마를 피한다.
- 턱에서 끝나는 직선의 단발머리는 피해야 하는 헤어 스타일이다. 층이진 단발머리는 괜찮으나 턱선 위 또는 밑에서 끝나야 한다. 약간의 둥그스름한 머리 모양과 머리 윗부분이나 앞에 어느 정도의 높이를 주는 것이 좋다.
- 헤어 라인은 길고 복잡하지 않게 하고 탑부분에서 이마 윗부분에 이르기까지 작은 컬로 볼륨을 준다.
- 가르마는 사선으로 비대칭 스타일을 한다.
- 이마와 턱선을 좁아 보이게 하기 위해서 부드러운 컬로 각진 모서리 부분을 가려준다.

④ 각진 얼굴 :

길고 가늘며, 이마와 광대뼈 조금 밑의 넓이가 거의 같다. 매우 좁은 턱이나 매우 높은 이마를 가지고 있다. 길이와 너비에 거의 같은 볼륨을 주어 각진 부분에 곡선적인 느낌을 주기 위해 디자인하여 타원형에 가깝게 시술한다.

- 네모난 얼굴은 각진 부분에 커트 선을 맞추기보다는 턱선보다 짧거나 길게 해주는 것이 좋다.
- 쇼트일 때는 턱선이 뚜렷하게 보이기 때문에 시선이 위쪽으로 가도록 앞머리는 자연스럽게 내린다.
- 얼굴을 가리는 부분은 6 : 4 정도로 한다.

⑤ 삼각형 :

턱 부분은 안말음으로 연출하고 탑 부분에 볼륨을 주거나 웨이브를 연출하여 풍성하게 연출한다.

- 눈에 띄는 턱선의 균형을 잡는 짧은 머리이다. 관자놀이 주위에 풍만한 헤어스타일은 턱을 가늘어 보이게 한다. 옆 가르마, 관자놀이 주위에 볼륨감 있고 턱선에서 가늘어지는 헤어스타일은 잘못하면 가려질 장점들을 살려주어 기대 이상의 효과를 볼 수 있다.
- 머리를 귀 뒤로 넘기면 눈으로 주위를 끌게 되어 눈 주위가 넓어 보인다.
- 머리 위쪽과 이마 부분까지 컬이나 볼륨으로 풍부한 느낌이 나게 한다.
- 탑 부분은 볼륨을 주고 목덜미 부분은 시원하게 커트한다.

⑥ 역삼각형 :

원형의 형태와 가로로 넓은 형태를 타원형에 맞도록 연출한다.

- 탑 부분에 볼륨을 적게 하여 넓은 이마와 관자놀이를 커버하고 좁고 경사가 급한 턱을 부드럽게 보이도록 하려면 귀 밑으로 자연스럽게 흐르는 굵은 웨이브로 연출한다.
- 이마를 감추기 위해서는 앞머리를 사선으로 내려준다.

⑦ 마름모형 :

원형의 형태와 세로로 넓은 형태를 얼굴형에 맞도록 복합적으로 연출한다. 좁은 이마와 턱부분에 볼륨을 주고, 튀어나온 부분을 가려 연출한다.

- 얼굴이 가로로 더 길어 보이지 않도록 하는 것이 중요하다. 관자놀이 주위는 노출시키지 말고 귀밑 부분까지 늘어뜨려서 안쪽으로 말아주는 것이 좋다. 이때 모발의 길이는 턱 아래로 내려오지 않도록 주의한다.
- 광대뼈의 옆 부분 머리를 부풀려서 가로의 길이를 오히려 강조하는 것도 한 방법이 될 수 있다. 결점이라고 생각되는 부분을 머리를 늘어뜨려서 가리는 것도 좋지만 반대로 옆부분에 볼륨을 주어 강조함으로써 전체적으로 얼굴이 차지하는 부분을 축소시켜 작아보이도록 한다.

(3) 체형과 헤어 디자인

① 머리 숱이 많고 굵은 모발

쇼트가 가장 적합하다. 롱헤어로 파마를 하고 싶다면 염색을 한 다음 파마를 하면 만족할 수 있는 웨이브를 얻을 수 있다.

② 머리 숱이 적고 가늘고 힘이 없는 모발

층을 많이 내지 않은 보브 스타일이나 뿌리 부분이 살아있는 부드러운 웨이브 파마가 적합하다.

③ 곱슬머리

쇼트 커트가 잘 어울리고 롱 헤어일 때는 어깨보다 길게 하고 길이가 어중간한 세미롱 스타일은 피하는 것이 좋다.

④ 목이 짧은 형

옆머리와 뒷머리가 목선으로 내려오지 않도록 귀선 부근에서 마무리하는 커트가 좋다.

⑤ 목이 굵은 형

웨이브 헤어스타일이 대개 잘 어울린다.

⑥ 목이 긴 형

웨이브 부분에 헤어의 볼륨을 풍부하게 하는 미듐 길이의 스타일이 어울린다.

⑦ 어깨가 벌어지고 올라간 형

언밸런스 헤어가 좋다.

⑧ 어깨가 처진 형

쇼트나 스트레이트 보브스타일이 좋다.

⑨ 키가 크고 뚱뚱한 형

레이어 커트가 적합하다. 심한 쇼트는 금물이다.

⑩ 키가 크고 마른 형

쇼트, 웨이브 헤어로 여성스러움을 강조하는 스타일이 좋다.

⑪ 키가 작고 뚱뚱한 형

가르마는 옆 가르마로 하고, 목 주변에 웨이브 볼륨을 주는 스타일이 좋다.

⑫ 키가 작고 마른 형

웨이브 헤어스타일보다는 단정한 단발 커트 스타일이 좋다.

⑬ 얼굴이 큰 사람

앞머리를 많이 내리고 층이 많이 나면서 가벼운 커트 스타일이나, 과감히 얼굴을 드러내 놓은 스타일도 좋다.

⑭ 주걱턱인 사람

턱선 정도의 길이에서 커트선이 정리되는 스타일이 어울린다.

4. 블로우 드라이 시술순서

1) 올바른 블로우 드라이법

① 머리를 감고 수건으로 가볍게 눌러 물기를 제거한다.

수건으로 머리를 감싸 물기를 제거할 때, 오래 있으면 비듬, 가려움증의 원인이 되므로 4~5분 정도 안에 제거한다. 이때 강하게 문질러 닦으면 마찰로 인해 모발이 상할 수 있으므로 주의한다.

② 엉킨 머리카락을 빗질로 잘 정리 정돈한다.

물리적인 힘으로 강하게 빗질하지는 말아야 한다. 수분이 있어 모발이 더 잘 늘어나기 때문이다.

③ 손상이 심한 모발은 미리 모발 보호제품을 도포한 후에 드라이한다.

④ 블로우 드라이 시 일반적으로 두피쪽(모근)부터 드라이한다.

두상과 드라이어와의 간격은 15~20cm 정도가 적당하며 약간 젖은 상태에서 드라이한다. 드라이 시 한쪽에 집중적으로 바람을 주지 않는다. 왜냐하면 뜨거운 열과 수분 때문에 두피에 화상을 입거나 모발이 손상될 수 있기 때문이다.

⑤ 전체적으로 모발을 어느 정도 말린 후에 블로우 드라이로 스타일을 연출할 때는 모발을 보호하기 위해 드라이기와 모발의 간격을 약 2~5cm로 하도록 한다.

⑥ 전체적으로 두상 파팅을 4~5등분 한다.

⑦ 파팅 후 블로우 드라이로 스타일 연출 시 다음의 단계로 진행한다.

- **모발의 방향(모류) 정리 :** 모발은 두피 각도 90°로 나지 않았고, 또한 원하는 스타일에 따라 모발의 방향을 바꿔 줘야 한다. 이때 원하는 스타일을 위해 모류의 방향을 교정해야 한다.
- **뿌리 살리기(볼륨 형성) :** 스타일에 따라 전두부, 두정부의 모발의 뿌리에 볼륨을 준다.
- 모발을 모근에서 모간방향으로 내려오면서 원하는 스타일(스트레이트, C컬, S컬)을 연출한다.
- 모근까지 전체적으로 원하는 스타일로 연출한다.
- 마지막으로 정리 정돈을 하고, 헤어스타일링 제품을 도포하여 마무리한다.

2) 손상된 모발에 따른 블로우 드라이 사용법

모발은 퍼머와 염색, 컬러링의 헤어 시술에 의해 손상된다. 모발의 손상 정도에 따라 드라이 시술이 잘될 수도 있고, 그렇지 않을 수도 있다.

① 퍼머, 염색에 의해 손상된 모발

퍼머넌트 시술은 모발의 시스틴 결합을 전달하는 과정에서 모발의 구성 성분과 수분이 빠져 나오게 된다. 따라서 유·수분을 보충해 주는 드라이 전용 헤어 컨디셔너를 바르고 가볍게 두피 마사지를 한 뒤 물로 헹구어 주는 타입을 사용하거나, 분무하여 드라이하는 헤어 컨디셔너를 사용한다.

② 굵고 단단한 모발

굵고 단단한 모발은 근본적으로 모발 상태를 바꾸기가 쉽지 않다. 이런 모발은 블로우 드라이 시 오래 열을 주거나, 강한 열로 스타일을 연출하는 아이론을 사용하는 것이 편하다.

③ 모발 끝이 갈라지고 끊어지는 머리

화학적 시술과 블로우 드라이를 자주 하면 모발이 손상되어 모발 끝이 끊어지거나 갈라진다. 이럴 때는 모발 끝을 커트하거나, 모발 트리트먼트제를 도포한 후에 블로우 드라이를 한다.

④ 가늘고 힘이 없는 연모

모발이 약한 부드러운 연모 또한 드라이가 쉽게 연출되지 않을 수 있다. 드라이 시 조금 시술을 빨리하거나 손상을 방지하기 위해 모발 컨디셔너를 도포한다.

⑤ 곱슬머리(축모)

곱슬머리는 부스스하게 일어나거나 머리끝이 잘 뻗친다. 드라이 연출 시 가장 힘든 모발이다. 선천적 축모를 교정하는 방법은 매직스트레이트가 가장 좋은데, 일시적으로 펴기를 하려면 드라이보다는 매직기를 이용하는 것이 시술하기에 용이하다.

5. 블로우 드라이 시 주의사항

1) 블로우 드라이 시 주의사항

① 드라이어의 송풍구와 브러쉬는 약 1cm 정도 거리를 두고 온풍으로만 스타일링 한다. 송풍구로 브러쉬 위에 놓인 모발을 직접 누르며 시술할 경우 불필요한 텐션 및 직접적인 가열에 의해 모피층의 손상을 초래할 위험이 높다.

② 슬라이스 폭은 2~3cm를 뜨고 가로의 폭은 브러쉬의 폭보다 약간 좁게 뜬다.

③ 드라이어의 열에 의해 모발이 연화되어 있는 상태이므로 불필요한 브러쉬 회전은 삼가고 정확하고 큰 원 운동을 유지한다.

④ 모발의 끝 쪽은 특성상 텐션이 잘 주어지지 않는 곳이므로 수회 반복하여 드라이해야 하며, 이때 모표피의 손상도를 꼭 체크하여야 한다.

⑤ 모근 쪽의 드라이 시 스타일 구성에 필요한 볼륨을 감안하여 브러쉬의 접근 각도를 설정한다.

- **90도**

  가장 기본적이고 편안한 볼륨을 줄 때 주로 사용된다. 골든 포인트(Golden Point)와 백 포인트(Back Point) 사이의 드라이 시 사용된다.

- **120도**

  뿌리 쪽의 볼륨을 가장 많이 줄 수 있는 각도이다. 두상이 유난히 다운되거나 머리숱이 적은 부분에 볼륨을 줄 때 용이하며 주로 탑 포인트(Top Point)와 골든 포인트 사이에서 많이 사용된다.

- **45도**

  불필요한 뿌리 쪽의 볼륨이나 머리숱이 많아 지나치게 많은 볼륨을 다운시킬 때 사용된다. 네이프 부분에 주로 사용된다.

⑥ 모발이 가늘어서 볼륨이 안 생기는 모발

알칼리 샴푸로 세척 후 볼륨에 강화된 제품을 모근에 바른 후 시술한다.

⑦ 숱이 적고 얇은 모발은 섹션을 좀 많이 떠야한다.

섹션을 작게 뜨면 받쳐 주는 양이 적어서 힘이 없어 빨리 가라앉기 때문이다.

섹션을 많이 뜨면 많은 양이 힘을 주어 모발과 모발이 어우러져서 볼륨이 좀 더 산다.

⑧ 모근의 방향이 올바르지 않으면 스타일이 나올 수가 없다.

대개 사람들의 모근 방향이 누워서 나거나 제각각이어서 드라이하기 전에 먼저 모근의 방향을 잡은 다음에 스타일을 낸다. 짧은 커트가 영향을 많이 받으며 긴 머리는 영향을 많이 받지 않는다.

⑨ 모발에 때나 먼지, 기름기가 많거나, 린스나 트리트먼트제의 세척이 덜된 모발은 샴푸 후 스타일링에 들어간다.

⑩ 블로우 드라이 스타일링 시술 시에는 모발의 질에 따라 적당한 수분이 있는 상태에서 시작하여 드라이가 끝난 후에도 모발 자체의 수분이 어느 정도(10~15%) 남아 있어야 한다.

⑪ 드라이어 열풍의 방향은 항상 시술자를 향하도록 하며, 고객의 두피에 열풍이 가지 않도록 주의한다.

MEMO

Blow Dry

Blow Dry

Chapter 2

블로우 드라이 기초 테크닉

1. 모류 정리
2. 뿌리 살리기(볼륨 주기)
3. 펴기(스트레이트)
4. 안말음(인컬)
5. 바깥말음(아웃컬)
6. 수평 섹션 S형 웨이브
7. 수평 섹션 크로키놀식 웨이브
8. 수직(세로)섹션 S형 웨이브

Blow Dry / Chapter 2

1. 모류 정리

모류를 정리하면 드라이 스타일이 오래 유지된다.

1) 모류 정리(뿌리 교정), 가르마 정리

모류를 무시하면 스타일링이 어렵다.
두정부의 가마 부분 양사이드 귀 윗부분을 주로 한다.

① 모류의 흐름과 반대 방향으로 바람을 준다.
② 반대 방향 180°로 밀어서 위치 교정한다.
③ 롤 회전 살짝 위로 드라이 바람을 준다.
④ 수분을 말릴 때 디자인을 생각하며 방향을 주어 말린다.

1. 수분이 남아있는 모발의 앞모습이다.

2. 수분을 약 30% 남기고 말린다.

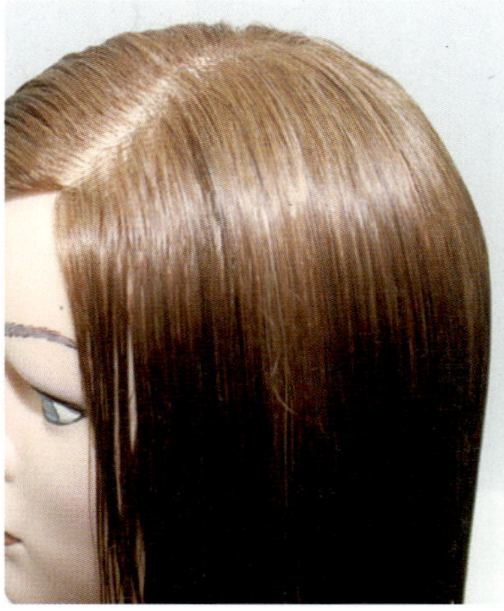

3. 수분을 말릴 때 모류의 흐름을 원하는 방향으로 말린다.

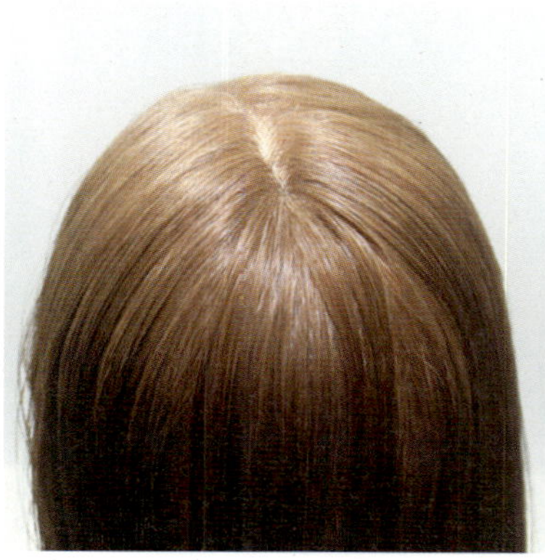

4. 두정부의 가마 부분은 갈라지지 않도록 미리 말린다.

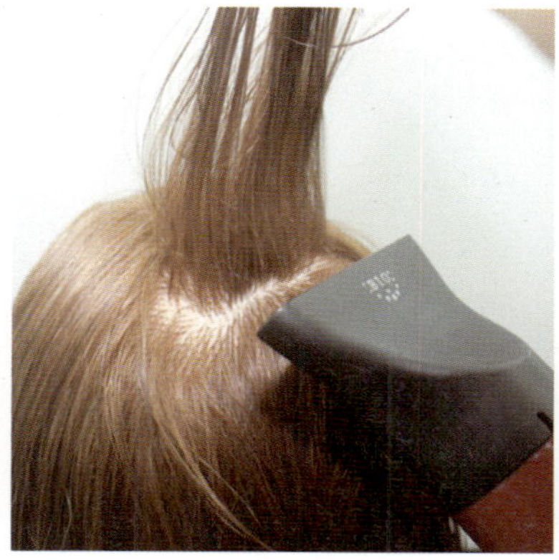

5. 두정부의 모발 흐름의 볼륨을 생각하며 뿌리를 고정한다.

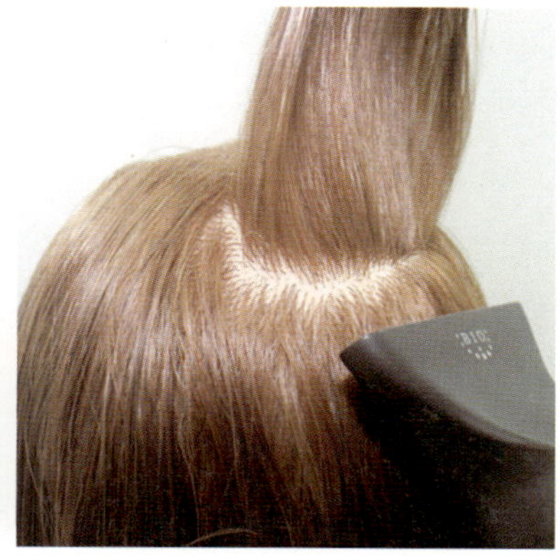

6. 볼륨을 살리기 위하여 모발을 180°로 들어올린 후 뿌리에 바람을 준다.

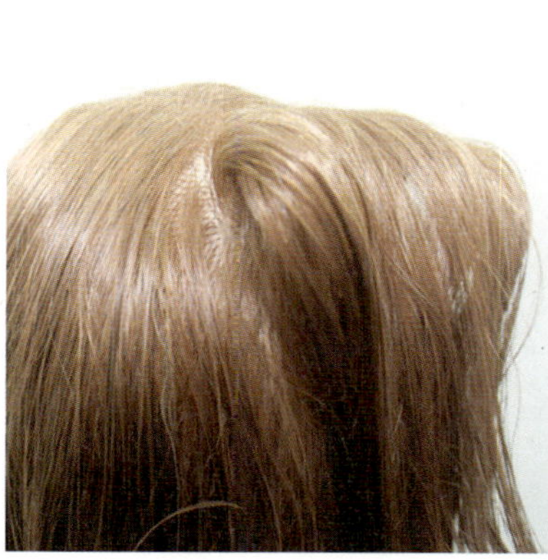

7. 두정부의 가마 브분이 갈라지지 않게 고루 볼륨을 준다.

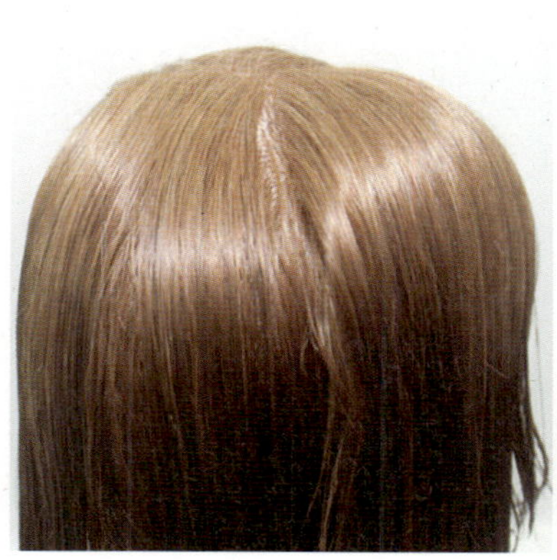

8. 두정부의 모류가 갈라지지 않았음을 확인한다.

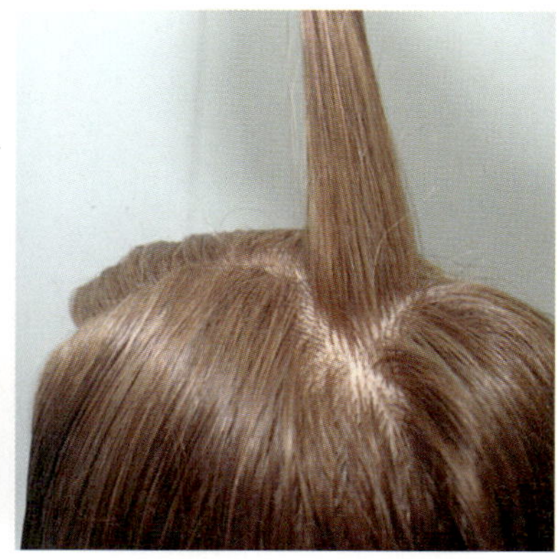

9. 볼륨을 줄 때, 모류의 반대 방향에서 바람을 준다.

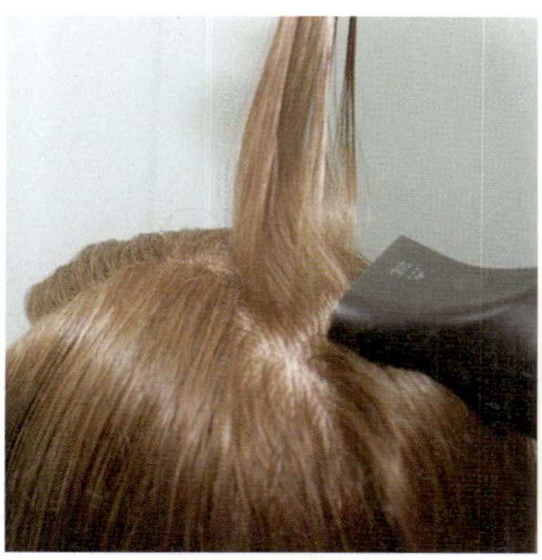

10. 바람을 뿌리 가까이에 준다.

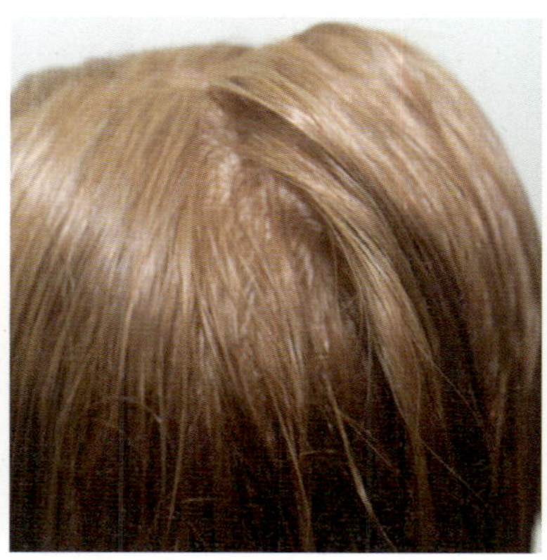

11. 두정부에 볼륨을 준 후의 모습이다.

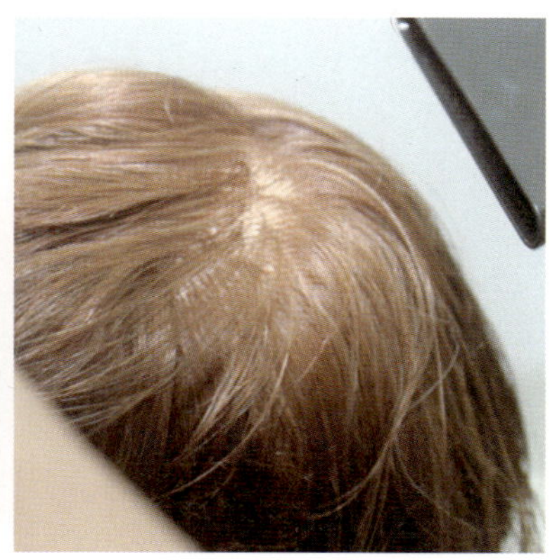

12. 모류의 반대 방향으로 말린다.

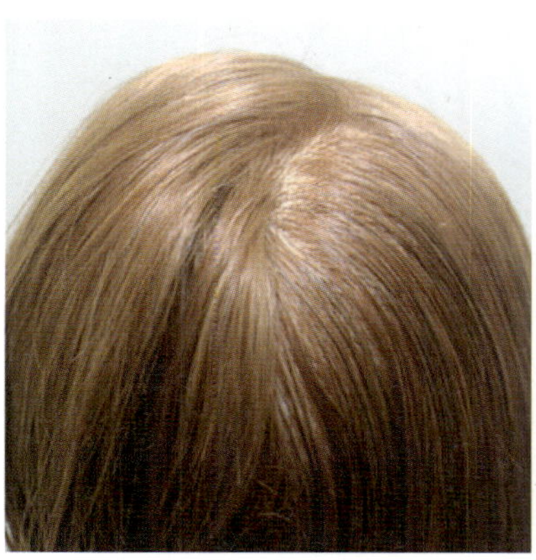

13. 가마 부분이 완성된 모습이다.

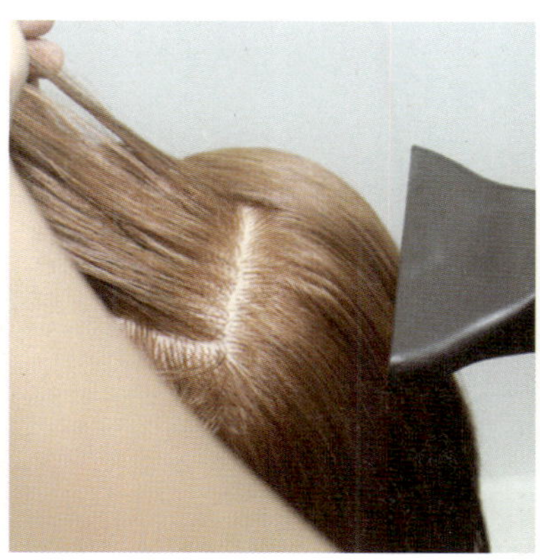

14. 두정부의 사이드 부분과 두정부가 갈라지지 않게 말린다.

15. 두정부의 사이드 부분도 모발의 반대 방향으로 바람을 주어 볼륨을 준다.

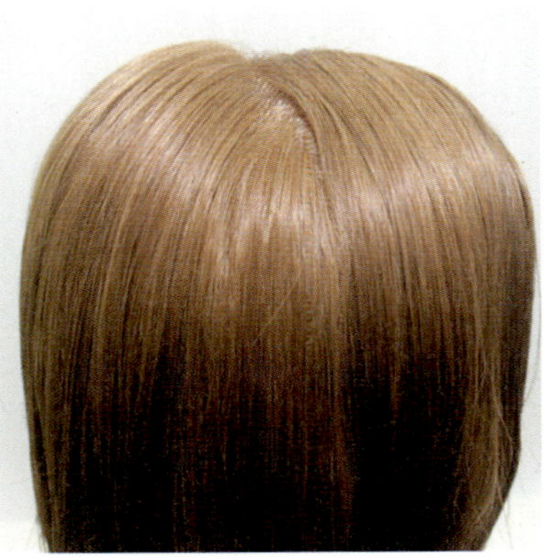

16. 두정부의 모류를 교정한 상태이다.

17. 앞머리에 수분이 남아있는 상태이다.

18. 수분을 약 30% 남기고 말린다.

19. 원하는 반대방향으로 뿌리에 바람을 준다.

20. 가르마 부분의 볼륨을 가장 높게하고, 그 다음 그라데이션으로 볼륨을 준다.

21. 앞머리에 원하는 볼륨의 높이만큼 바람을 준다.

22. 반대 방향으로 바람을 준 후 원하는 방향으로 머리를 디자인한다.

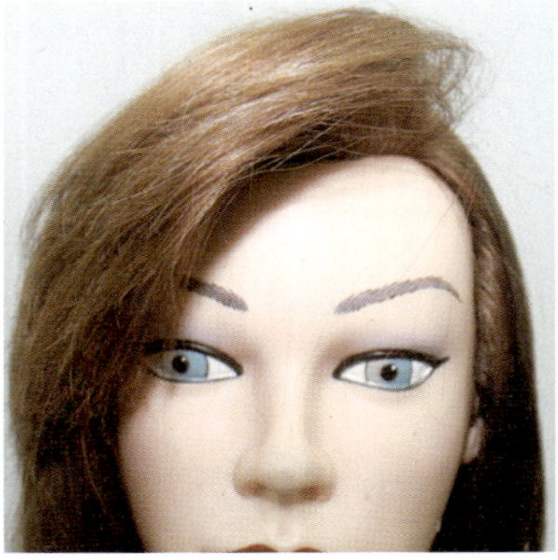

23. 뿌리를 교정하고 볼륨을 준 앞머리의 모습이다.

24. 뿌리 교정 후 완성된 모습이다. 이 상태에서 드라이를 시작한다.

모류 정리

2. 뿌리 살리기(볼륨 주기)

1) 최대 볼륨(135°)

① 수평 섹션 폭은 1~1.5cm로 나눈다.

② 텐션을 골고루 주며 적절한 수분을 분무한다.

③ 롤을 베이스에 안착(업스템)시킨다.

④ 엄지를 반대 방향으로 밀면서 드라이 바람을 준다.

⑤ 3초 정도 시간을 준 다음 롤을 모발에서 분리한다.

→ 볼륨을 더 주고자 할 때는 잡은 뿌리 볼륨 2cm 위에서 한 번 더 텐션과 열풍을 준다.

→ 브러쉬의 직경이 굵으면 볼륨의 텐션이 약하다.

1. 수분을 약 30% 정도 남기고 말린다.

2. 5등분 하여 네이프 부분부터 시작한다.

3. 섹션은 정확히 뜨도록 한다.

4. 롤을 바깥쪽으로 돌리면서 밀어올린다.

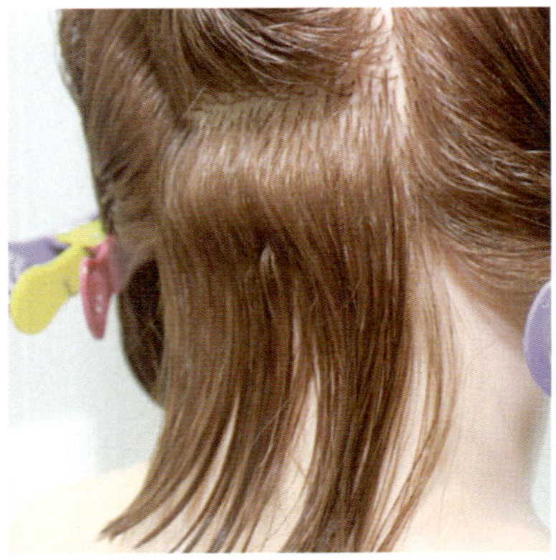

5. 뿌리에 볼륨이 들어간 모습이다.

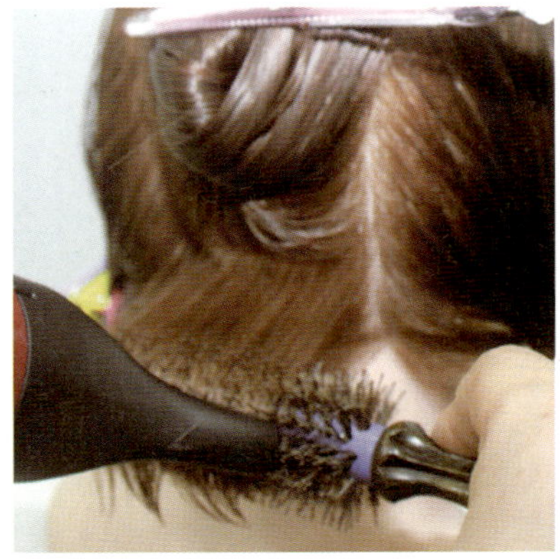

6. 머리를 롤에 감아 편다.

7. 섹션을 정확히 떠서 뿌리를 고정한 후 볼륨을 넣는다.

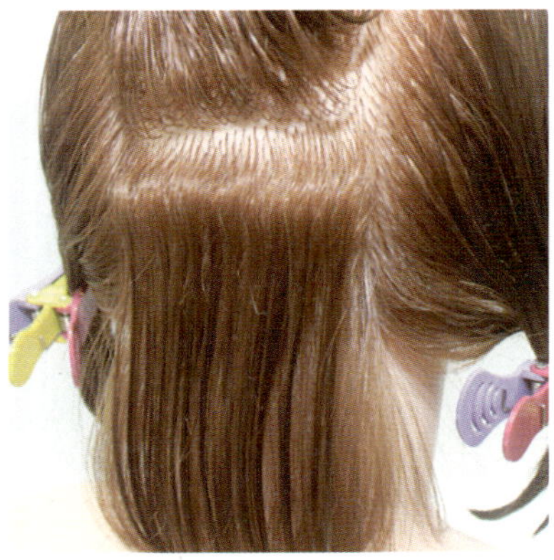

8. 뿌리에 볼륨이 들어간 모습이다.

9. 이때, 드라이로 인하여 두피가 뜨겁지 않도록 바람을 뿌리에 스치듯 1초만 지나간다.

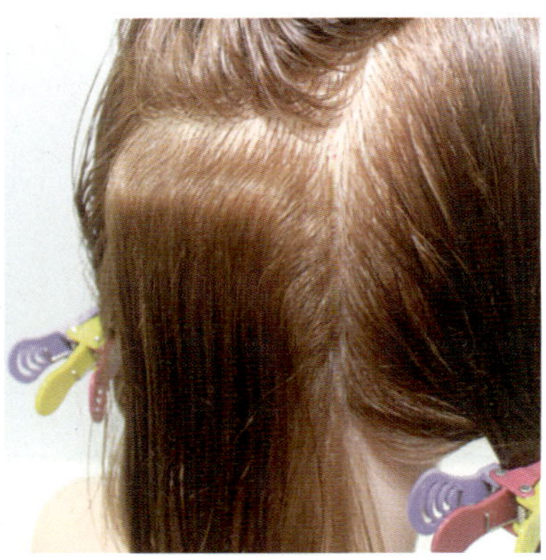

10. 각도를 90°로 살린다.

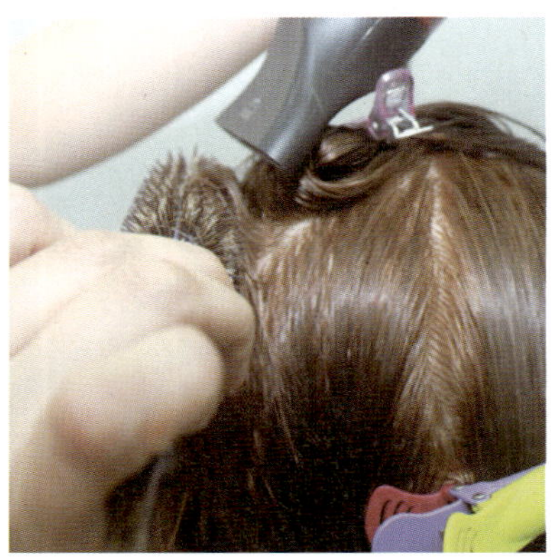

11. 두정부로 갈수록 그라데이션으로 각도를 높여 나간다.

12. 이때 뿌리가 꺾이지 않도록 한다.

13. 바람을 줄 때 반드시 뿌리로 향하여 준다.

14. 두정부에서부터는 120°로 뿌리를 살린다.

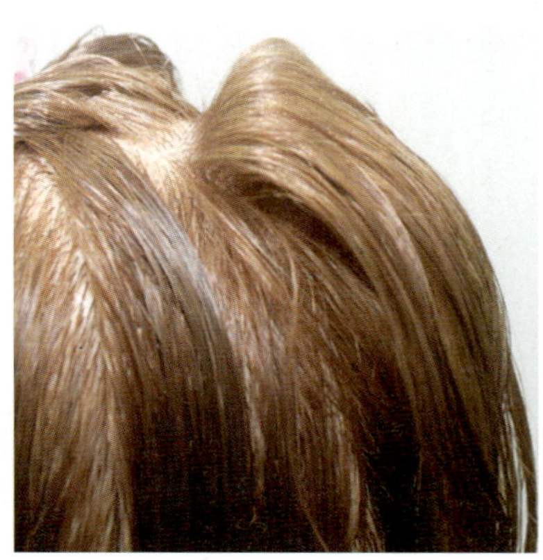

15. 이때 120°란 섹션이 보이지 않는 상태로 오버드레싱한다.

16. 섹션이 보이지 않게 밀면서 롤을 반바퀴 바깥으로 돌린다.

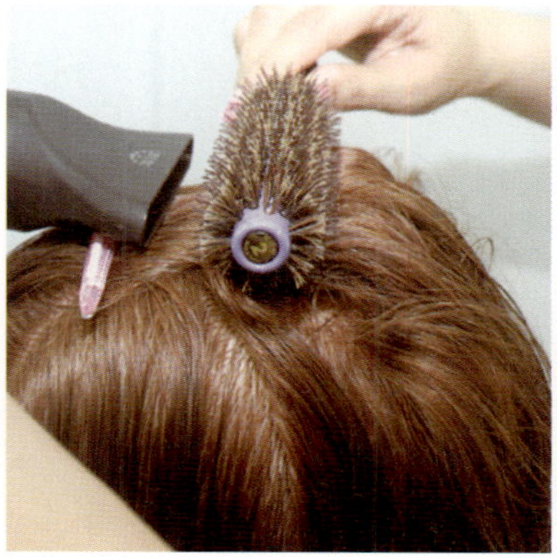

17. 바람을 앞에서 뿌리를 향하여 준다.

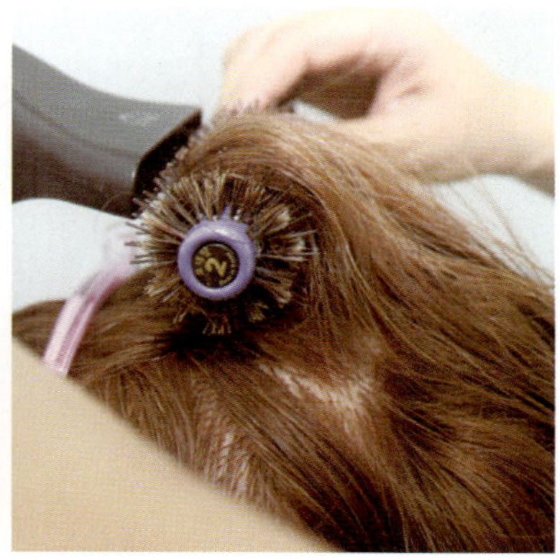

18. 뿌리가 꺾이지 않도록 드라이롤로 다시 한 번 살려준다.

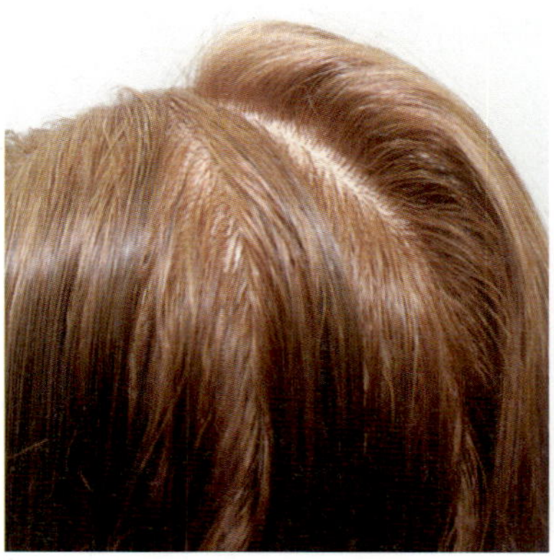

19. 두정부의 가다가 갈라지지 않도록 주의한다.

20. 후두부 사이드 역시 마찬가지로 그라데이션하여 볼륨을 준다.

21. 사이드 귀밑머리는 제자리로만 가져다 준다.

22. 뿌리에 바람을 뜨겁지 않게 1초만 스치듯 준다.

23. 각도는 위로 올라갈수록 높여준다.

24. 이때 방향은 앞머리로 갈수록 앞쪽으로 밀어 뒤쪽으로 향하게 한다.

25. 앞머리 뿌리교정은 디자인할 것을 염두해두고 한다.

26. 오버드레싱하여 뿌리를 밀고 바람을 준다.

27. 뿌리를 교정한 앞머리 상태이다.

28. 뿌리를 교정한 앞머리의 모습이다.

뿌리 살리기

3. 펴기(스트레이트)

웨이브를 주지 않고 모발을 직모로 펴주는 테크닉으로 긴 모발에 윤기를 주고 짧은 모발에 볼륨을 주면서 스타일을 낸다.

1) 펴기(스트레이트)

① 파팅을 4~5파팅 한다.

② 네이프 부분부터 2~3cm 수평 섹션으로 나눈다.

③ 롤을 두피 가까이 대고 드라이 바람을 주면서 모근에서 모선 방향으로 진행한다.

→ 드라이와 섹션의 간격은 1~2cm 정도 유지한다.

④ 네이프 – 사이드 부분 순으로 진행한다.

⑤ 일정한 텐션과 수분, 속도, 뜸(열을 주고 식히는 작업), 롤의 회전은 머리의 윤기를 주는데 아주 중요하다.

1. 드라이 하기 전 젖은 모습이다.

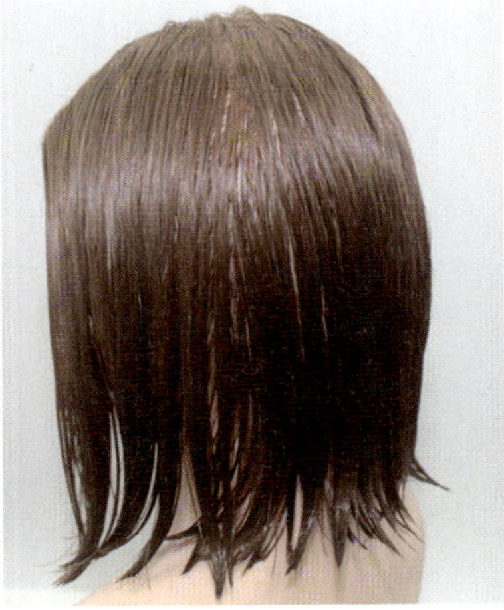

2. 드라이 하기 전 젖은 모습이다.

3. 머리를 말린다.

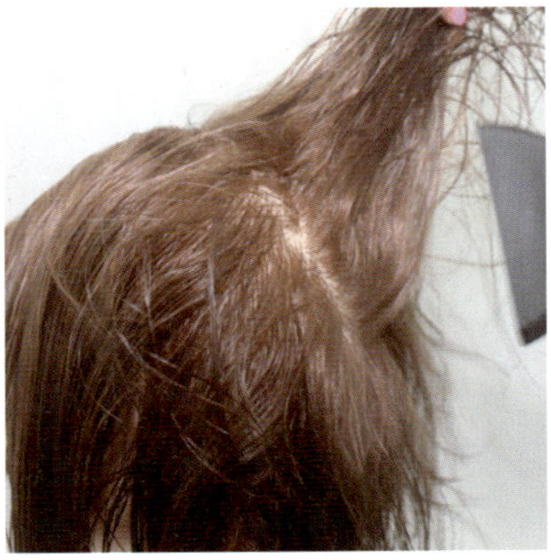

4. 이때 수분을 30% 정도 남기고 말리되, 방향과 볼륨을 생각하여 말린다.

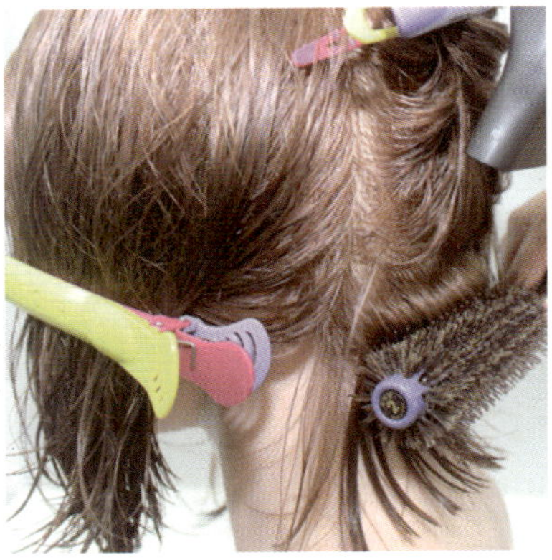

5. 섹션을 정확히 뜨고, 후두부 네이프부터 시작한다.

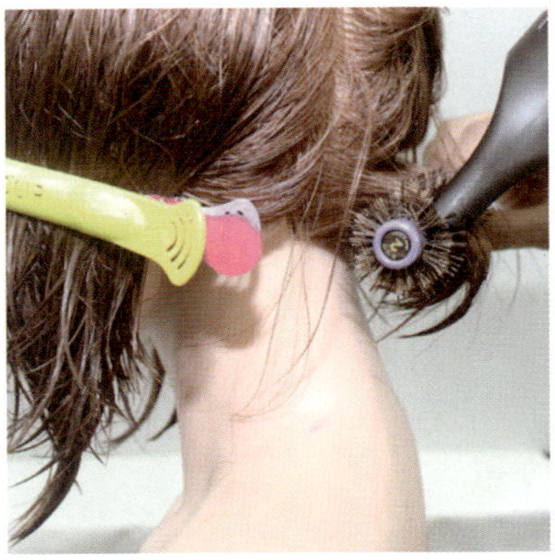

6. 뿌리를 먼저 제자리로 가져다 놓은 후 롤로 머리를 당기며 드라이한다.

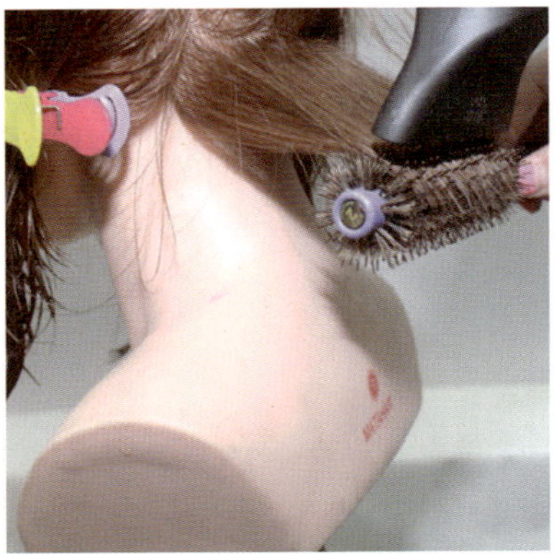

7. 펼 때는 바람을 끝까지 주는 것이 중요하다.

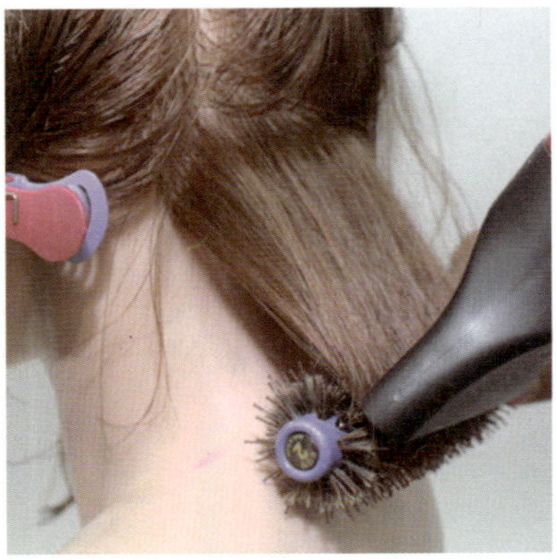

8. 끝머리의 드라이 각도는 롤 위쪽에서 15도 정도로 한다.

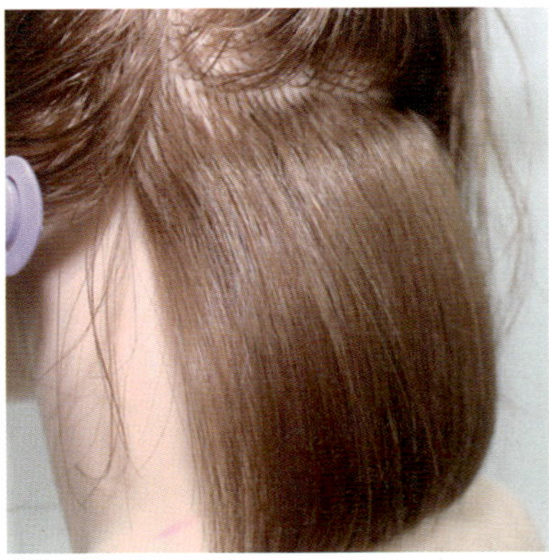

9. 완성된 네이프의 상태이다.

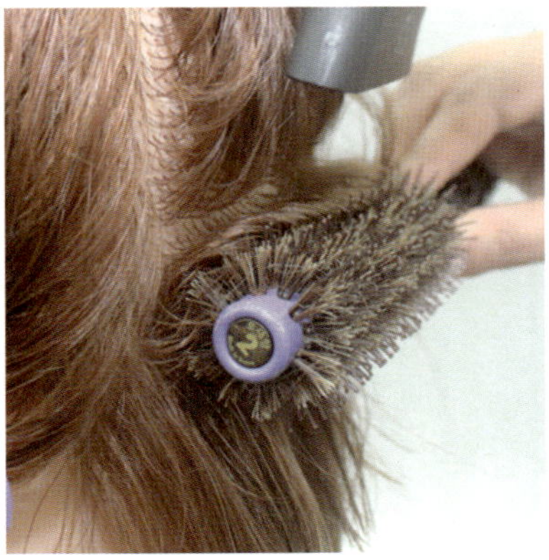

10. 먼저 뿌리를 잡는다.

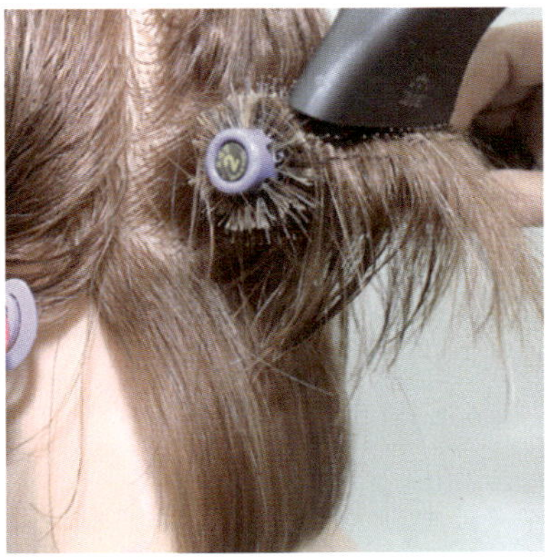

11. 잡아놓은 뿌리 바로 다음부터 드라이한다.

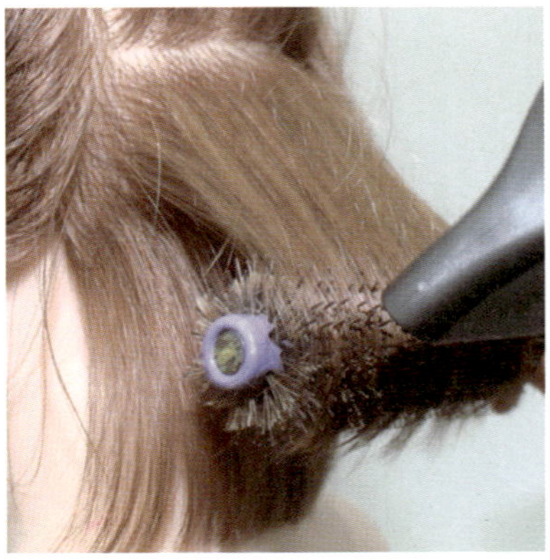

12. 일정한 텐션으로 천천히 밑으로 내려온다.

13. 모발 끝까지 롤을 회전하며 빼준다.

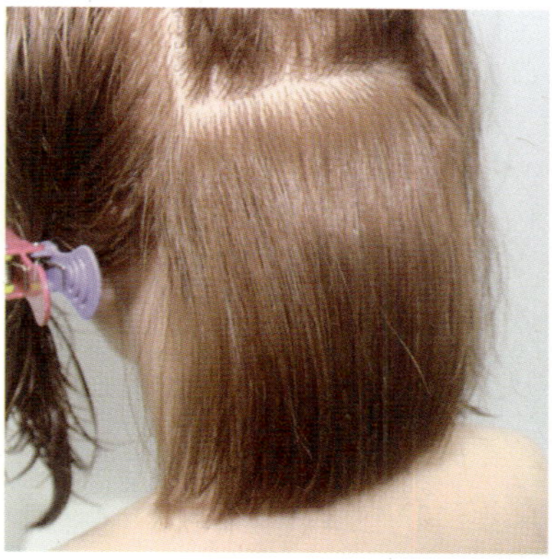

14. 완성된 두 번째 섹션이다.

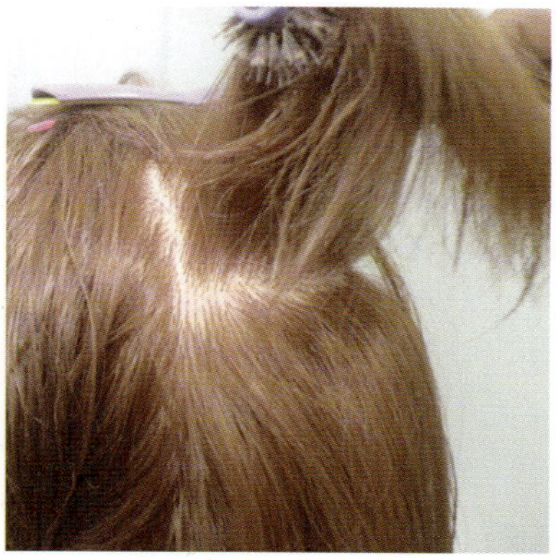

15. 백 포인트부터는 롤의 각도를 90도에서 점점 높인다.

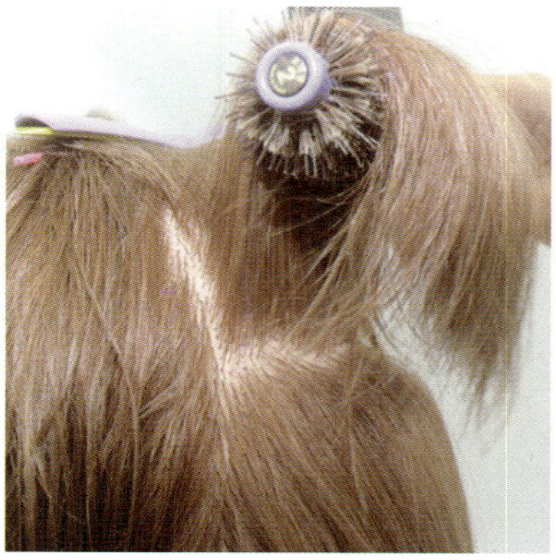

16. 각도를 살리고자 할 때 각도가 유지된 상태에서 천천히 롤을 내리며 드라이한다.

17. 섹션을 뜰 때는 옆머리가 딸려오지 않도록 주의한다.

18. 드라이 바람을 끝까지 주고 롤의 회전도 끝까지 준다.

19. 롤의 회전을 끝까지 한다.

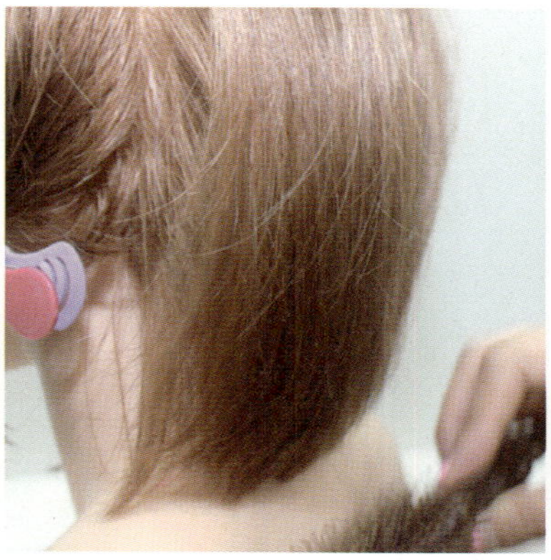

20. 마무리한 상태이다.

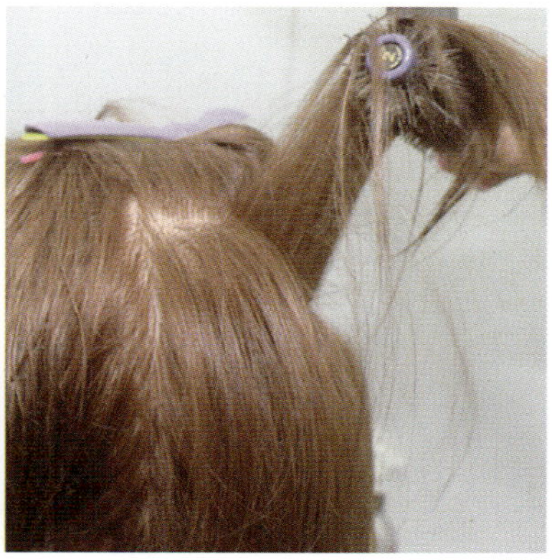

21. 각도를 살리고 유지하는 것이 중요하다.

22. 일정한 속도와 텐션으로 바람을 끝까지 주며 천천히 내려온다.

23. 롤의 회전력은 윤기를 주는데 도움이 된다.

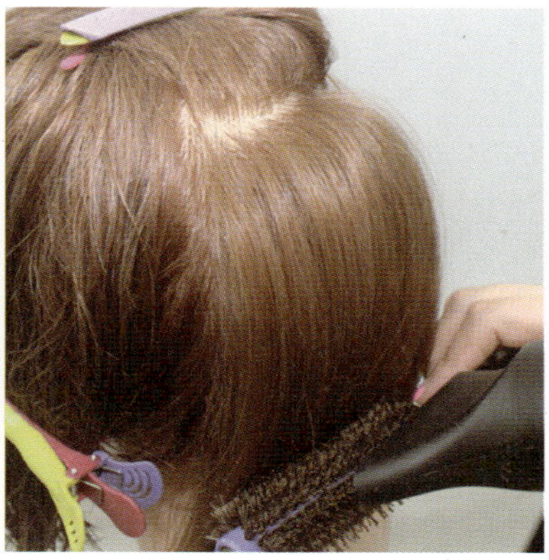

24. 머리를 바깥에서 롤로 지그시 누르면서 바람을 준다.

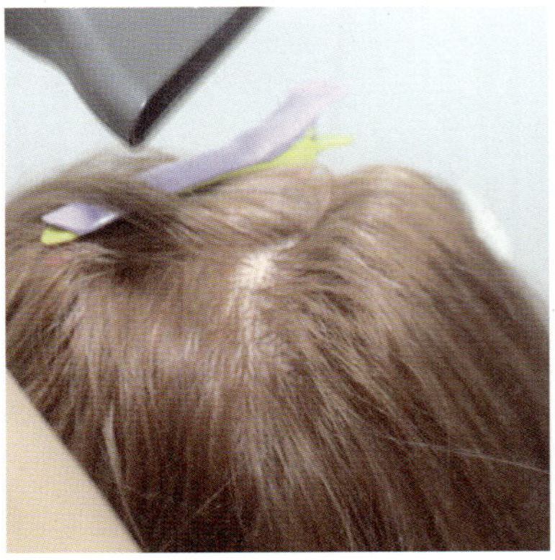

25. 두정부는 120°로 뿌리를 고정한다.

26. 드라이 바람은 뿌리 가까이 뜨겁지 않게 주의한다.

27. 롤을 넣을 때는 모발을 들고 온 베이스로 넣는다.

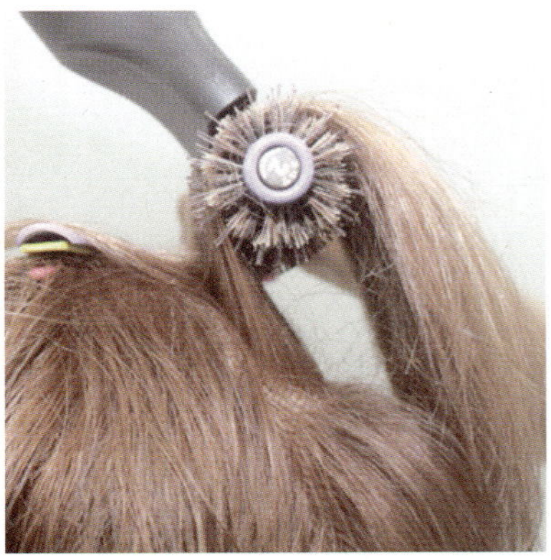

28. 120° 각도를 유지한 채로 롤을 회전하여 드라이한다.

29. 일정한 속도를 유지하는 것이 중요하다.

30. 한두 번 반복한다.

31. 롤의 크기는 머리 길이에 따라서 달라진다.

32. 끝부분에서 바람을 잠시 멈추어 준다.

33. 펴는 머리에는 드라이의 위치가 중요하다.

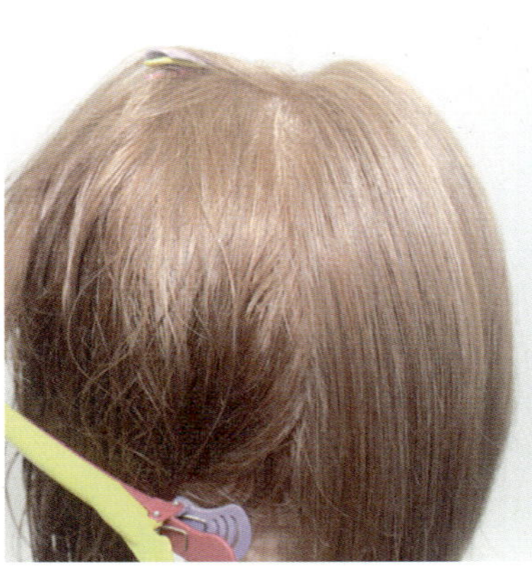

34. 완성된 뒷모습이다.

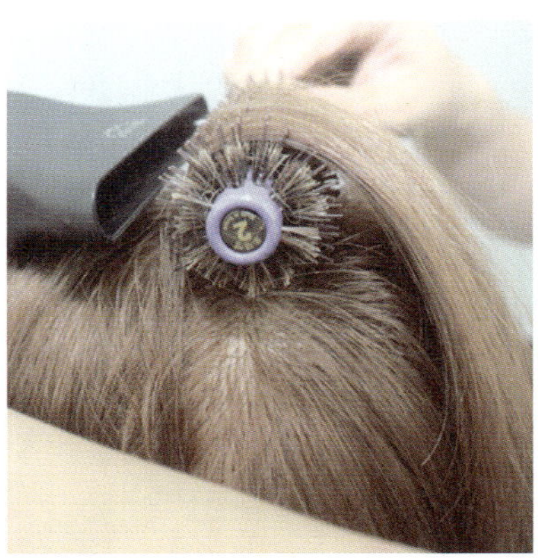

35. 뿌리에 바람을 주는 것이 중요하다.

36. 각도를 유지한 채로 뜸을 들이면서 드라이한다.

37. 모선으로 가면서 편다.

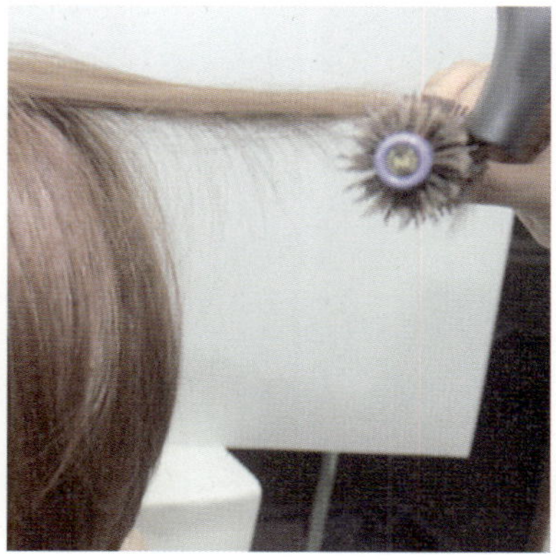

38. 모선으로 가면서 편다.

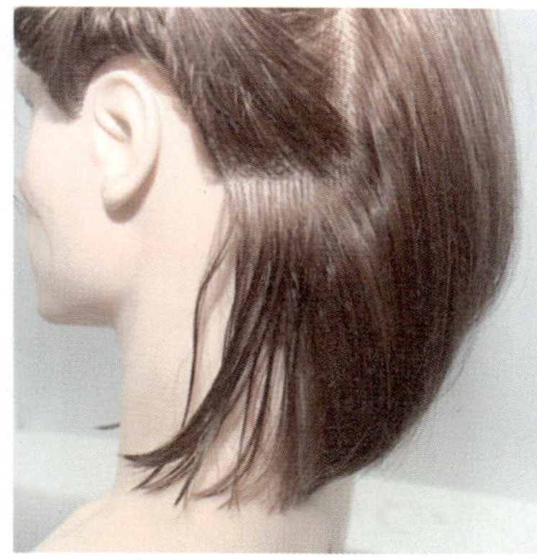

39. 오른쪽을 먼저 마무리한 후에 왼쪽 사이드를 작업한다.

40. 뿌리를 제자리에 가져다 놓는다.

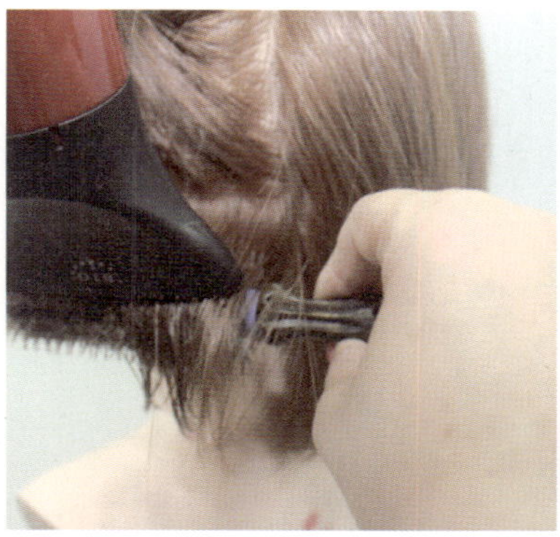

41. 드라이 롤로 편다.

42. 끝까지 바람을 준다.

43. 드라이 각도를 15°로 한다.

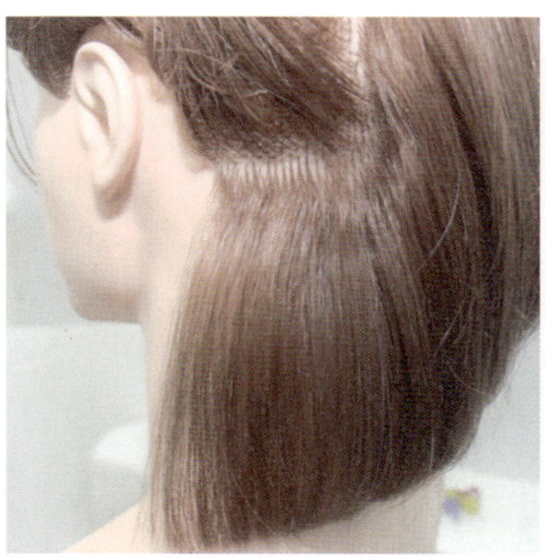

44. 완성된 모습이다.

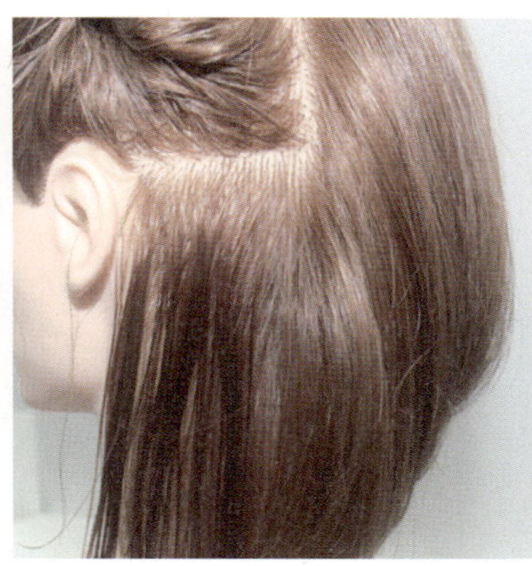

45. 두 번째 섹션은 이어포인트와 맞추고 섹션을 정확히 구분한다.

46. 뿌리를 잡고 바람을 스치듯 지나간다.

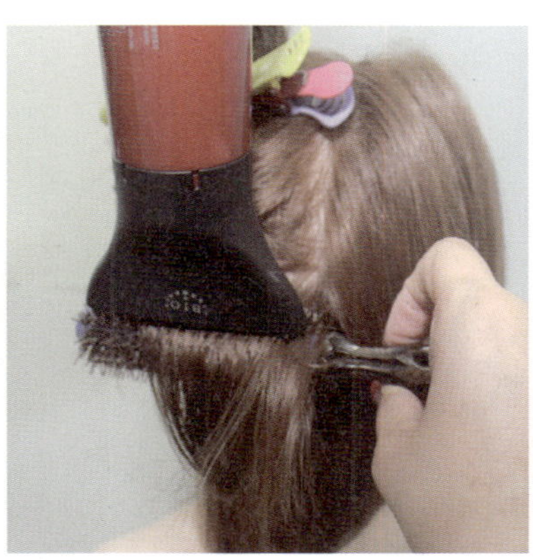

47. 잡아놓은 뿌리는 빼고, 드라이 롤을 넣는다.

48. 한두 번 반복하여 편다.

49. 일정한 텐션으로 천천히 내려온다.

50. 일정한 텐션으로 천천히 내려온다.

51. 끝까지 바람을 주는 것이 중요하다.

52. 섹션을 정확히 뜬다.

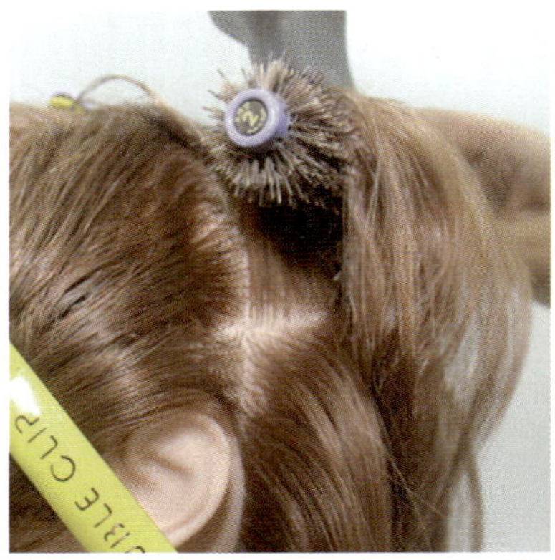
53. 110° 각도에 맞춰 드라이한다.

54. 천천히 한두 번에 완성하도록 한다.

55. 각도에 유의하여 반복한다.

56. 각도에 유의하여 반복한다.

57. 각도에 유의하여 반복한다.

58. 끝까지 바람을 주되, 잠시 멈추어서 롤을 회전한다.

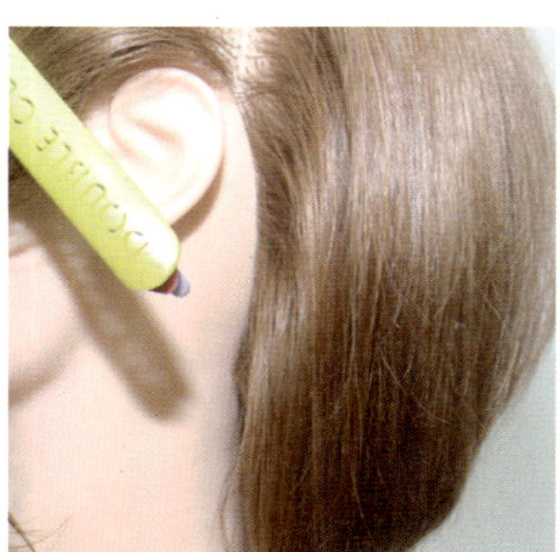
59. 완성된 모습이다.

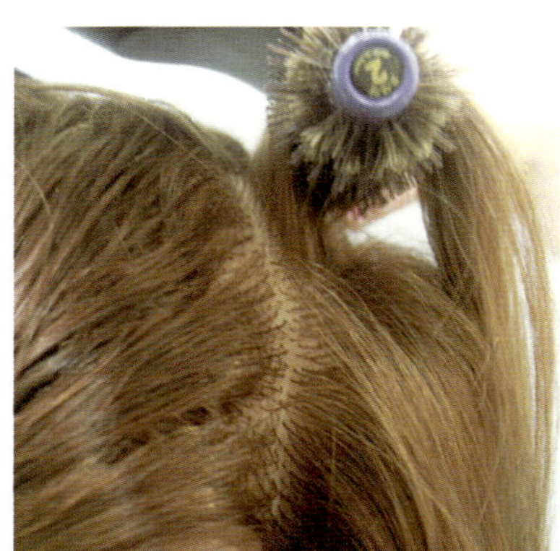
60. 섹션은 롤에 비례하여 뜬다.

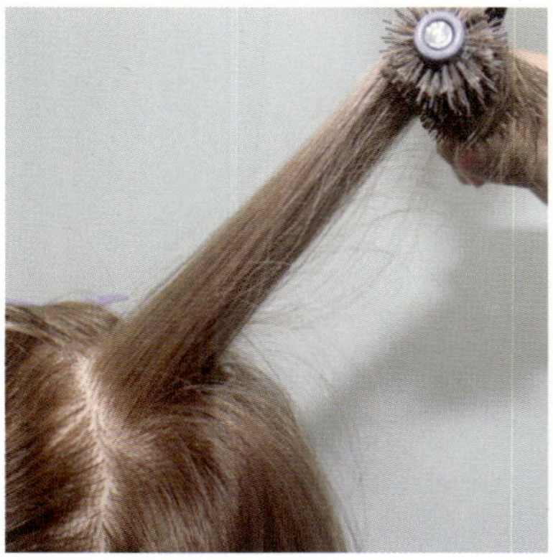

61. 각도에 주의한다.

62. 모선으로 오면서 각도를 내린다.

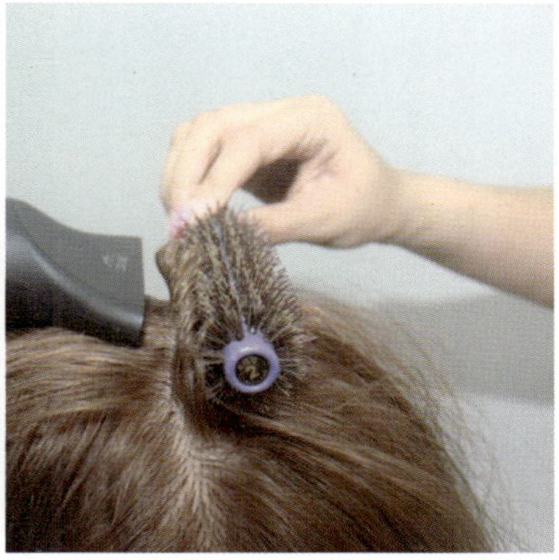

63. 뿌리를 120°로하여 바람을 준다.

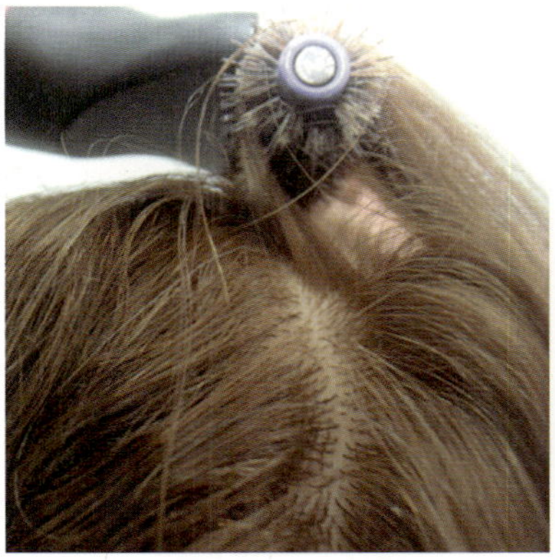

64. 뿌리를 살린 부분은 빼고 드라이 롤에 감는다.

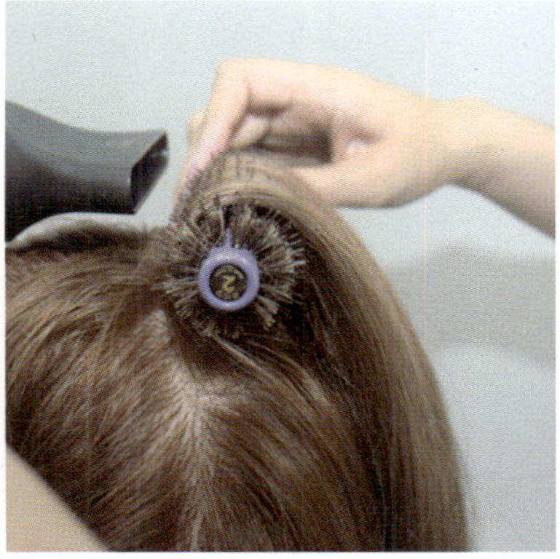

65. 바람은 뿌리에서부터 준다.

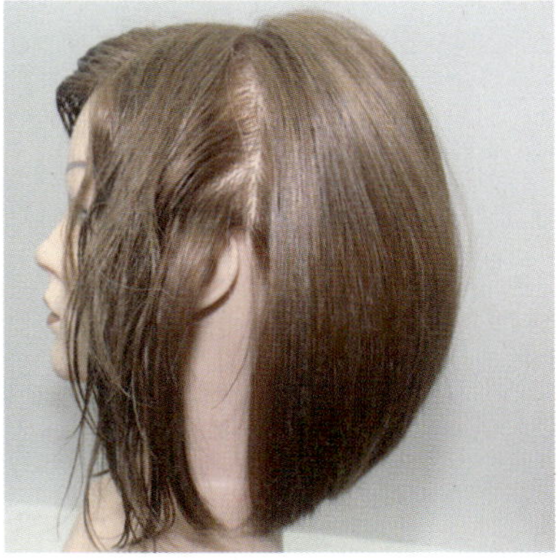

66. 완성된 뒷머리의 모습이다.

67. 옆머리는 수분이 적당히 남은 상태에서 드라이한다.

68. 뿌리를 제자리로 가져다 놓는다.

69. 첫 번째는 수분을 날리고, 두 번째는 반복하여 드라이로 편다.

70. 각도를 유지하면서 끝까지 바람을 준다.

71. 끝에서 잠시 멈춘 후 롤을 회전한다.

72. 펴는 것은 끝부분이 중요하다.

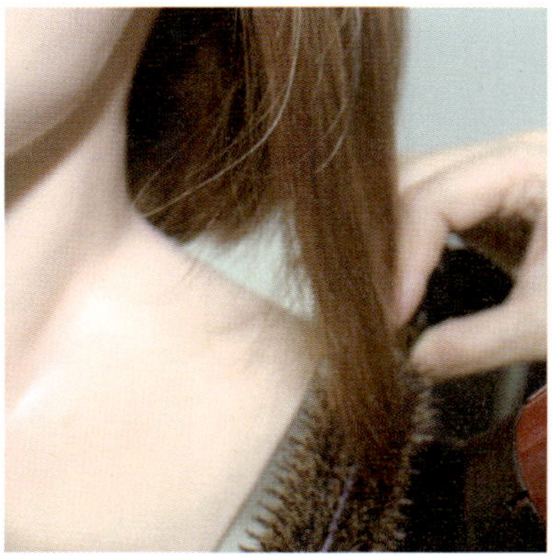
73. 펴는 것은 끝부분이 중요하다.

74. 사이드 두 번째 섹션은 각도를 약 100°로 하여 뿌리를 잡는다.

75. 각도에 주의한다.

76. 각도를 유지하여 편다.

77. 한두 번 반복한다.

78. 일정한 속도와 텐션으로 반복한다.

79. 천천히 끝까지 바람을 준다.

80. 천천히 끝까지 바람을 준다.

81. 뿌리를 잡을 때 원하고자 하는 방향에 맞추도록 한다.

82. 각도를 유지하여 드라이한다.

83. 갑자기 각도를 떨어트리지 않도록 주의한다.

84. 각도를 떨어트릴 경우 볼륨이 유지되지 않는다.

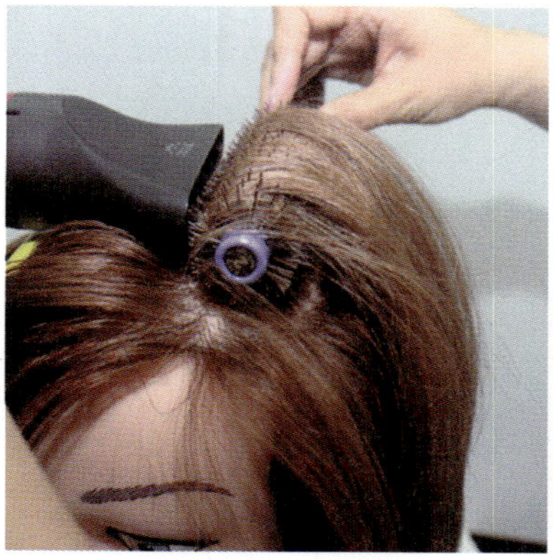

85. 뿌리에 바람을 주어 볼륨에 유의한다.

86. 사이드 앞머리 부분은 따로 구별하여 방향에 맞게 드라이한다.

87. 완성된 옆모습이다.

88. 완성한 뒷모습이다.

89. 완성된 옆모습이다.

90. 완성된 앞모습이다.

펴기

4. 안말음(인컬)

1) 안말음 하기

① 파팅을 4~5파팅 한다.

② 네이프 부분부터 2~3cm 수평 섹션을 나눈다.

③ 판넬 안쪽에 롤을 안으로 넣어서 모근에서 모선으로 내려온다.

④ 모선 부분에서 롤을 판넬 안쪽에서 1~1.5바퀴 정도 감고 그 부위 위·아래에 열과 바람을 주며 4~5초 시간을 둔다.

⑤ 드라이 바람을 주지 않고 롤을 돌리면서 풀어준다.

*** 끝부분 :** 롤을 마는 것을 되풀이하면서 열을 준다.
모발을 내려 놓을 때는 0℃에서 열을 식힌 후 내려준다. 이때 롤을 안쪽으로 돌리면서 뺀다.

⑥ 네이프 – 사이드 부분 순으로 진행한다.

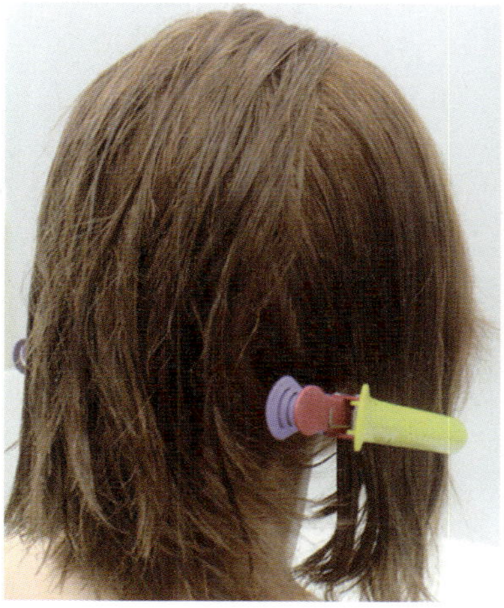
1. 섹션을 정확하게 구분한다.

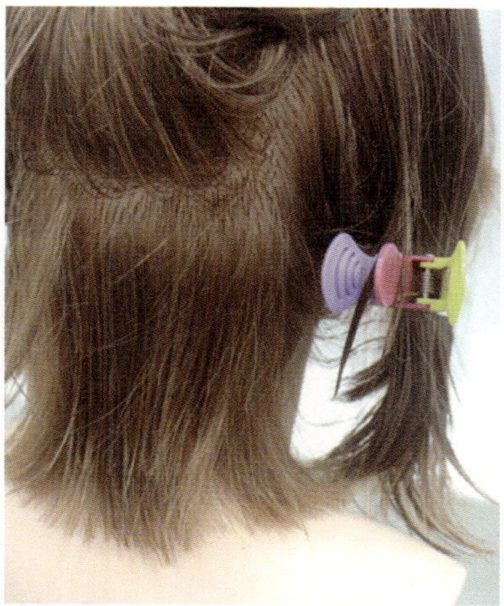
2. 네이프부터 섹션을 구분한다.

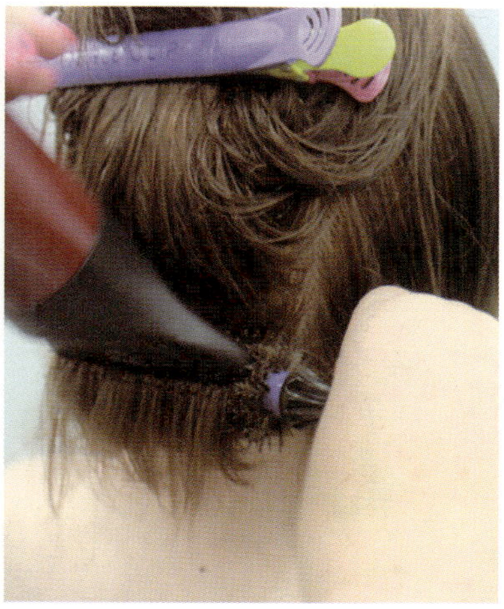
3. 뿌리를 제자리에 가져다 놓은 후 드라이로 감는다.

4. 롤에 머리를 감아 C컬을 만드는 부분에 바람을 잠시 멈춘다.

5. 드라이와 롤과의 각도는 롤에 밑부분에 둔다.

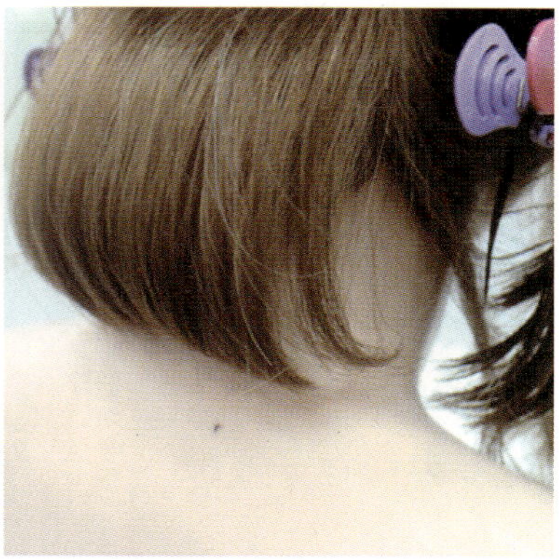
6. 완성된 인컬의 모습이다.

7. C컬이 되는 롤의 접점에서 잠시 멈춘다.

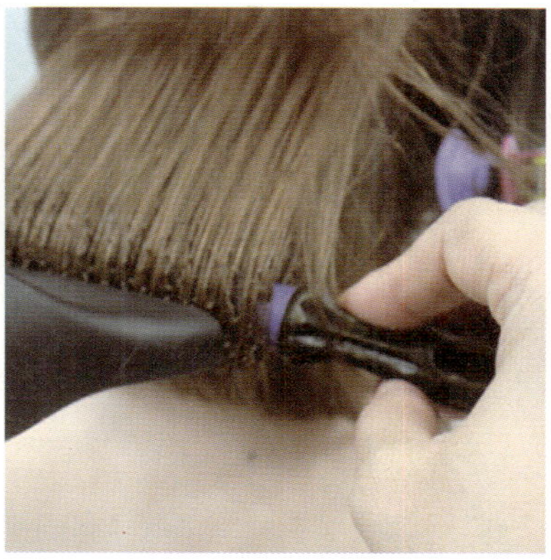
8. 롤과 드라이의 각도는 지면과 평행으로 한다.

9. 모발의 감기는 부분에서 롤을 대고 살짝 밀어올리며 바람을 준다.

10. 두 번째 섹션의 완성된 모습이다.

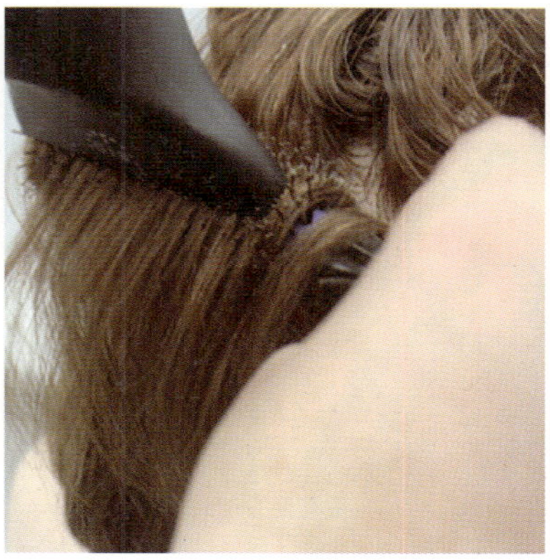
11. 각도를 90°로 한다.

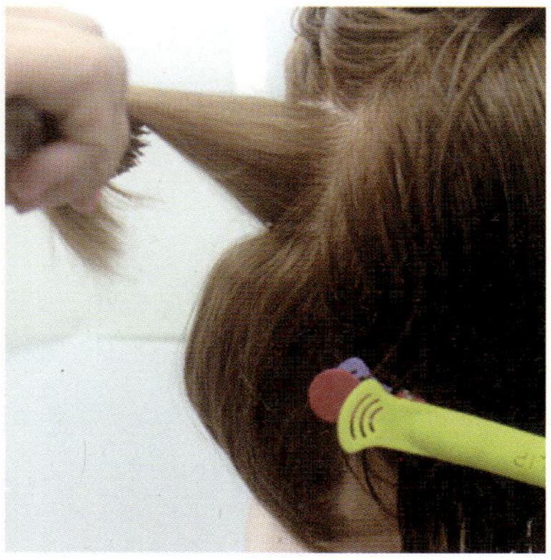
12. 각도를 유지한 채로 펴면서 C컬이 되는 접점에서 잠시 멈춘다.

13. 뜸들인다.

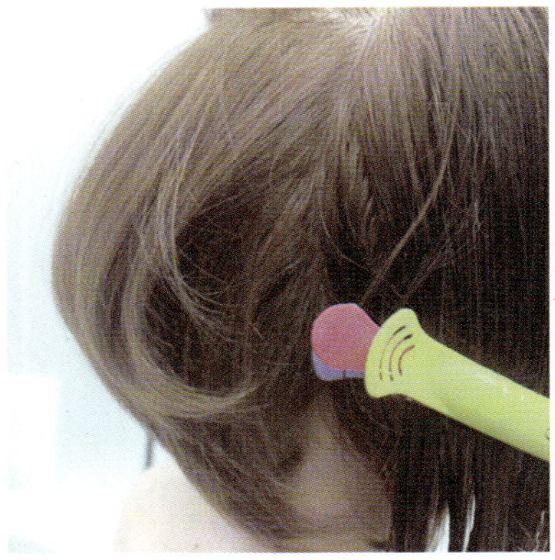

14. C컬의 완성된 모습이다.

15. 먼저 뿌리를 잡는다.

16. 뿌리를 잡은 후 각도를 유지하면서 편다.

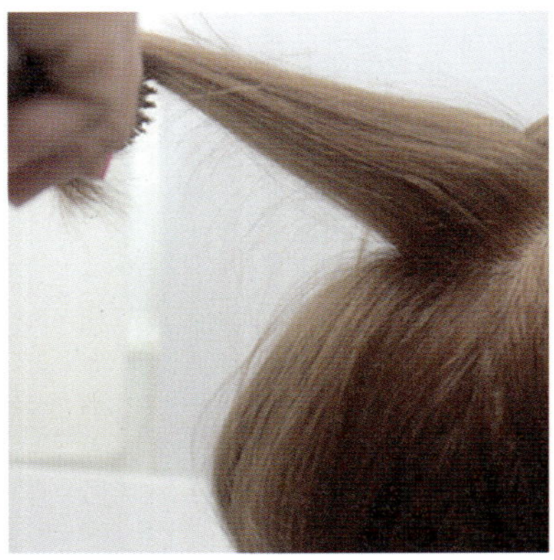

17. C컬의 접점에서 잠시 멈추고 바람을 준다.

18. 끝을 롤에 만다.

19. 드라이와 롤의 위치는 지면과 수평으로 한다.

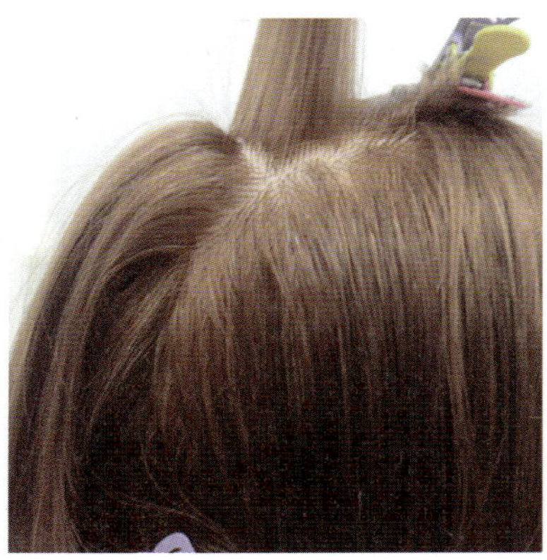

20. 두정부의 뿌리는 120°로 한다.

21. 각도를 유지하며 천천히 편다.

22. 끝을 롤에 말고 바람을 준다.

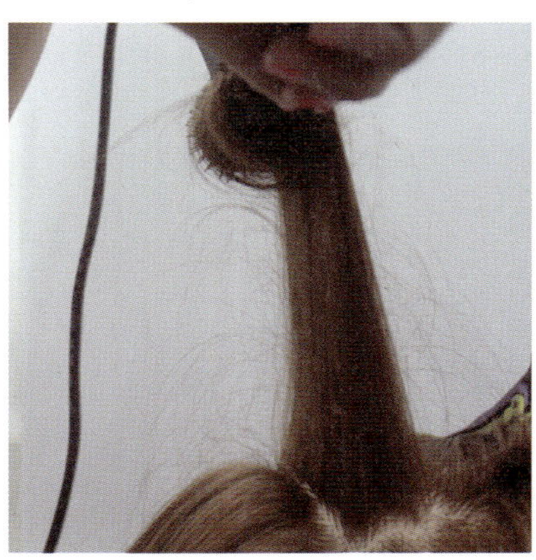

23. 한두 번 반복한다.

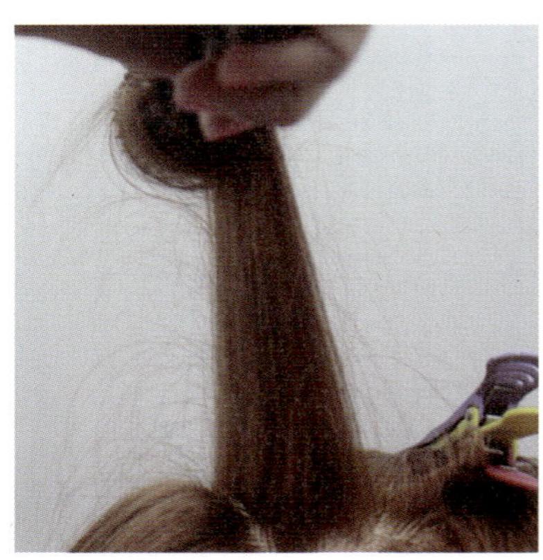

24. 열을 주고 식히는 것이 중요하다.

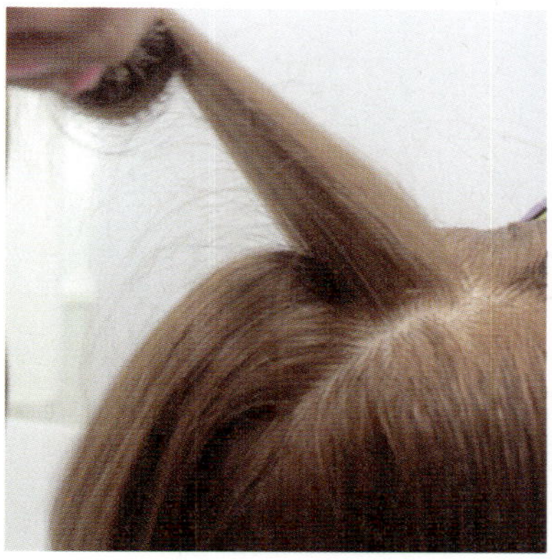
25. 열을 주고 식히는 것이 중요하다.

26. 볼륨이 유지된 상태에서 완성된 C컬이다.

27. 완성된 모습이다.

28. 두정부는 갈라지지 않게 뿌리를 살리고 각도에 유의한다.

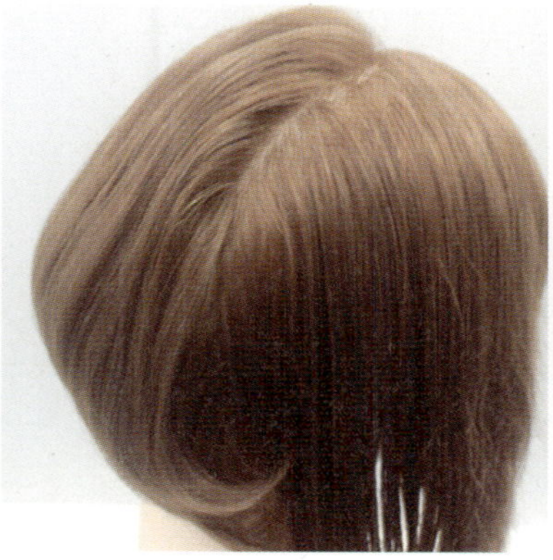
29. 완성된 뒷모습이다.

30. 섹션을 정확하게 탄다.

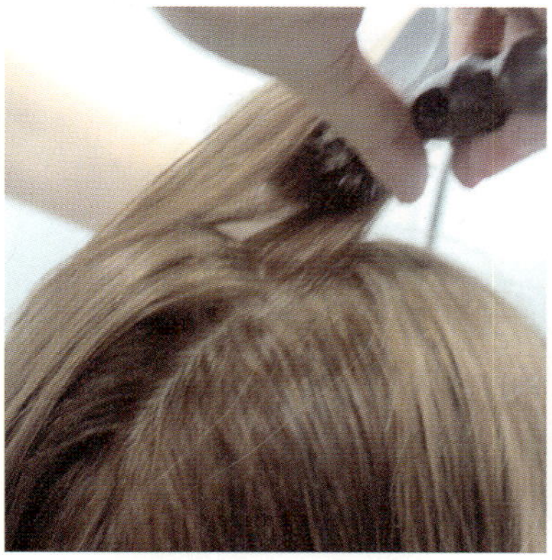
31. 두정부 뿌리는 120°로 한다.

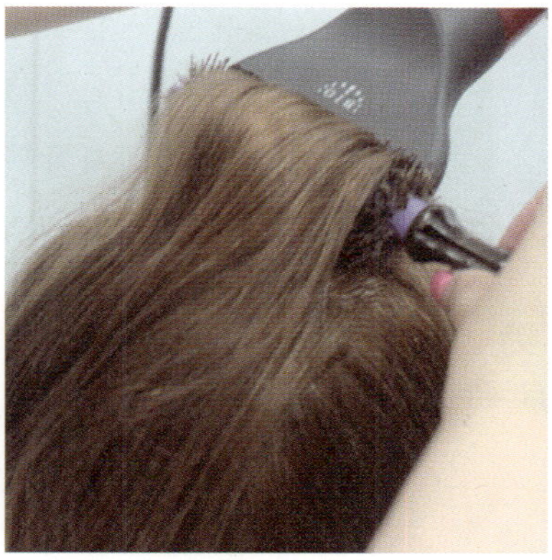
32. 드라이의 방향은 앞뿌리쪽에서 시작한다.

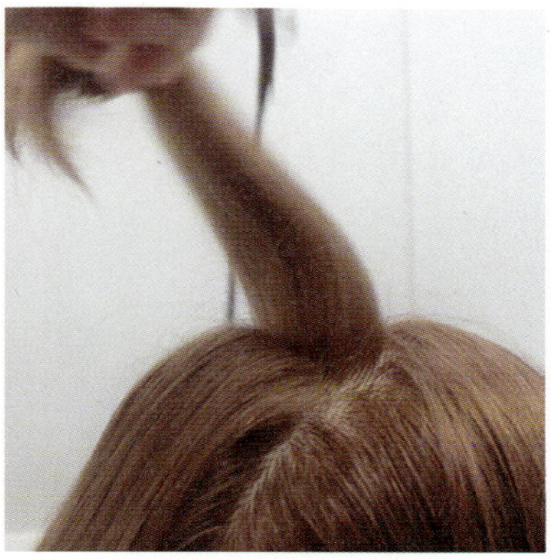
33. 각도를 유지하여 일정한 텐션으로 끝까지 내려온다.

34. 끝머리를 롤에 감고 롤의 끝부분에 바람을 주며 감는다.

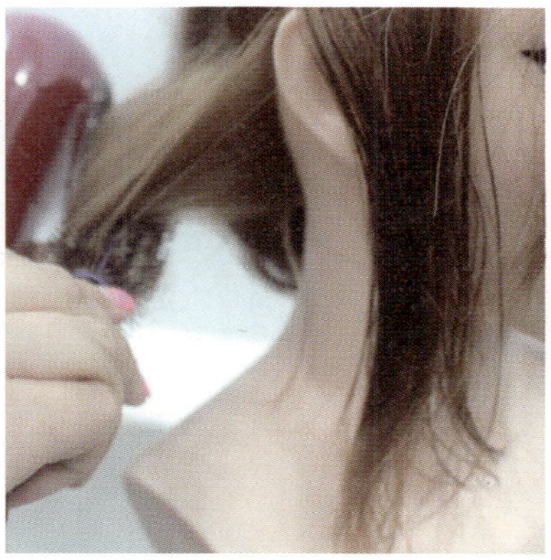
35. 열을 식힌다.

36. 열을 식히며 뜸을 들인다.

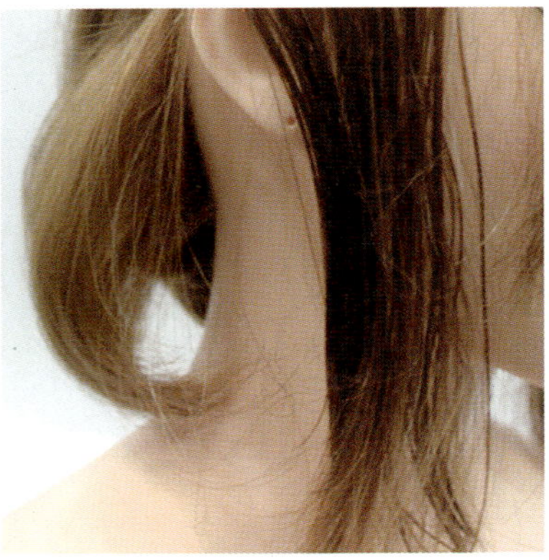

37. 완성된 판넬의 모습이다.

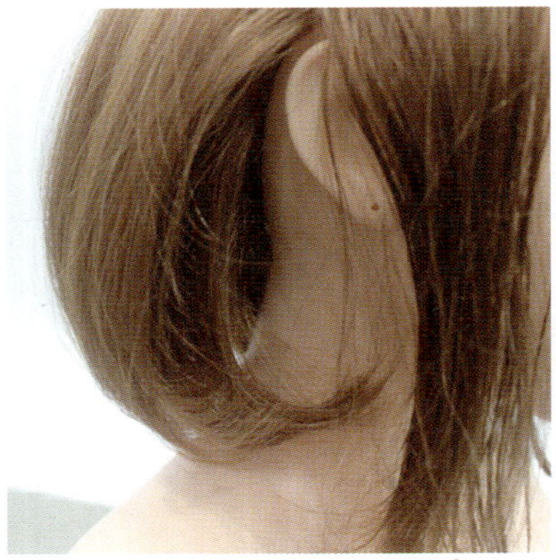

38. 완성된 백사이드 모습이다.

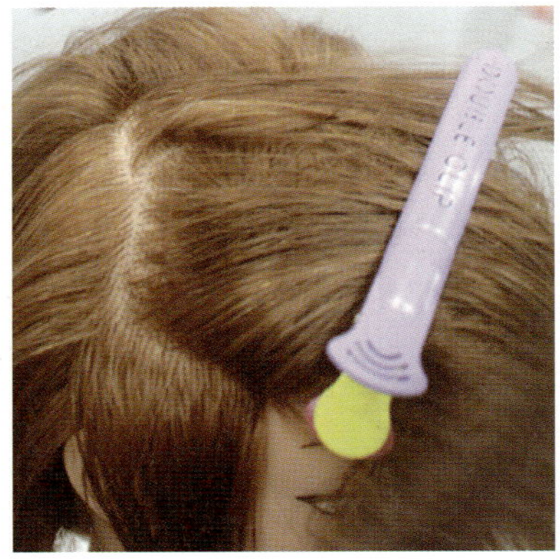

39. 섹션을 정확하게 탄다.

40. 각도를 유지하여 일정한 텐션으로 끝까지 내려온다.

41. 끝머리를 롤에 감고 롤의 끝부분에 바람을 주며 감는다.

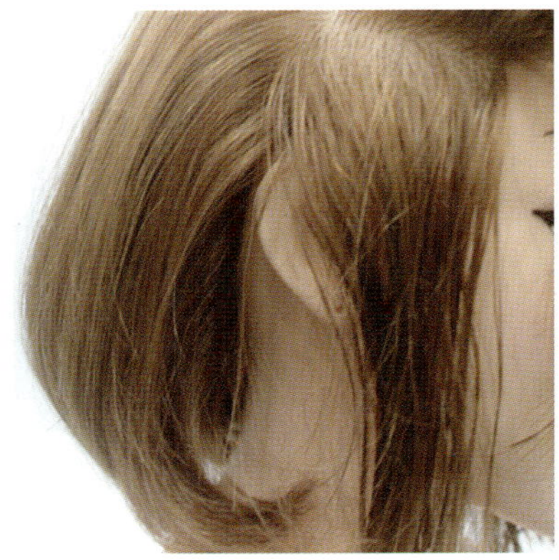

42. 30% 정도의 적당한 수분을 남기고 시작한다.

43. 섹션을 정확히 타고 백사이드 머리와 갈라지지 않도록 한다.

44. 각도는 두피각의 90°를 유지하면서 일정한 텐션을 준다.

45. 두피각의 90°를 유지한다.

46. 앞머리는 사선으로 섹션을 타고, 뿌리를 먼저 잡는다.

47. 뿌리를 잡을 때는 원하는 방향의 반대 방향으로 뿌리를 밀어준다.

48. 옆머리와 앞머리가 갈라지지 않도록 주의한다.

49. C컬을 만들 때 가장 높은 지점에서 뜸을 들인다.

50. 반복하여 C컬을 만든다.

51. 완성된 앞모습이다.

52. 완성된 옆모습이다.

53. 완성된 옆모습이다.

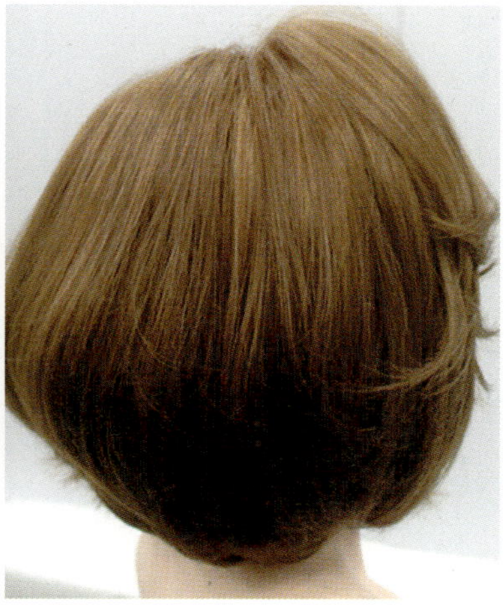

54. 완성된 뒷모습이다.

안말음

5. 바깥말음(아웃컬)

1) 바깥말음 하기

① 파팅을 4~5파팅 한다.
② 네이프 부분부터 2~3cm 수평 섹션을 나눈다.
③ 뿌리를 먼저 잡아야만 바깥 컬이 쓰러지지 않는다.
④ 판넬 안쪽에 롤을 안으로 넣어서 모근에서 모선으로 내려온다.
⑤ 모선 부분에서 판넬 바깥쪽에서 롤을 1~1.5바퀴 정도 감고 그 부위 위·아래에 열과 바람을 주며 4~5초 시간을 둔다.
⑥ 드라이 바람을 주지 않고 롤을 돌리면서 풀어준다.
⑦ 네이프 – 사이드 부분 순으로 진행한다.

*** 또 다른 방법 –** 끝부분을 먼저 안말음 한 다음 다시 바깥말음을 해도 된다.

1. 수분이 30% 남은 상태에서 시작한다.

2. 백사이드 네이프부터 시작한다.

3. 뿌리를 제자리에 가져다 놓은 후 먼저 살짝 편다.

4. 판넬의 바깥쪽에서 롤을 감아 올리며 바람을 준다.

5. 롤을 감은 후 드라이의 위치를 아래에서 위로 향하여 바람을 준다.

6. 롤의 안쪽에서도 바람을 준다.

7. 완성된 바깥말음이다.

8. 두 번째 판넬도 수분을 남기고 시작한다.

9. 뿌리를 먼저 잡는다.

10. 수분을 말리면서 살짝 편다.

11. 수분을 말리면서 살짝 편다.

12. 주의할 점은 열을 완벽히 주지 않는 것이다.

13. 롤을 바깥에서 만다.

14. 드라이를 롤의 아래방향에서 잠시 멈추어 준다.

15. 드라이를 롤의 아래방향에서 잠시 멈추어 준다.

16. 바람을 충분히 준다.

17. 뜸을 충분히 들여 준다.

18. 바람을 롤의 안쪽으로도 준다.

19. 열을 식힌다.

20. 완성된 모습이다.

21. 반드시 뿌리를 먼저 잡아야만 머리가 쓰러지지 않는다.

22. 섹션을 정확히 한다.

23. 이때부터 각도를 유지하면서 편다.

24. 바깥말음하여 드라이를 밑에서 위로 쐰다.

25. 드라이 열을 준다.

26. 볼륨을 위하여 롤의 위에서도 바람을 준다.

27. 잠시 멈추어 열을 식힌다.

28. 아웃컬이지만 S모양의 볼륨을 생각하며 한다.

29. 백사이드도 쓰러지지 않도록 한다.

30. 밑에서 위로 바람을 준다.

31. C컬의 가장 높은 부분에서 잠시 멈춘다.

32. 완성된 모습이다.

33. 뿌리를 먼저 잡는다.

34. 뿌리를 잡은 모습이다.

35. 수분을 말리며 살짝 펴준다.

36. 바깥으로 만다.

37. 먼저 된 부분은 갈라지지 않도록 유의한다.

38. 사이드도 뿌리를 먼저 잡는다.

39. 수분을 말리면서 살짝 편다.

40. 롤에 머리를 바깥으로 만 후 밑에서 바람을 쐰다.

41. 아웃컬이 쓰러지지 않도록 주의한다.

42. 완성된 앞모습이다.

43. 완성된 옆모습이다.

44. 완성된 뒷모습이다.

45. 완성된 옆모습이다.

바깥말음

6. 수평 섹션 S형 웨이브

1) S형 웨이브 하기

① 우선 스트레이트(펴기)로 가볍게 결 정리를 한 후 4~5파팅 한다.

② 네이프 부분부터 2~3cm 수평 섹션을 나눈다.

③ 판넬을 롤을 이용하여 모선에서 모근 방향으로 말아서 간다.

④ 감은 상태에서 열을 준 다음 조금씩 풀면서 지그재그 릿지를 만들면서 S자형을 만든다.

⑤ 모선까지 같은 방향으로 진행한다.

⑥ 네이프 – 사이드 부분 순으로 반복 진행한다.

1. 웨이브 전 수분을 남겨둔 모습이다.

2. 섹션을 정확히 탄다.

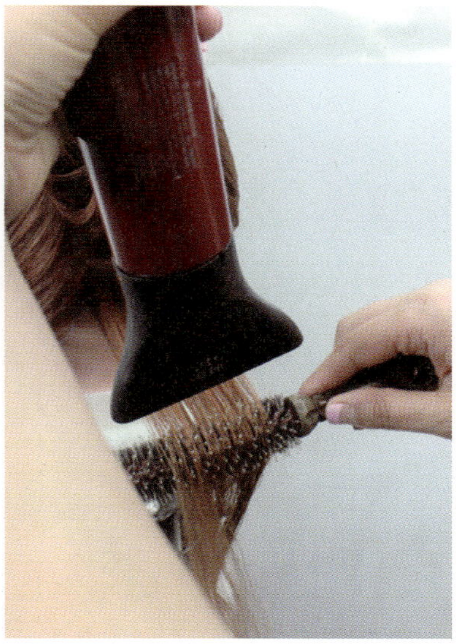

3. 수분을 말리며 살짝 드라이한다.

4. 원하는 웨이브 위치에서 롤을 감는다.

5. 롤을 감는 모습이다.

6. 롤을 감은 상태에서 바람을 준다.

7. 바람을 양쪽으로 다 준다.

8. 충분히 열을 준다.

9. 롤을 반바퀴 풀면서 텐션을 안으로 준다.

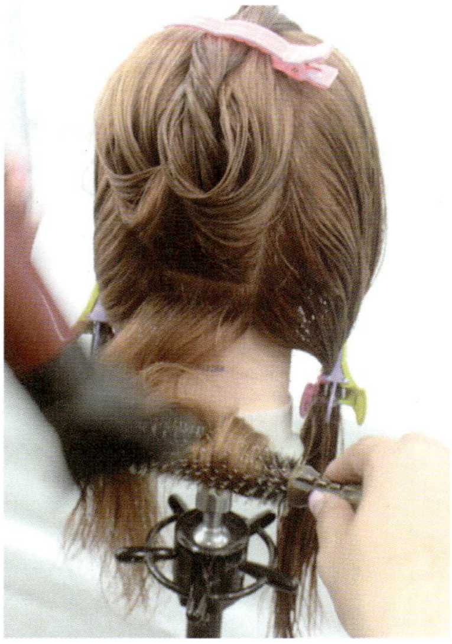

10. 1/4 풀면서 텐션을 준다.

11. 열이 식기 전에 텐션을 주며 릿지를 만든다.

12. 롤을 좌우 45°로 위치하며 1/4씩 풀면서 C컬을 만든다.

13. 1/4씩 풀며 롤의 살짝 안쪽에 바람을 준다.

14. 완성된 모습이다.

15. 완성된 모습이다.

16. 전제적으로 반복하며 웨이브를 준다.

17. 완성된 옆모습이다.

18. 완성된 뒷모습이다.

19. 완성된 옆모습이다.

수평 섹션 S 웨이브

7. 수평 섹션 크로키놀식 웨이브

원하는 스타일에 맞게 롤을 사용하여
감는 횟수에 따라 웨이브가 다르게 표현된다.

1) S형 웨이브 하기

① 우선 스트레이트(펴기)로 가볍게 결 정리를 한 후 4~5파팅 한다.

*** 웨이브 할 곳 – 위 :** 스트레이트로 깨끗하게 한다.

– 아래 : 가볍게 결 정리를 한다.

② 네이프 부분부터 2~3cm 수평 섹션을 나눈다.

③ 판넬 안쪽에 롤을 안으로 넣어서 모근에서 모선으로 내려온다.

④ 모선 부분(웨이브를 만들 위치)에서 롤을 판넬 안쪽에서 2~3.5바퀴 정도 모발을 깨끗하게 감고 그 부위 위·아래에 열과 바람을 주며 4~5초 시간을 둔다.

⑤ 드라이 바람을 주지 않고 롤을 돌리고 풀어주면서 부분 부분에 다시 한 번 열을 주면서 풀어준다.

⑥ 네이프 – 사이드 부분 순으로 반복 진행한다.

1. 수분을 30% 정도 남긴 후 시작한다.

2. 수분을 말리며 편다.

3. 한번 편 후 끝을 만다.

4. 바람을 양쪽으로 모두 준다.

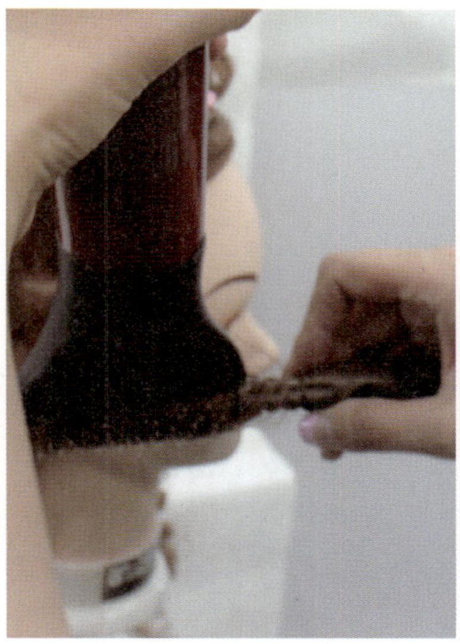

5. 머리를 롤에 감은 상태에서 열을 집중적으로 준다.

6. 열을 식히며 뜸을 들인다.

7. 완성된 모습이다.

8. 왼쪽 수평 웨이브와 오른쪽 수직 웨이브의 비교 모습이다.

9. 수직 웨이브의 옆모습이다.

10. 바람을 양쪽으로 모두 준다.

11. 머리를 롤에 감은 상태에서 열을 집중적으로 준다.

12. 머리를 롤에 감은 상태에서 열을 집중적으로 준다.

13. 완성된 뒷모습이다.

14. 수평 웨이브의 옆모습이다.

수평 섹션 크로키놀식 웨이브

8. 수직(세로)섹션 S형 웨이브

원하는 스타일에 맞게 롤을 사용하여 감는
횟수에 따라 웨이브가 다르게 표현된다.

1) 수직(세로)섹션 S형 웨이브 하기

① 우선 스트레이트(펴기)로 가볍게 결 정리를 한 후 4~5파팅 한다.

*** 웨이브 할 곳 – 위 :** 스트레이트로 깨끗하게 한다.

– 아래 : 가볍게 결 정리를 한다.

② 네이프 부분부터 2~3cm 수직 섹션을 나눈다.

③ 판넬 안쪽에 롤을 안으로 넣어서 모근에서 모선으로 내려온다.

④ 모선 부분(웨이브를 만들 위치)에서 롤을 판넬 안쪽에서 2~3바퀴 반 정도 모발을 깨끗하게 감고 그 부위 위·아래에 열과 바람을 주며 4~5초 시간을 둔다.

⑤ 드라이 바람을 주지 않고 롤을 돌리면서 풀어주면서 릿지 부분에 다시 한 번 열을 주면서 풀어준다.

⑥ 네이프 – 사이드 부분 순으로 반복 진행한다.

1. 드라이 하기 전 모습이다.

2. 섹션을 수직으로 탄다.

3. 롤을 뿌리에서부터 수분을 말린다.

4. 머리를 드라이 롤에 수직으로 세워서 감는다.

5. 드라이 롤을 감은 후 빼면서 바람을 준다.

6. 반복하며 드라이한다.

7. 끝에서부터 다시 말아 올라간다.

8. 말아 올라가는 중간 모습이다.

9. 열을 준다.

10. 열을 앞·뒤로 준다.

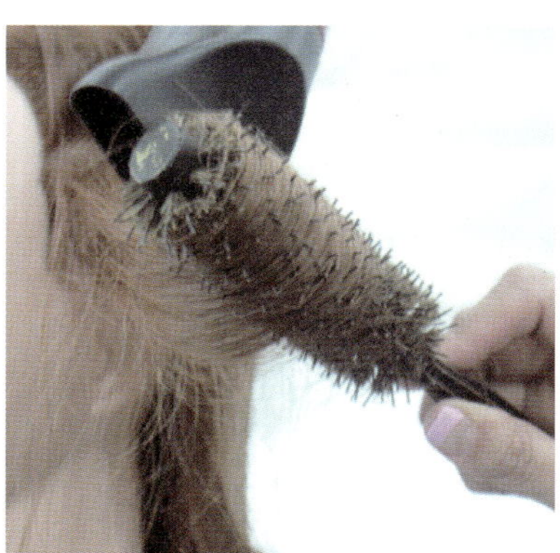

11. 롤의 안쪽으로도 열을 준다.

12. 열을 앞·뒤로 준다.

13. 드라이 바람을 집중적으로 준다.

14. 열을 식히며 뜸을 들인다.

15. 식은 다음 롤을 한 바퀴 뺀다.

16. 머리에서 롤을 뺄 때 롤을 돌리면서 뺀다.

17. 완성된 옆모습이다.

18. 완성된 앞모습이다.

19. 완성된 앞모습이다.

20. 완성된 옆모습이다.

21. 완성된 옆모습이다.

수직 섹션 웨이브

Blow Dry

Chapter 3

앞머리 블로우 드라이 스타일

1. 숏트 스타일

2. 미듐 스타일 앞머리 연출

1. 숏트 스타일

1) 올백 앞머리 스타일 하기

① 스타일 낼 부분을 정한다.
② 섹션을 1~2cm 나눈다.
③ 롤을 두피 가까이 대고 드라이 바람을 주면서 스타일을 연출한다.

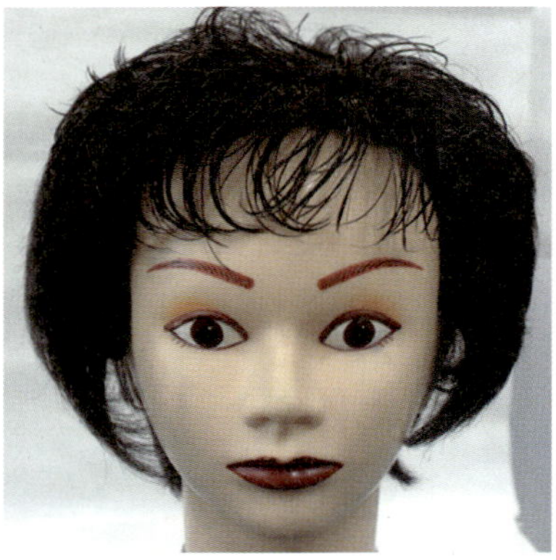

1. 드라이하기 전 모습이다.

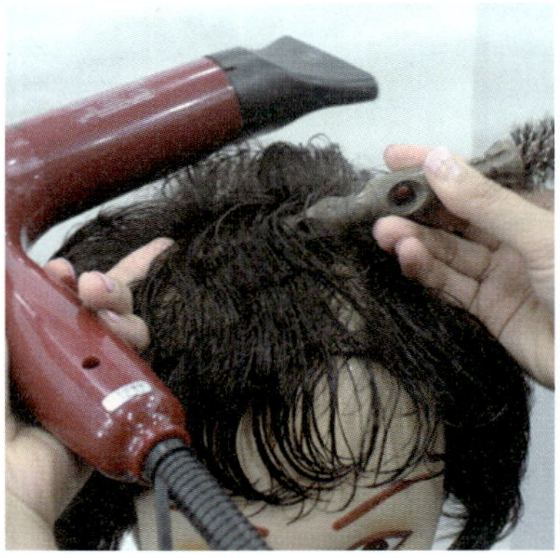

2. 수분이 남은 상태에서 섹션을 정확히 한다.

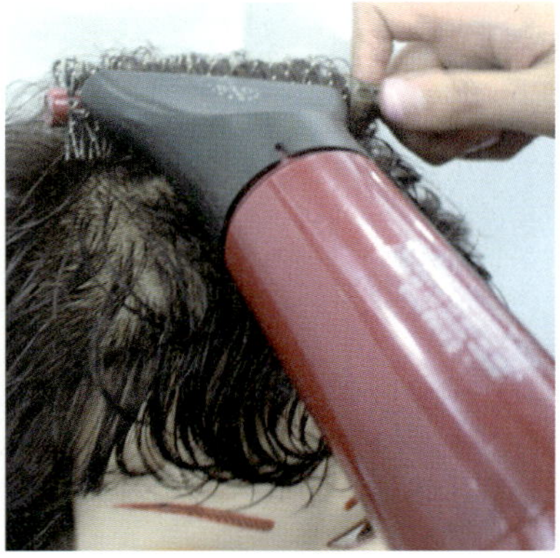

3. 섹션은 롤의 굵기만큼 하고, 머리에 롤을 감는다.

4. 드라이 바람을 반드시 뿌리를 향해서 준다.

5. 열을 주고 식힌 후 롤을 빼면 쓰러지지 않는다.

6. 반복하며 앞으로 온다.

7. 롤에 드라이 바람으로 머리를 감는다.

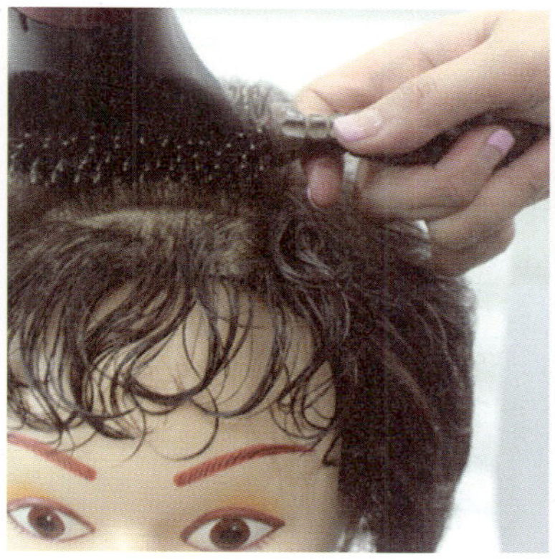

8. 감은 상태에서 열을 준다.

9. 열을 주고 식힌 후 드라이 롤을 뺀다.

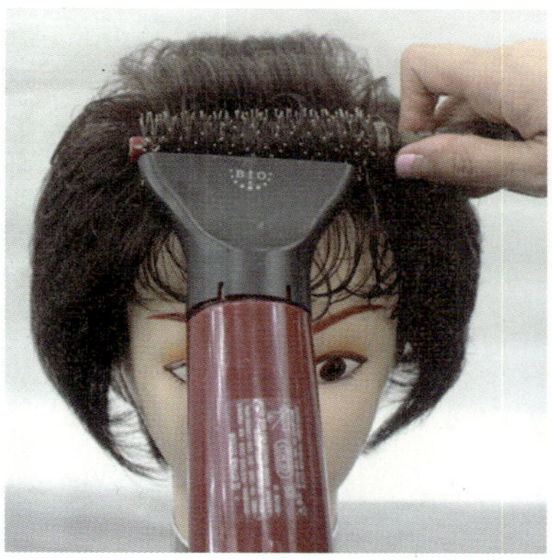

10. 앞부분으로 넘어와서 반복하여 드라이한다.

11. 뿌리에 바람을 반드시 주고 드라이 롤에 감는다.

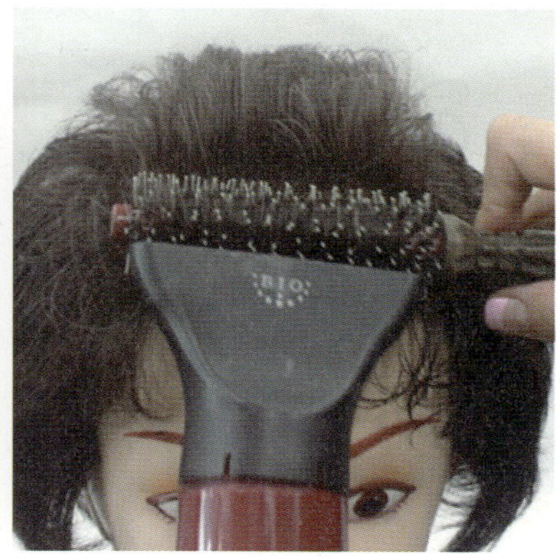

12. 드라이는 롤의 앞쪽 방향에서 바람을 준다.

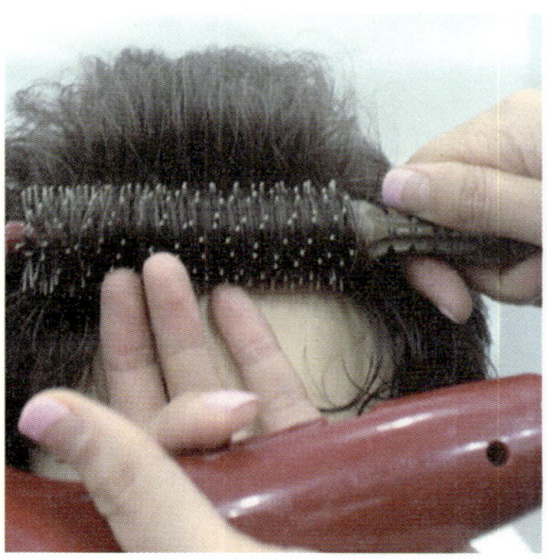

13. 맨 앞머리는 각도를 온 베이스보다 앞쪽으로 끌어온다.

14. 프론트 옆머리도 뒤쪽에서부터 반복하여 내려온다.

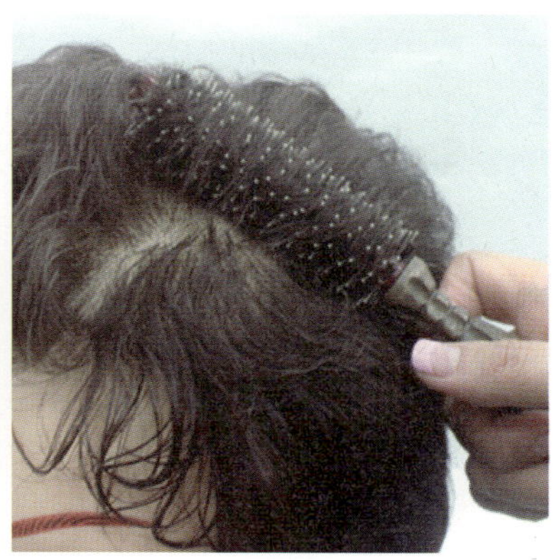

15. 가르마 부분이 갈라지지 않도록 드라이 한 부분과, 드라이 할 부분을 같이 잡는다.

16. 반복하여 앞으로 온다.

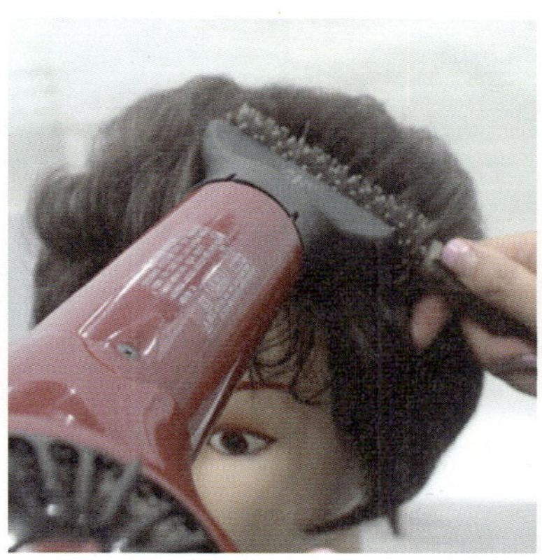

17. 열을 주고 식히는 것이 중요하다.

18. 맨 앞머리는 롤을 앞쪽으로 당기면서 만다.

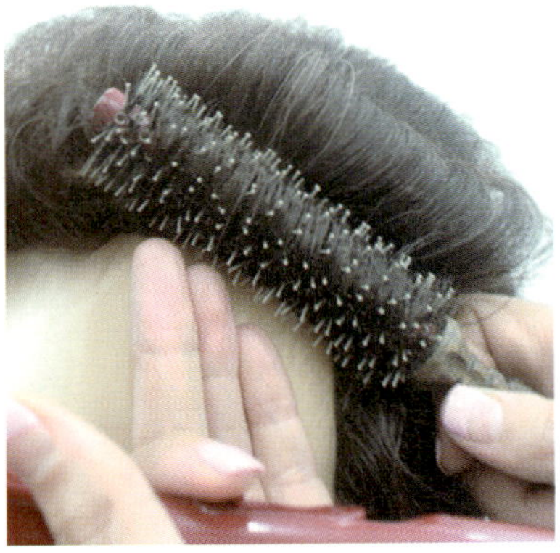

19. 열을 주고 식힌 후 롤을 뺀다.

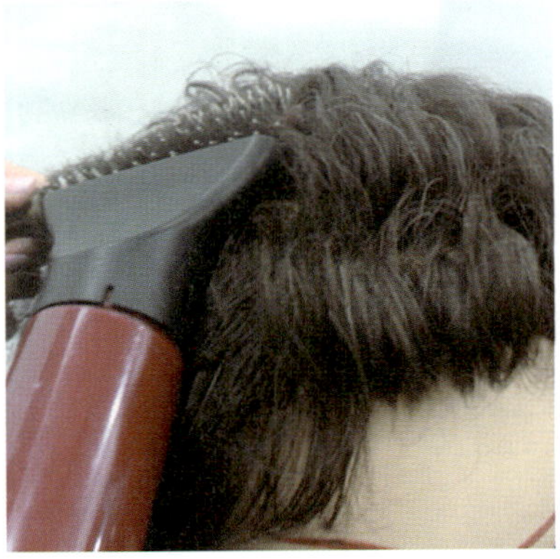

20. 반대쪽 사이드도 뒤에서부터 시작한다.

21. 이때 약간 사선으로 섹션을 탄다.

22. 드라이 바람으로 롤에 머리를 감는다.

23. 열을 주고 식힌 후 드라이 롤을 뺀다.

24. 맨 앞머리는 롤을 앞쪽으로 당기면서 만다.

25. 사이드는 롤을 사선으로 감는다.

26. 사이드와 프론트가 연결되도록 한다.

27. 완성된 옆모습이다.

올백스타일

2) S웨이브 앞머리 스타일 하기

① 스타일 낼 부분을 정한다.

② 섹션을 1~2cm 나눈다.

③ 롤을 두피 가까이 대고 드라이 바람을 주면서 스타일을 연출한다.

1. 드라이하기 전 모습이다.

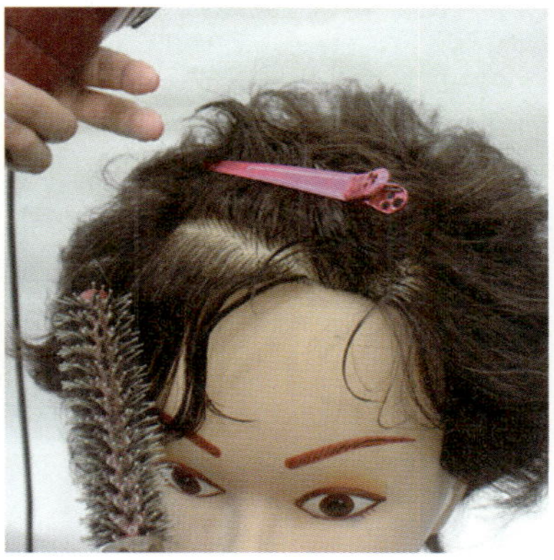

2. 프론지를 사선으로 섹션한다.

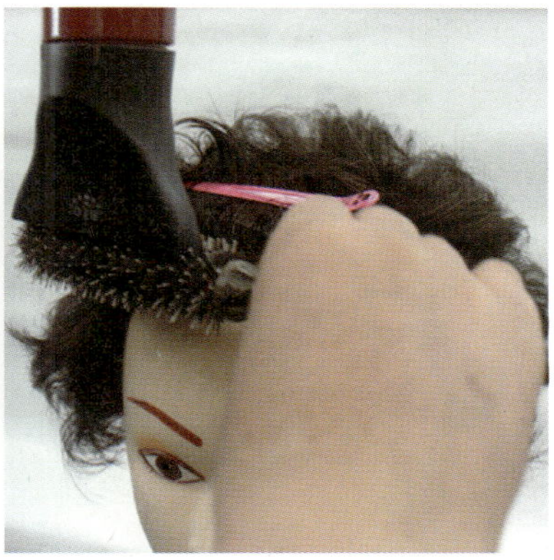

3. 뿌리를 먼저 잡은 후 드라이 롤에 감는다.

4. 뒤쪽에서부터 사선으로 섹션을 탄다.

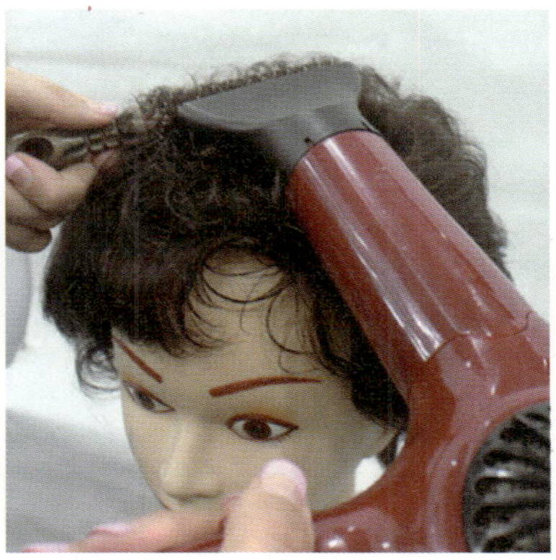

5. 롤에 바람으로 머리를 감는다.

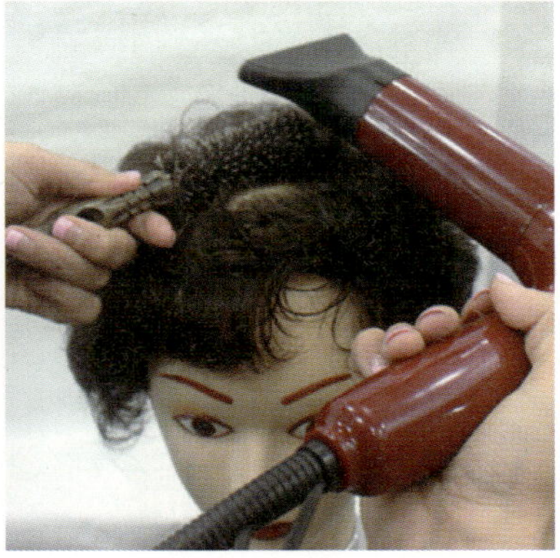

6. 롤에 머리를 감은 후 열을 주고 식힌다.

7. 반복하여 사선으로 내려온다.

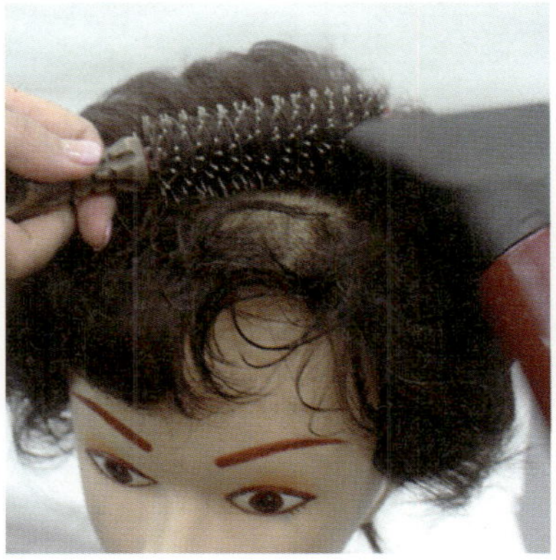

8. 열을 주고 식힌 후 머리를 뺀다.

9. 뿌리에 바람을 반드시 주어야만 머리가 쓰러지지 않는다.

10. 열을 주고 식힌 후 뺀다.

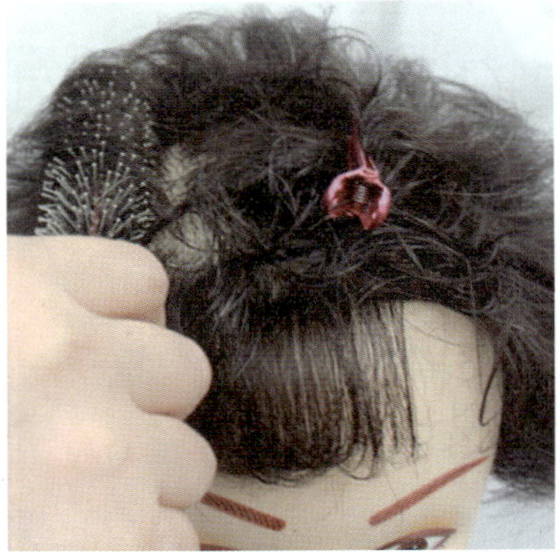

11. 사이드 뿌리를 먼저 잡는다.

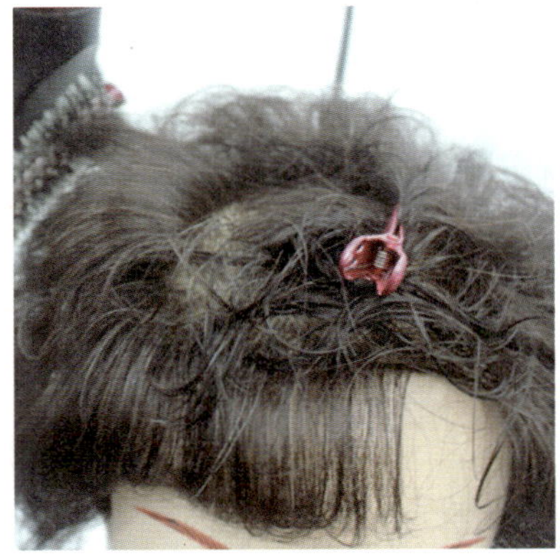

12. 드라이 롤에 감고 두피각도를 유지하며 드라이 한 후 뒤쪽으로 뺀다.

13. 앞머리는 120° 각도로 오버드레싱 해야만 한다.

14. 열을 식힌다.

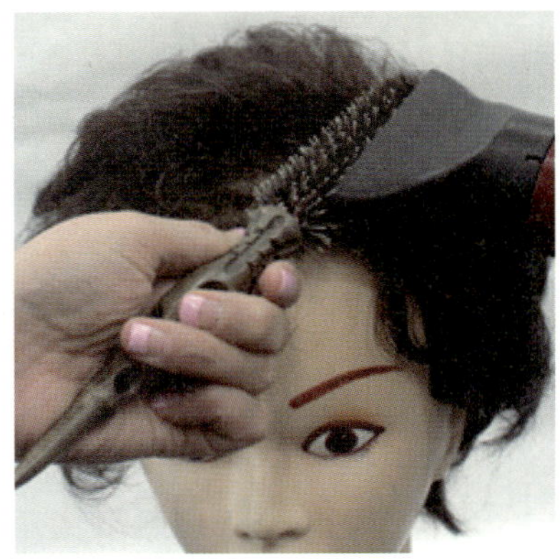

15. 반복 작업하는 모습이다.

16. 두 번째 섹션은 110° 각도로 점점 그라데이션 한다.

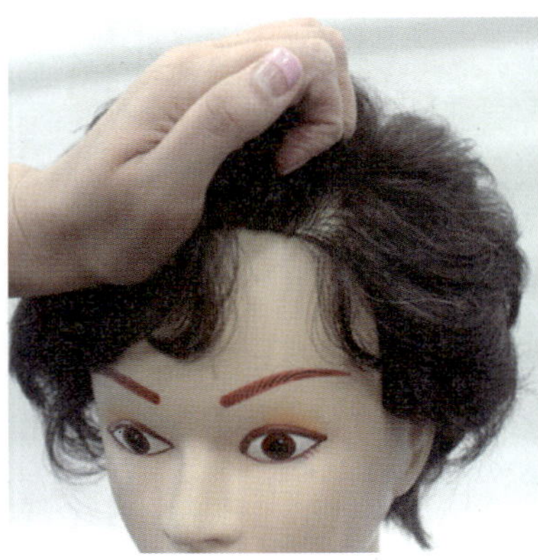

17. 마지막은 핸드 드라이로 각도를 유지시켜 준다.

18. 앞머리와 연결되도록 두 번째 판넬을 앞쪽으로 한 번 더 한다.

19. 왼쪽 앞머리도 사선으로 탄다.

20. 앞쪽으로 뿌리를 잡고, 드라이로 감은 후 열을 준다.

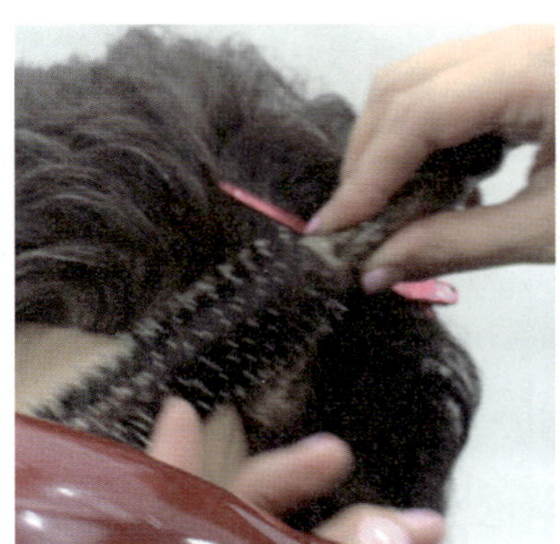

21. 열을 주고 식힌다.

22. 뿌리를 앞쪽으로 밀어준다.

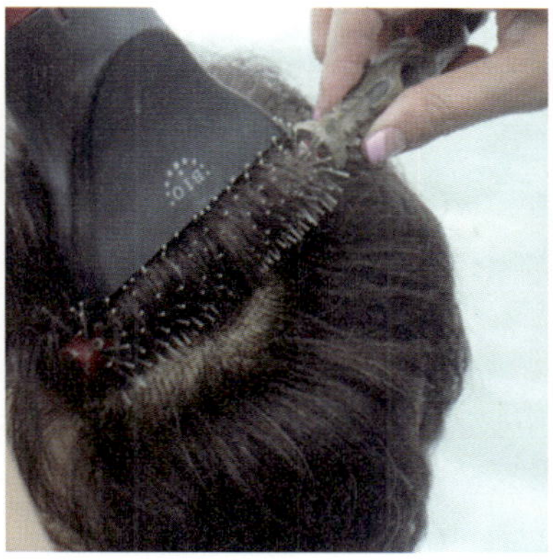

23. 밀어준 앞머리를 빼고, 각도를 살리면서 사이드 머리를 롤에 감는다.

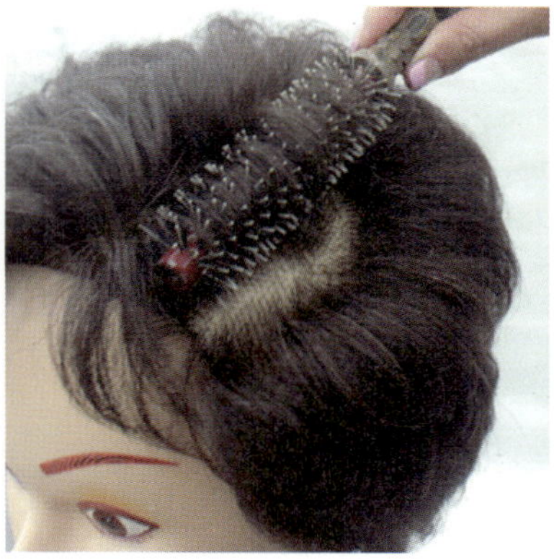

24. 바람을 반드시 뿌리에 넣어주고 식힌다.

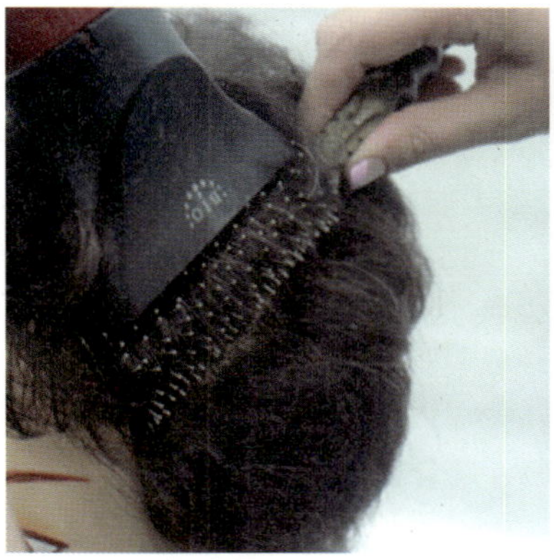

25. 뒤쪽으로 롤을 뺀다.

26. 앞머리를 손질하여 마무리한다.

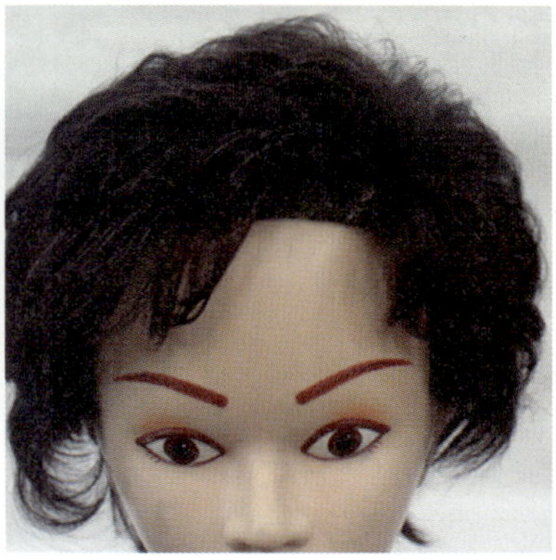

27. 완성된 모습이다.

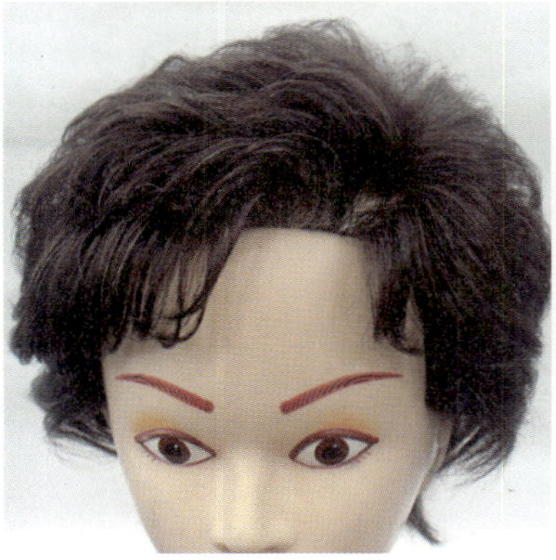

28. 완성된 앞모습이다.

29. 완성된 옆모습이다.

웨이브 스타일

3) 반 피봇방향(가르마) 앞머리 스타일 하기

① 스타일 낼 부분을 정한다.

② 섹션을 1~2cm 나눈다.

③ 롤을 두피 가까이 대고 드라이 바람을 주면서 스타일을 연출한다.

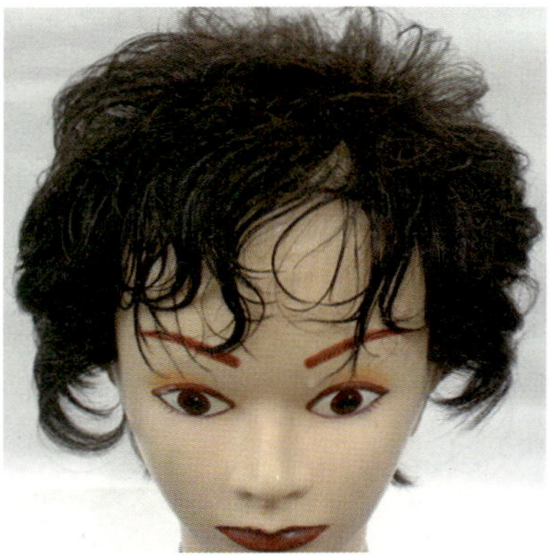

1. 드라이하기 전 모습이다.

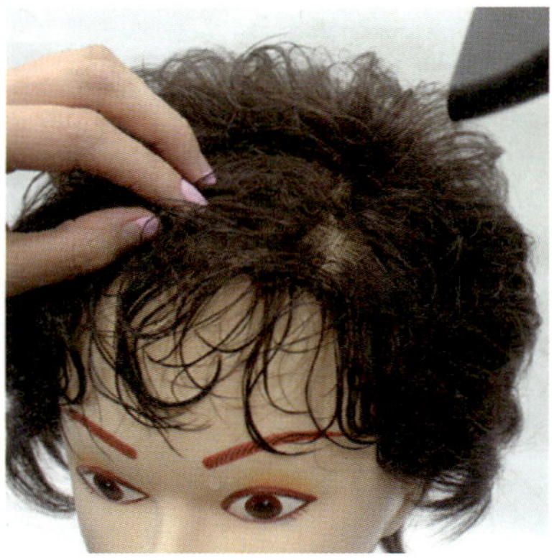

2. 바람으로 머리의 수분을 말린다.

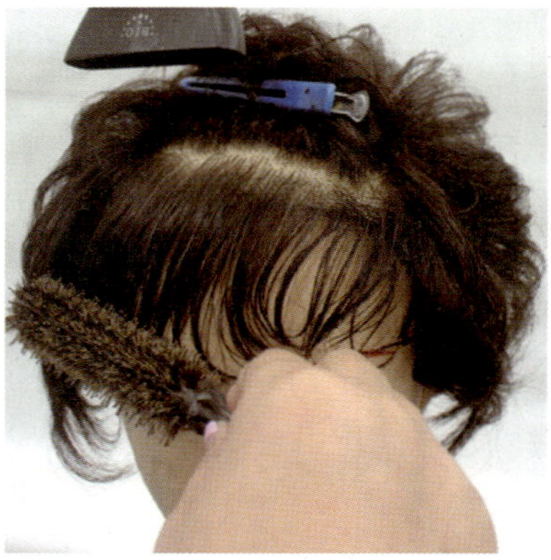

3. 섹션을 뜨고 방향을 생각하며 뿌리를 잡는다.

4. 드라이 롤에 머리를 감고 바람을 준다.

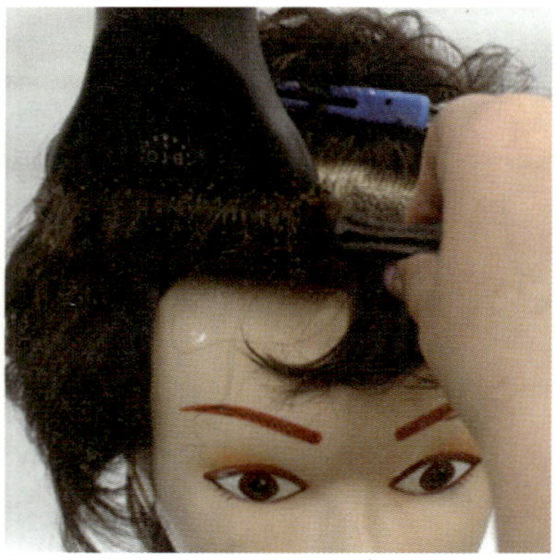

5. 원하는 방향으로 드라이 롤을 뺀다.

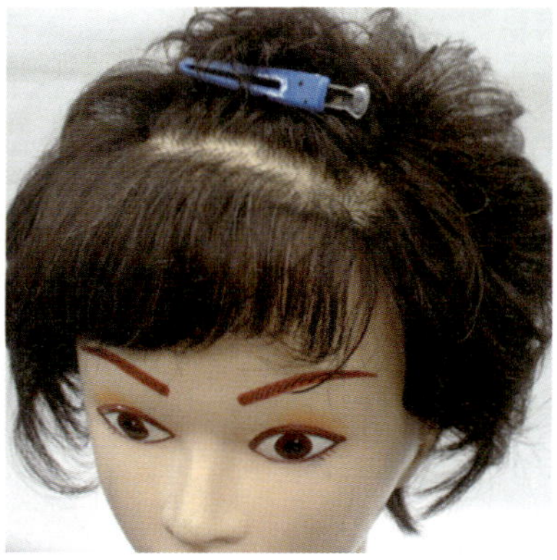

6. 섹션은 약간 사선으로 뜬다.

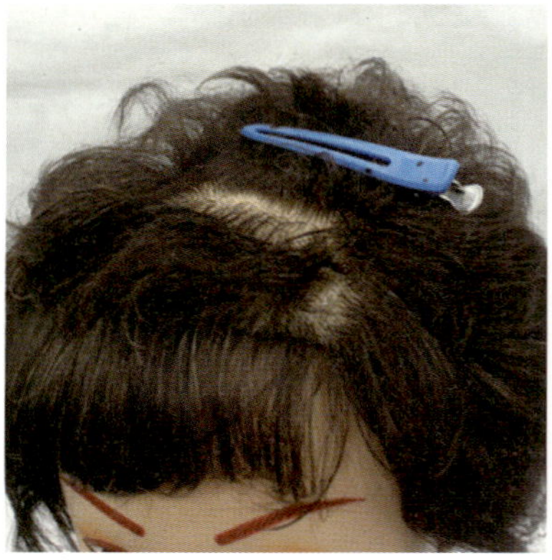

7. 두 번째 판넬의 뿌리를 잡는다.

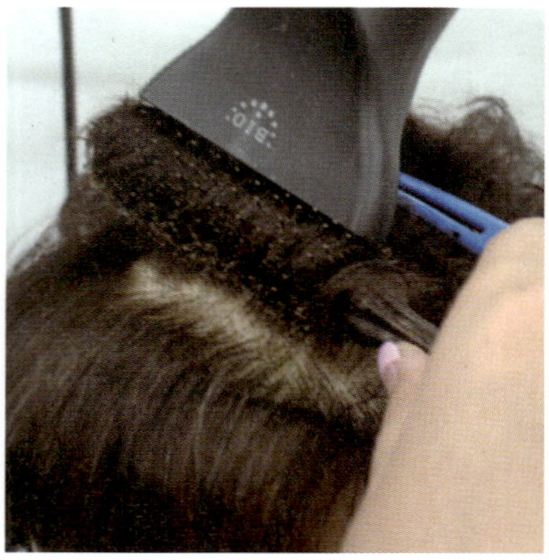

8. 드라이 롤에 머리를 감고 바람을 준다.

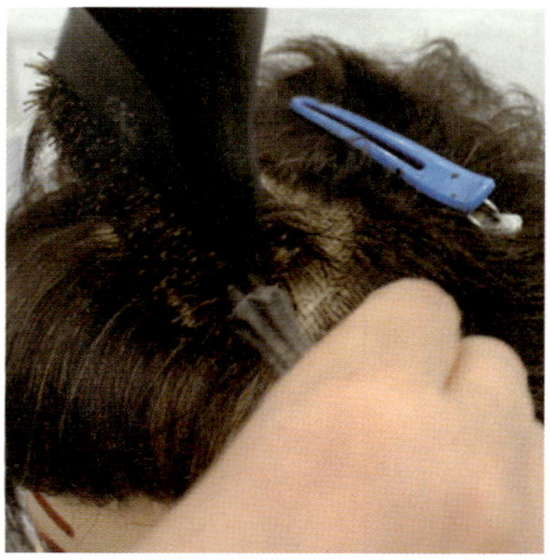

9. 바람을 주면서 롤을 앞쪽으로 뺀다.

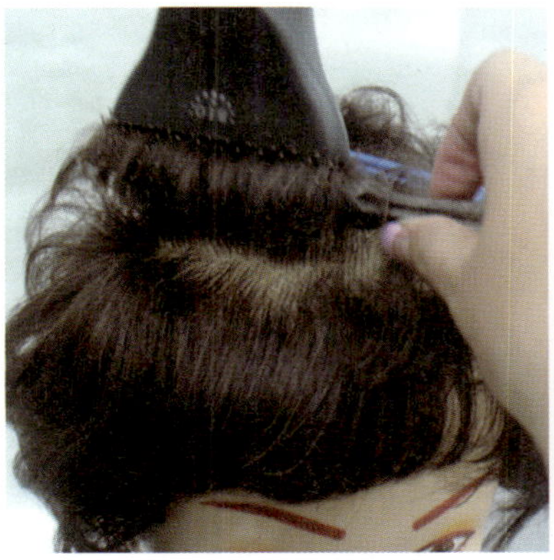

10. 바람을 주면서 옆머리와 연결하여 앞쪽으로 뺀다.

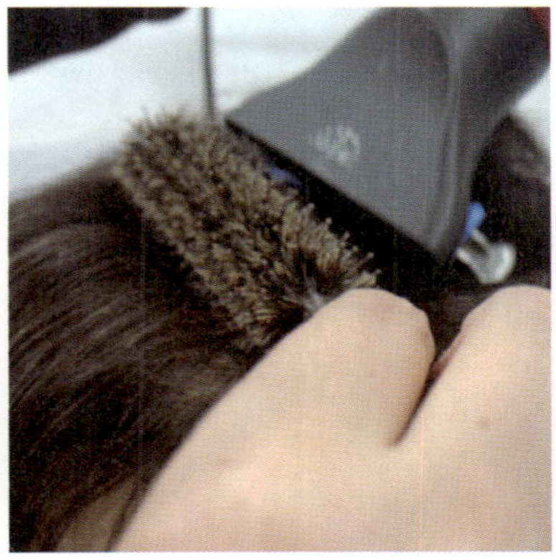

11. 뿌리를 잡을 때 롤을 뒤쪽으로 밀면서 바람을 뿌리에 준다.

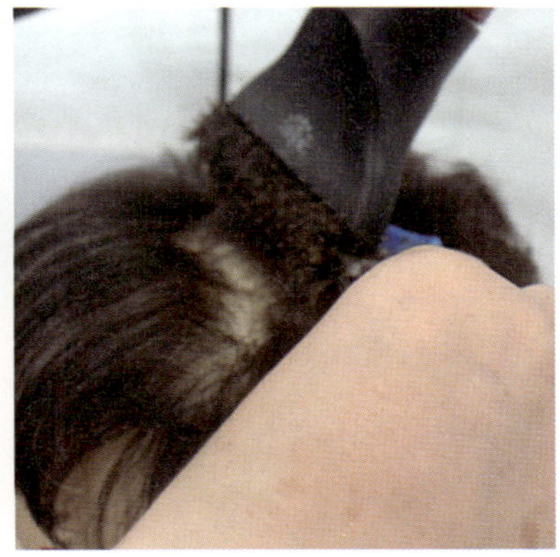

12. 머리를 롤에 감고 바람을 준다.

13. 롤을 오른쪽으로 뺀다.

14. 롤을 뺀 후에 다시 한 번 누르면서 바람을 준다.

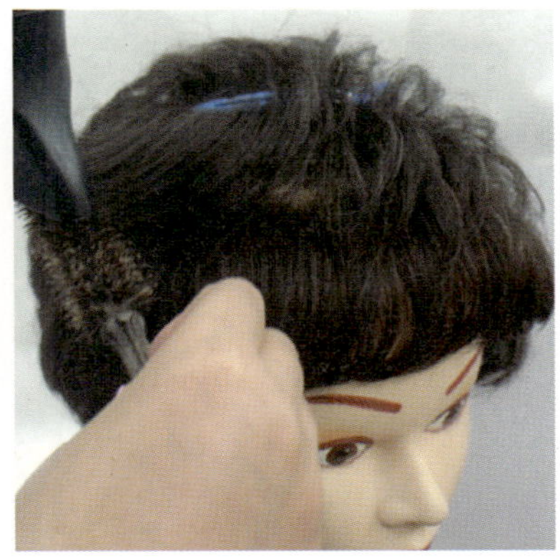

15. 옆머리와 연결하여 드라이해준다.

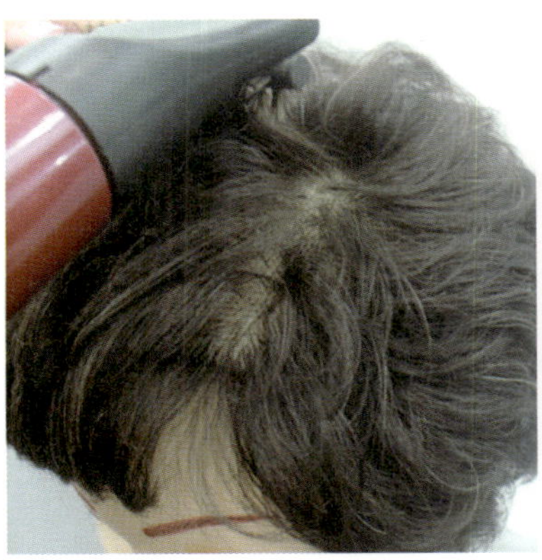

16. 탑은 앞머리와 연결하여 드라이해준다.

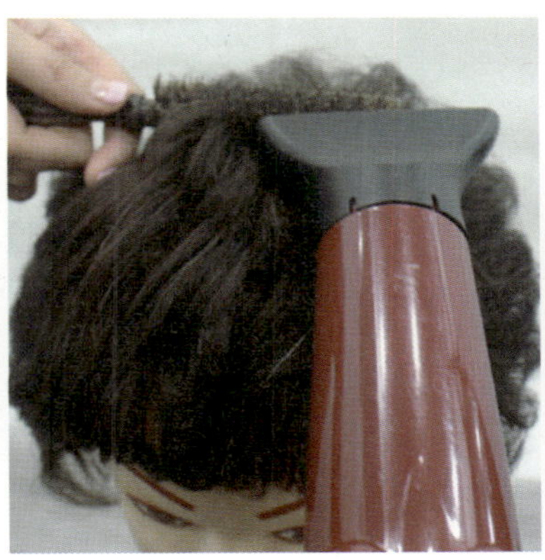

17. 탑 부분은 롤을 앞에서 뒤쪽으로 감은 후에 바람을 준다.

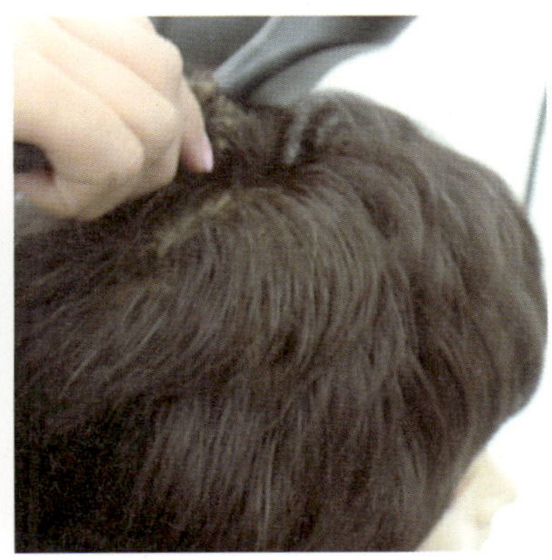

18. 롤에 머리를 감고 바람을 준다.

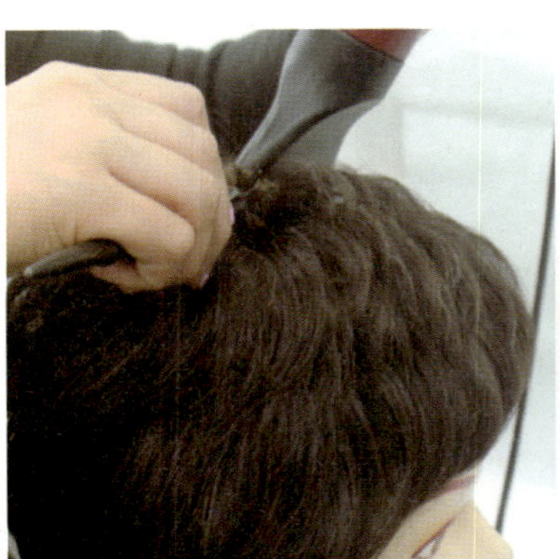

19. 탑은 뒤쪽에서 만다.

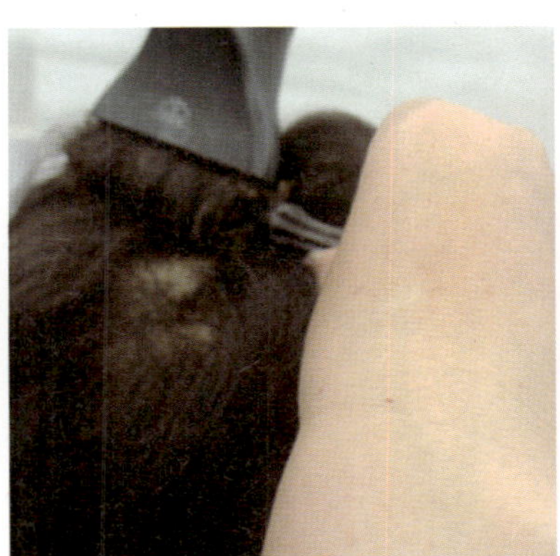

20. 바람을 준다.

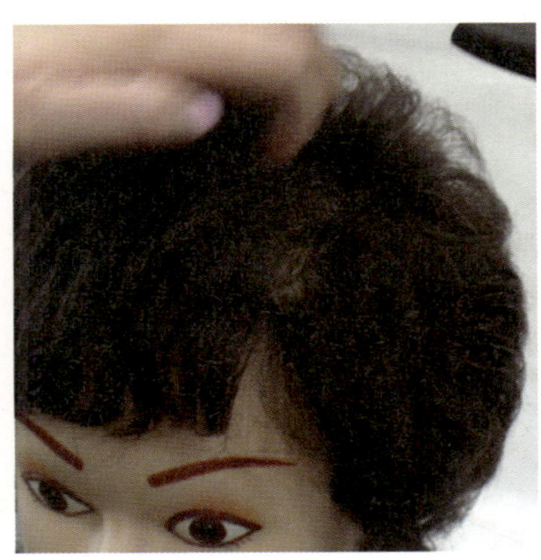

21. 앞머리와 뒷머리의 방향을 연결하여 핸드 드라이한다.

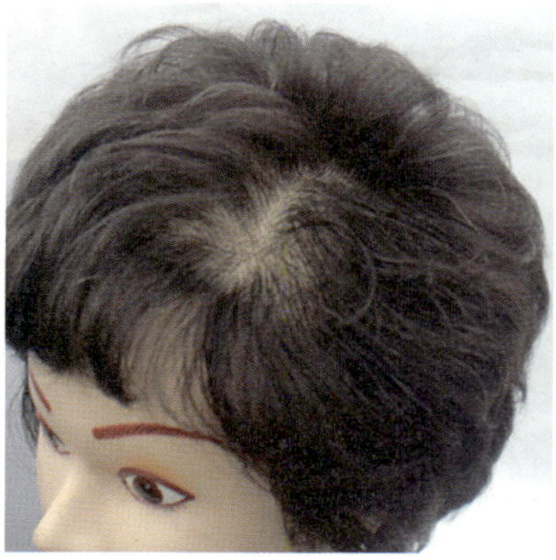

22. 왼쪽 앞머리도 사선으로 오른쪽 앞머리와 연결한다.

23. 뿌리에 바람을 주고 롤을 감는다.

24. 다시 한 번 뿌리를 앞쪽으로 밀어준다.

25. 방향을 주면서 정리한다.

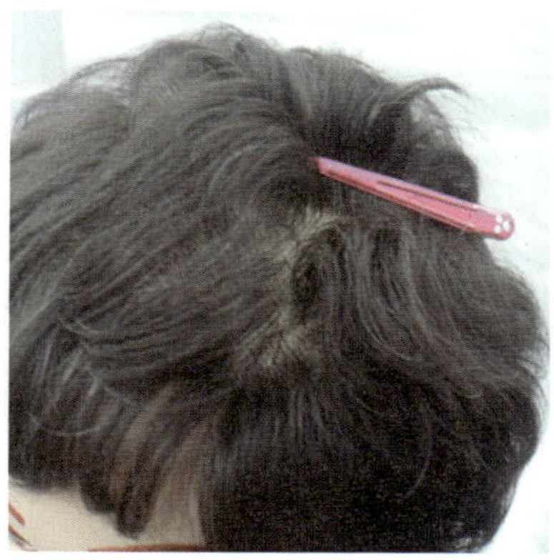

26. 사선으로 뜬 두 번째 섹션의 모습이다.

27. 앞머리와 연결감을 주면서 각도를 120°로 하여 드라이한다.

28. 탑에 연결하는 부분은 왼쪽과 오른쪽을 같이 잡아서 갈라지지 않도록 한다.

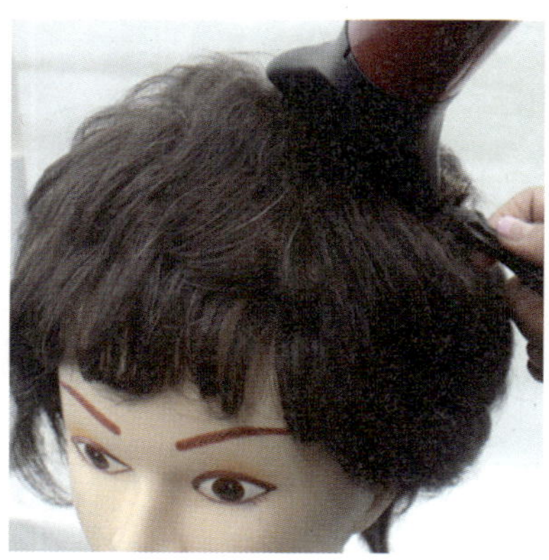

29. 열을 주고 식힌 후 롤을 뺀다.

30. 완성된 앞모습이다.

31. 완성된 옆모습이다.

반 피봇 스타일

4) 뱅 스타일 하기

(1) 머쉬룸 뱅 앞머리 스타일 하기

① 스타일 낼 부분을 정한다.

② 섹션을 1~2cm 나눈다.

③ 롤을 두피 가까이 대고 드라이 바람을 주면서 스타일을 연출한다.

1. 드라이하기 전 모습이다.

2. 앞머리를 말릴 때는 하고자 하는 방향으로 말린다.

3. 뿌리를 잡으면서 말린다.

4. 섹션은 정확하게 탄다.

5. 드라이 롤에 머리를 감고 내려온다.

6. 머리가 뜨지 않도록 천천히 끝까지 바람을 준다.

7. 위에서 한 번 살짝 누른다.

8. 사이드는 앞머리와 갈라지지 않도록 드라이 된 부분과 같이 잡는다.

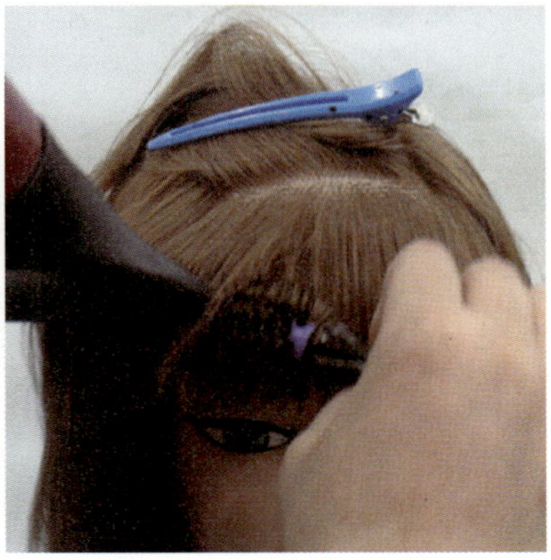

9. 왼쪽 사이드 역시 오른쪽 사이드와 같이 한다.

10. 머리가 뜨지 않도록 바깥에서 한번 누른다.

11. 두 번째 섹션도 반복한다.

12. 두피각도를 유지하면서 드라이한다.

13. 천천히 끝까지 내려온다.

14. 겹쳐지는 부분이 많으므로 볼륨을 주면서 내려온다.

15. 머쉬룸 뱅은 방향성이 중요하다.

16. 옆머리와 연결하여 바람을 준다.

17. 완성된 머쉬룸 뱅이다.

18. 완성된 머쉬룸 뱅이다.

머쉬룸 스타일

(2) 시스루 뱅 앞머리 스타일 하기

머쉬룸 스타일보다 앞머리가 가벼운 스타일이다.

① 스타일 낼 부분을 정한다.

② 섹션을 1~2cm 나눈다.

③ 롤을 두피 가까이 대고 드라이 바람을 주면서 스타일을 연출한다.

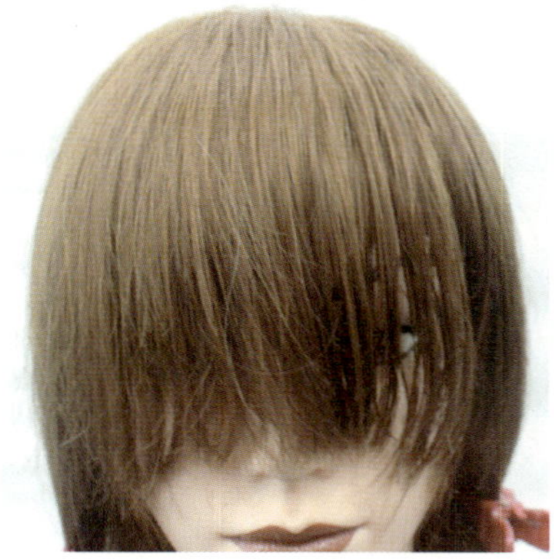

1. 드라이하기 전 모습이다.

2. 앞머리를 드라이할 때에는 방향성에 유의하여 수분을 말린다.

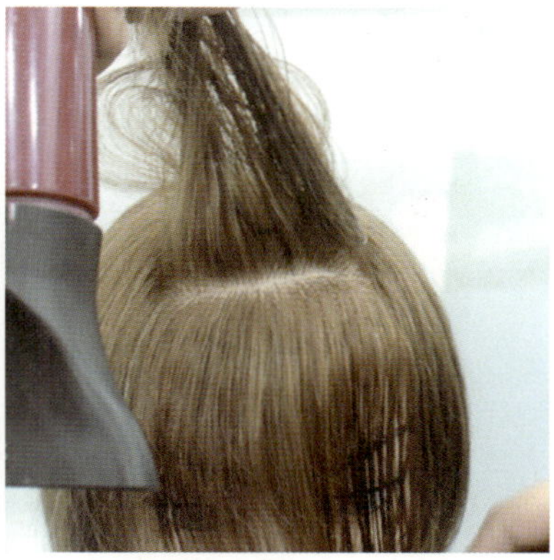

3. 섹션을 정확하게 앞쪽으로 탄다.

4. 방향을 앞으로 하여 말린다.

5. 뿌리를 잡고 말린다.

6. 뿌리를 잡고 말린다.

7. 머리를 드라이 롤에 감고, 천천히 뜸을 주면서 위에서 천천히 내려온다.

8. 일정한 텐션으로 위에서 바람을 준다.

9. 천천히 내려온다.

10. 일정한 속도로 내려온다.

11. 앞 사이드 머리도 뿌리를 먼저 잡는다.

12. 오른쪽도 뿌리를 먼저 잡은 후에 드라이한다.

13. 일정한 속도로 내려온다.

14. 사이드는 롤을 뺄 때 각 사이드 방향으로 뺀다.

15. 완성된 시스루 뱅이다.

시스루 스타일

5) 가르마에 따른 앞머리

(1) 왼쪽 가르마 앞머리 스타일 하기

① 스타일 낼 부분을 정한다.

② 섹션을 1~2cm 나눈다.

③ 롤을 두피 가까이 대고 드라이 바람을 주면서 스타일을 연출한다.

1. 드라이하기 전 모습이다.

2. 드라이하기 전 수분을 30% 정도 남긴다.

3. 원하는 방향의 반대방향으로 뿌리를 잡는다.

4. 뿌리 잡는 모습이다.

5. 뿌리를 잡은 후 롤에 머리를 만다.

6. 열을 주고 식힌 후 롤을 오른쪽으로 뺀다.

7. 롤을 빼고 판넬 위에서 다시 한 번 더 잡는다.

8. 롤을 빼고 판넬 위에서 다시 한 번 더 잡는다.

9. 롤에 머리를 원하는 방향으로 다시 잡는다.

10. 바람을 끝까지 주면서 왼쪽으로 뺀다.

11. 판넬 위에서 다시 한 번 더 잡는다.

12. 방향성을 잘 살펴본다.

13. 다음 판넬도 뿌리를 먼저 잡는다.

14. 왼쪽 가르마는 뿌리를 잡을 때 오른쪽으로 밀어준다.

15. 롤에 머리를 감고 바람을 준다.

16. 바람을 주면서 왼쪽으로 뺄 때, 일정한 텐션을 준다.

17. 열을 주고 식히면서 오른쪽으로 뺀다.

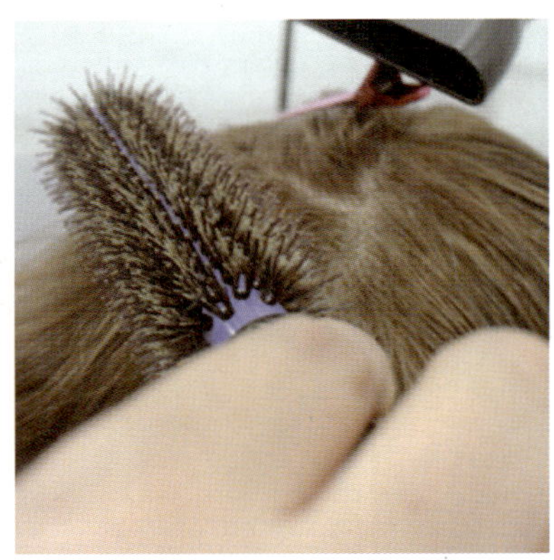

18. 다음 판넬도 앞머리와 연결하여 뿌리를 잡는다.

19. 뿌리를 잡은 후 머리를 롤에 감는다.

20. 감은 후에 열을 주어 잠시 쉬고 롤을 오른쪽으로 뺀다.

21. 완성된 모습이다.

22. 완성된 앞모습이다.

23. 완성된 옆모습이다.

가르마에 따른 스타일

2. 미듐 스타일 앞머리 연출

1) 옆 가르마 스타일

① 스타일 낼 부분의 가르마를 정한다.

② 섹션을 1~2cm 나눈다.

③ 롤을 두피 가까이 대고 드라이 바람을 주면서 스타일을 연출한다.

1. 드라이하기 전 모습이다.

2. 섹션을 사선으로 탄다.

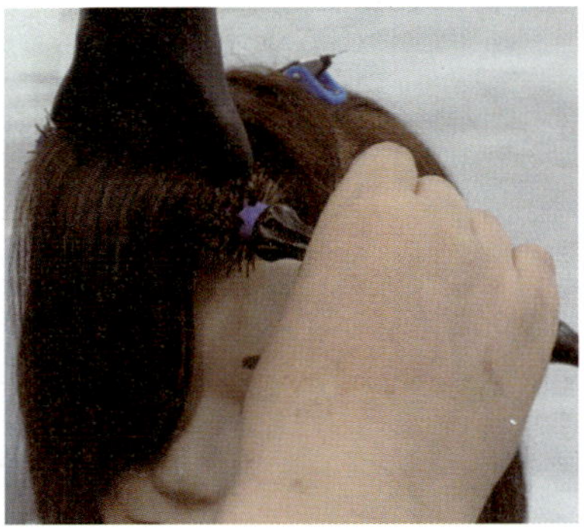

3. 뿌리를 잡고 드라이 롤을 판넬 밑으로 넣어 뿌리에서부터 드라이한다.

4. 일정한 텐션으로 끝까지 바람을 주며 내려온다.

5. 다음 판넬도 뿌리를 원하는 방향과 반대 방향으로 잡은 후 드라이한다.

6. 드라이한 모습이다.

7. 반드시 뿌리에 바람을 넣어야 한다.

8. 바람을 끝까지 주고 오른쪽으로 뺀다.

9. 천천히 일정한 텐션으로 작업한다.

10. 뿌리를 다시 한 번 잡는다.

11. 완성된 오른쪽 머리이다.

12. 왼쪽은 뿌리를 오른쪽으로 민 후 드라이 롤에 감는다.

13. 반드시 뿌리에 바람을 넣고 시작한다.

14. 일정한 텐션으로 바람을 끝까지 준다.

15. 롤을 뺄 때, 뒤쪽 사선을 향하여 드라이 한 후 롤을 반대로 돌리면서 뺀다.

16. 완성된 왼쪽 가르마 모습이다.

17. 윈성된 미듐 옆 가르마의 모습이다.

미듐 옆 가르마 스타일

2) 앞 가르마 스타일

① 스타일 낼 정중앙 앞 가르마를 정한다.

② 섹션을 1~2cm 나눈다.

③ 롤을 두피 가까이 대고 드라이 바람을 주면서 스타일을 연출한다.

1. 드라이하기 전 모습이다.

2. 수분을 반드시 30% 남긴 후에 섹션을 사선으로 뜬다.

3. 뿌리를 가고자 하는 반대 방향으로 민 후에, 바람을 뿌리에 반드시 준다.

4. 뿌리를 잡은 후에 롤을 머리에 감고 바람을 준다.

5. C컬의 접점에서 바람을 준 후 잠시 멈춘다.

6. 롤을 뺄 때에는 뒤쪽 사선 방향으로 뺀다.

7. 두 번째 판넬도 뿌리를 먼저 잡는다.

8. 뿌리를 잡은 모습이다.

9. 뿌리를 잡고 롤에 머리를 감은 후 가고자 하는 방향의 사선 방향으로 뺀다.

10. 롤을 빼기 전에 열을 잠시 식히고 롤을 돌리면서 뺀다.

11. 롤을 뺀 후 뿌리를 다시 한 번 잡는다.

12. 오른쪽도 섹션을 탈 때, 사선으로 한다.

13. 뿌리를 먼저 원하는 방향과 반대 방향으로 밀면서 잡는다.

14. 일정한 텐션을 유지하면서 롤을 사선으로 뒤쪽을 향해서 뺀다.

15. 바람을 모발 끝까지 준다.

16. 다음 섹션을 뜬다.

17. 다음 판넬도 뿌리를 먼저 잡은 후 드라이한다.

18. 볼륨을 유지하면서 드라이한다.

19. 롤을 뺄 때에는 반드시 사선으로 하고, 갈 방향으로 미리 준비한다.

20. 열을 준 후에는 반드시 식힌다.

21. 완성된 앞 가르마의 모습이다.

22. 앞머리 드라이에는 적당한 볼륨과 방향성이 중요하다.

23. 완성된 미듐 앞 가르마이다.

미듐 앞 가르마 스타일

Blow Dry

Chapter 4

길이에 따른 블로우 드라이 스타일

1. 쇼트 스타일
2. 미듐 스타일
3. 롱 스타일

1. 쇼트 스타일

1) 펴기(스트레이트)란?

펴기란 롤과 드라이를 이용하여 모선의 방향성이 없는 거의 일자형으로 펴는 것을 말한다.

(1) 사용 도구

블로우 드라이 시술 도구

(2) 파팅 : 5파팅(특별한 디자인을 제외하고 앞으로 시술 시 5파팅으로 한다.)

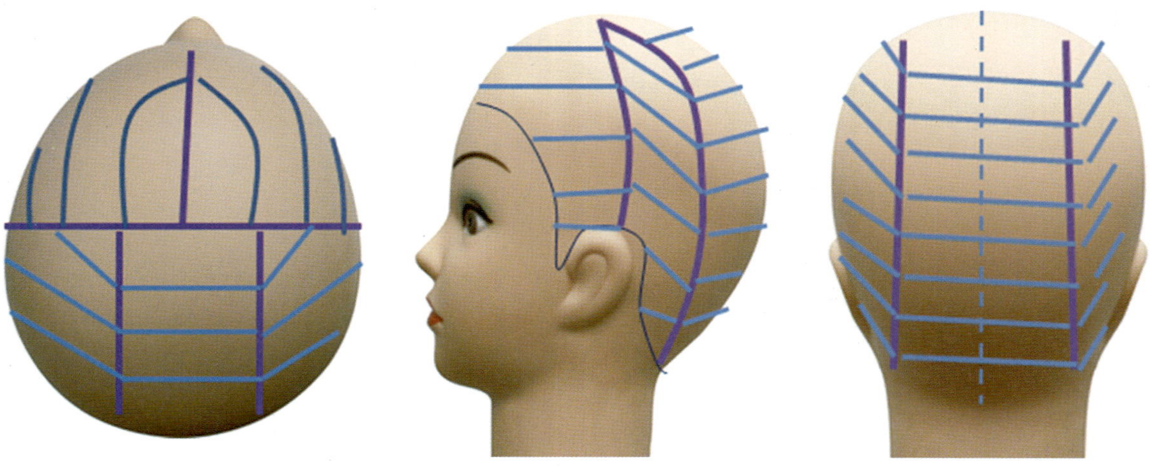

윗면 옆면 뒷면

(3) 시술순서

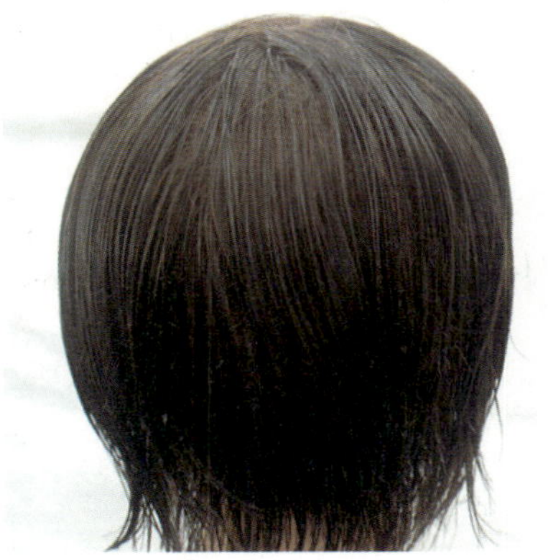

1. 시술 전 모습이다.

2. 시술 전 앞모습이다.

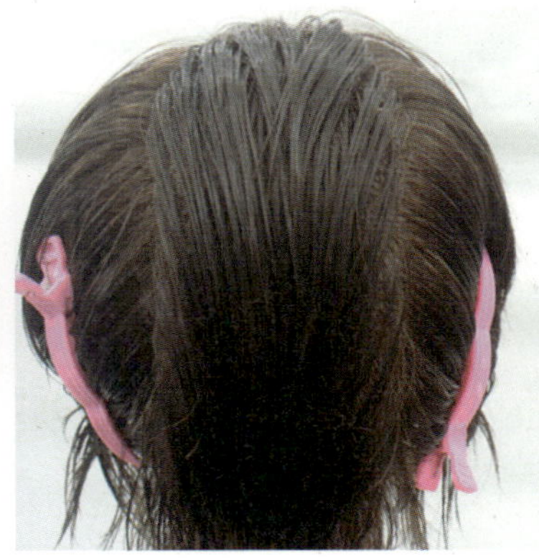

3. 파팅을 한다.

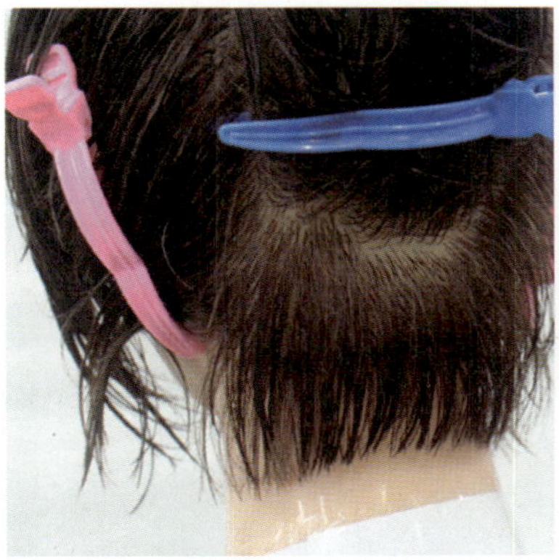

4. 네이프부터 섹션을 나눈다.

5. 뿌리 부분의 모류를 정리한다.

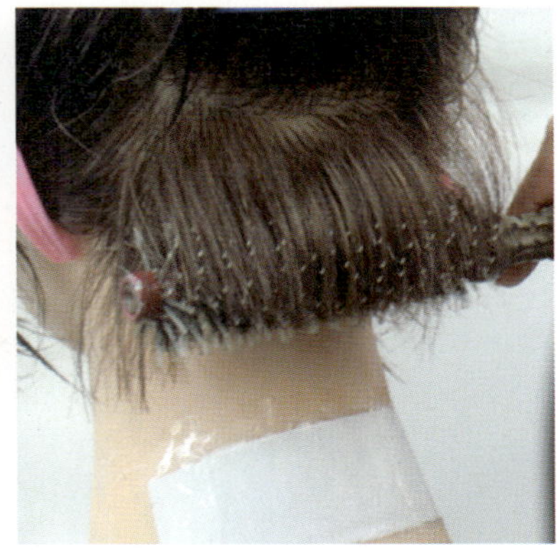

6. 롤을 이용하여 모발을 편다.

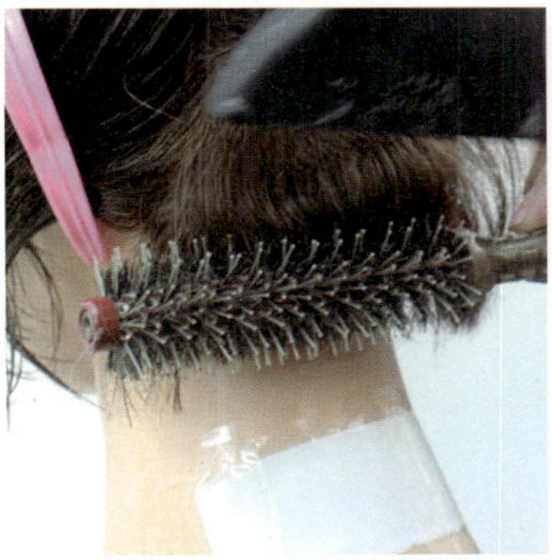

7. 약간 안쪽으로 밀어 넣는다.

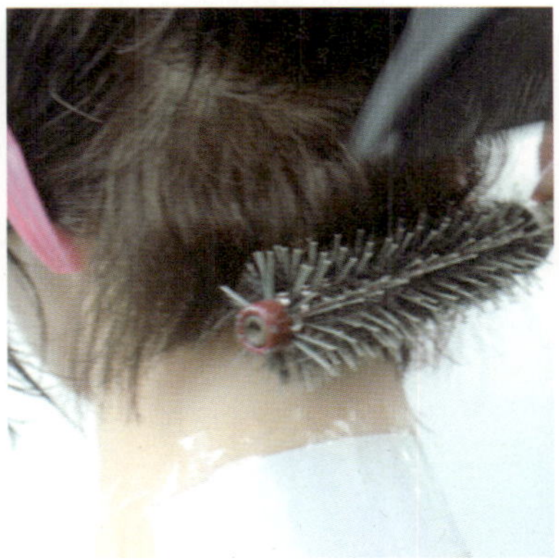

8. 옆 섹션도 높이를 맞춰 시술한다.

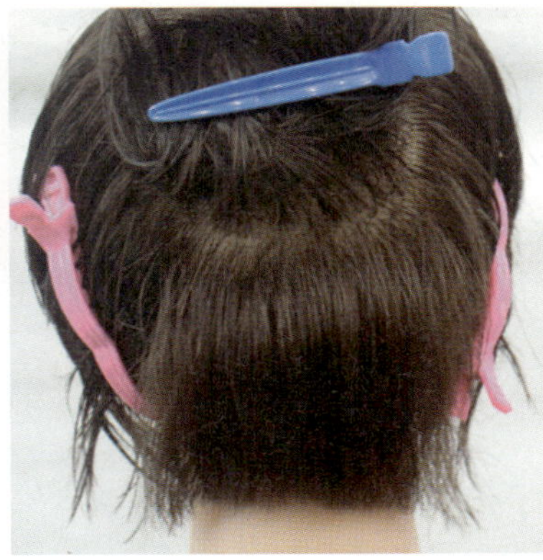

9. 2번째 섹션 드라이가 끝난 상태이다.

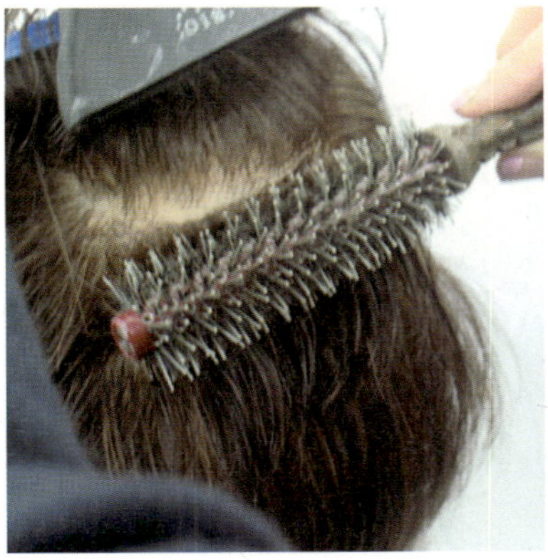

10. 탑 부분으로 가면서 시술한다.

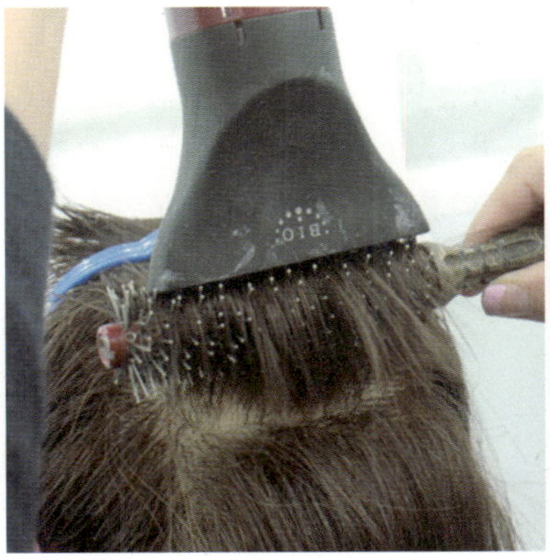

11. 각도에 주의하면서 드라이한다.

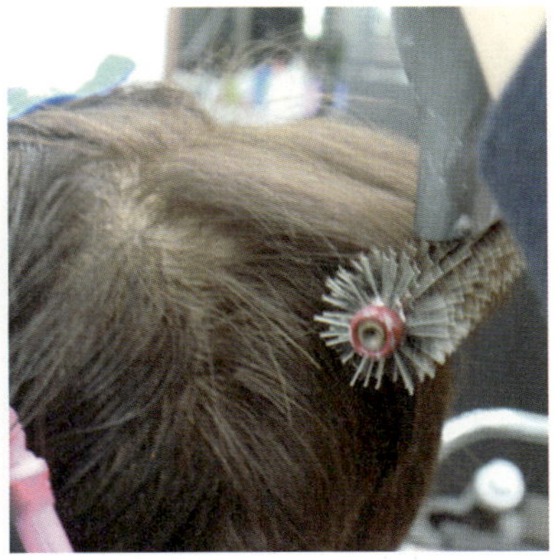

12. 모선까지 드라이한다.

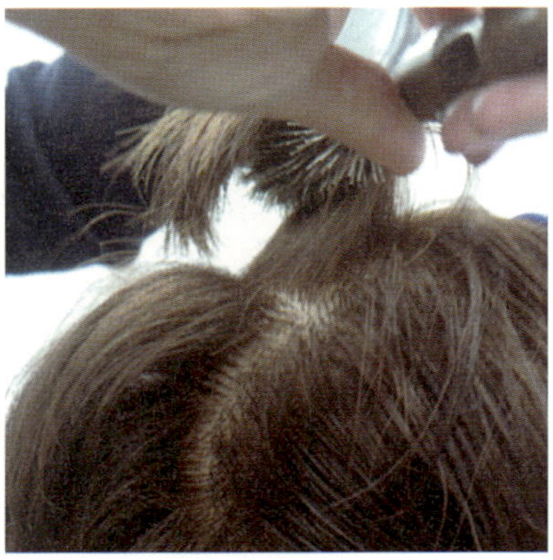
13. 탑 부분은 각도를 세워서 드라이한다.

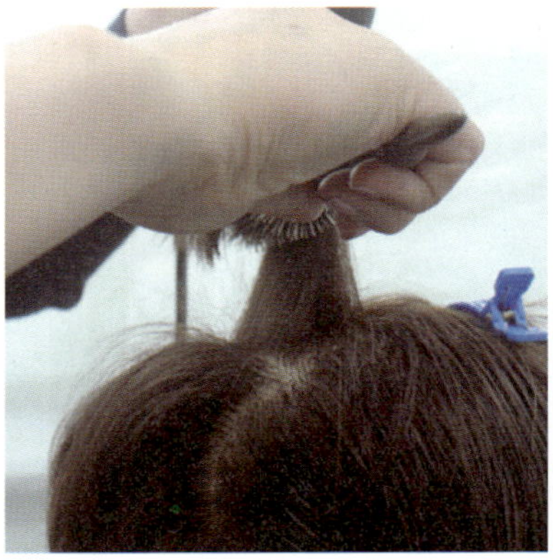
14. 모선으로 오면서 각도를 다운시킨다.

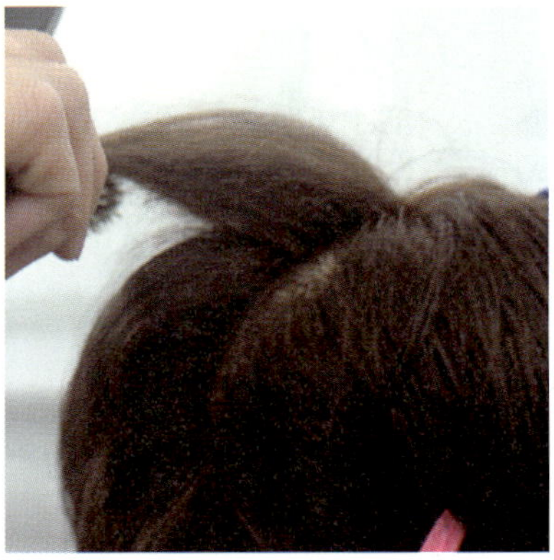
15. 모선으로 오면서 각도를 다운시킨다.

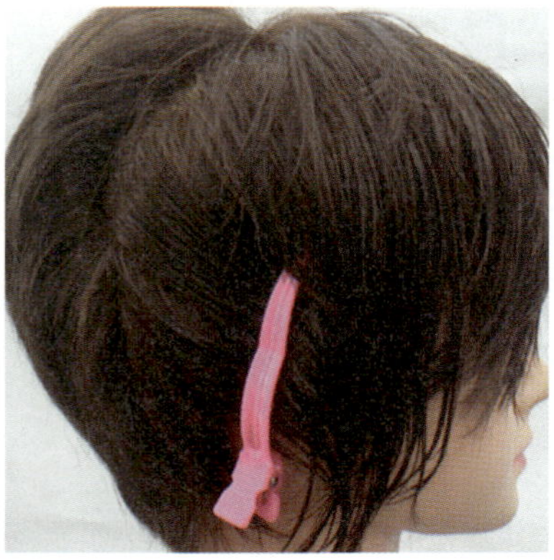
16. 완성된 백 부분의 모습이다.

17. 백 사이드 부분도 동일하게 시술한다.

18. 모선을 정리한다.

19. 모류를 정리한다.

20. 모선까지 드라이 바람을 준다.

21. 다음 섹션 모류를 정리한다.

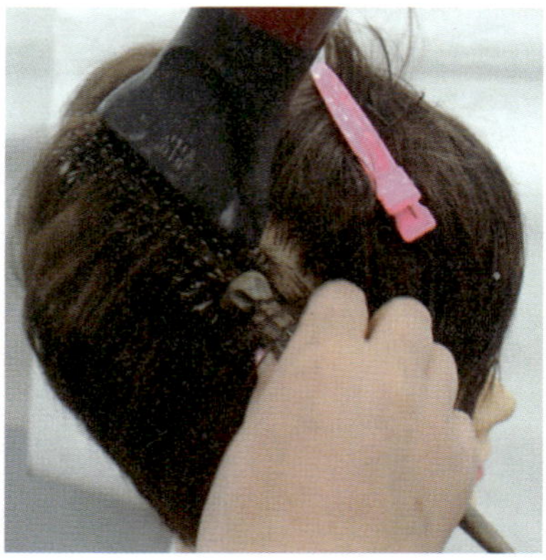
22. 각도에 주의하면서 모선으로 시술한다.

23. 모선 끝까지 바람을 준다.

24. 다음 섹션 모류를 정리한다.

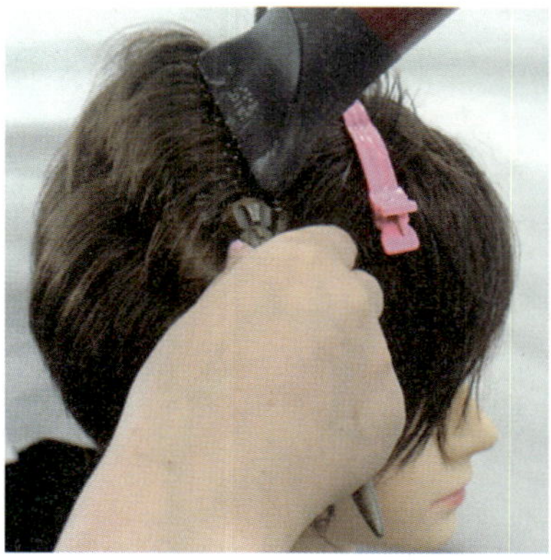
25. 드라이 시술한다.

26. 각도를 다운하면서 드라이한다.

27. 완성된 백 사이드 부분의 모습이다.

28. 사이드 부분을 드라이 시술한다.

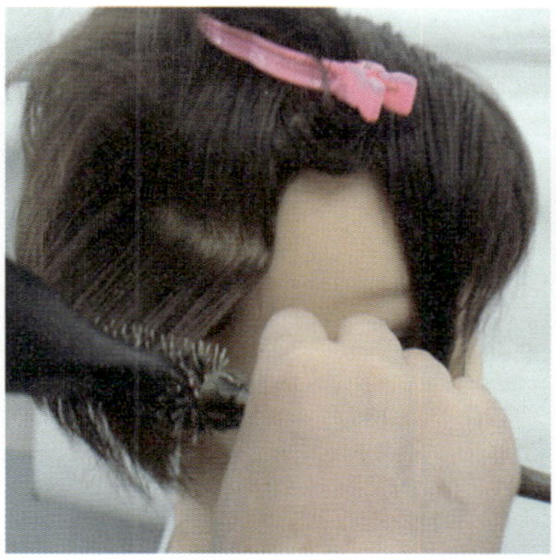
29. 다시 한 번 편다.

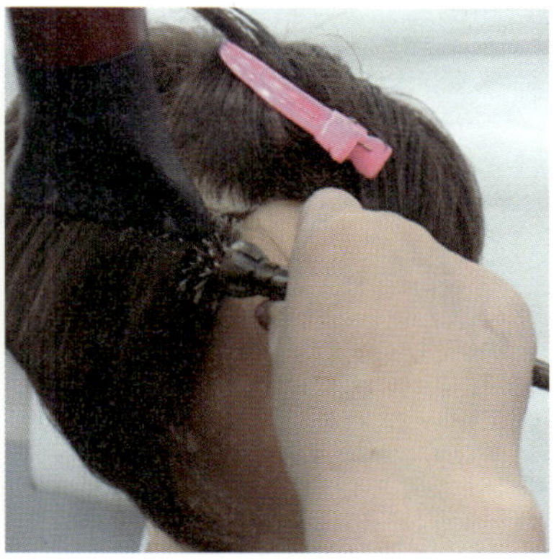
30. 다음 섹션도 동일하게 시술한다.

31. 모류를 정리한다.

32. 드라이 된 상태이다.

33. 앞머리에 방향감을 준다.

34. 드라이한다.

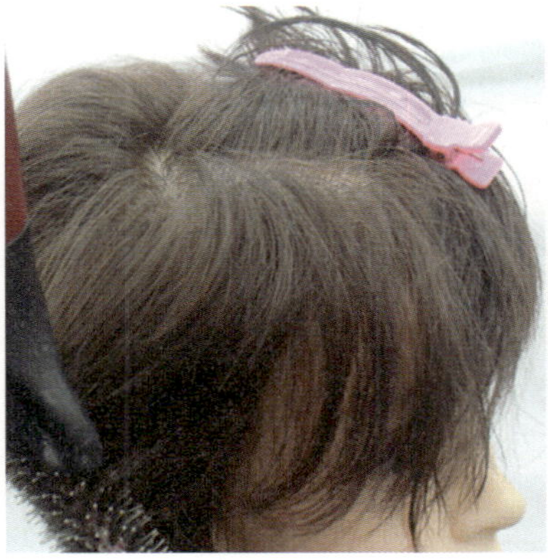
35. 모류 방향을 정해서 끝까지 바람을 준다.

36. 다음 섹션을 나눈다.

37. 모류를 정리한다.

38. 모류를 정리한다.

39. 드라이한다.

40. 옆 라인 연결 드라이한다.

41. 드라이한 상태이다.

42. 모류를 정리한다.

43. 모류를 정리한다.

44. 끝까지 바람을 주면서 방향성을 준다.

45. 다음 섹션 드라이한다.

46. 드라이 시술한다.

47. 모선까지 드라이한다.

48. 드라이 된 상태이다.

49. 다음 섹션 각도에 유의하면서 드라이한다.

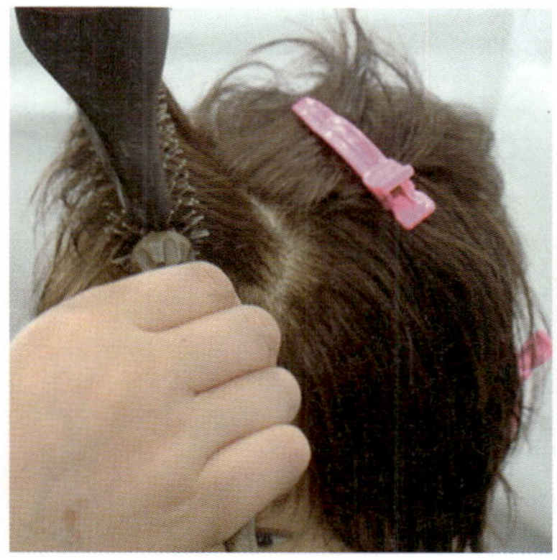

50. 드라이한다.

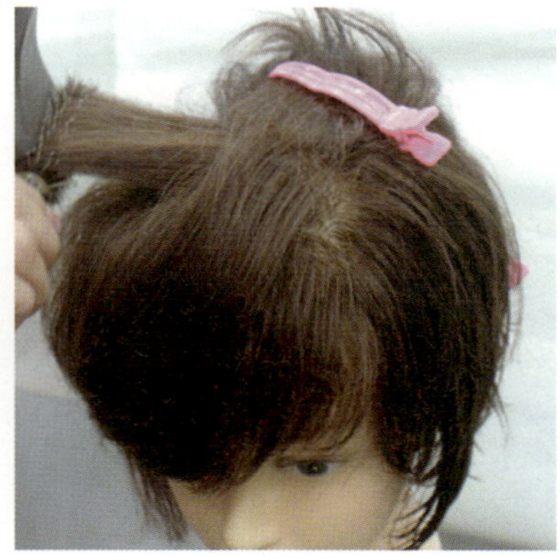

51. 옆 섹션을 연결하여 드라이한다.

52. 드라이 된 상태이다.

53. 위에서 본 모습이다.

54. 다음 섹션에 드라이 시술한다.

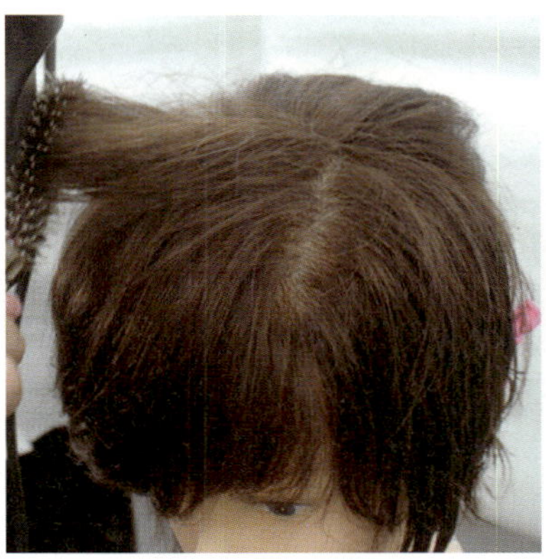

55. 끝까지 바람을 준다.

56. 반대편 백 사이드에도 시술한다.

57. 모선을 정리한다.

58. 모류를 정리한다.

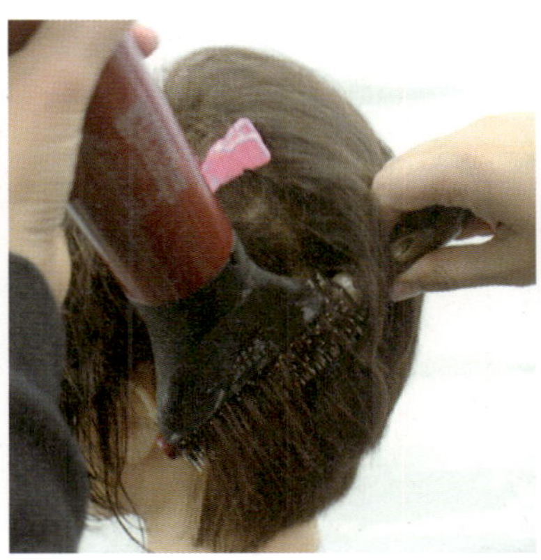

59. 드라이한다.

60. 다음 섹션의 모류를 정리한다.

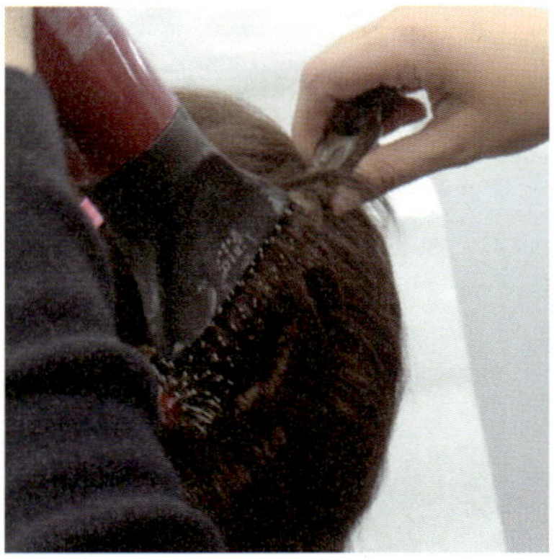

61. 드라이한다.

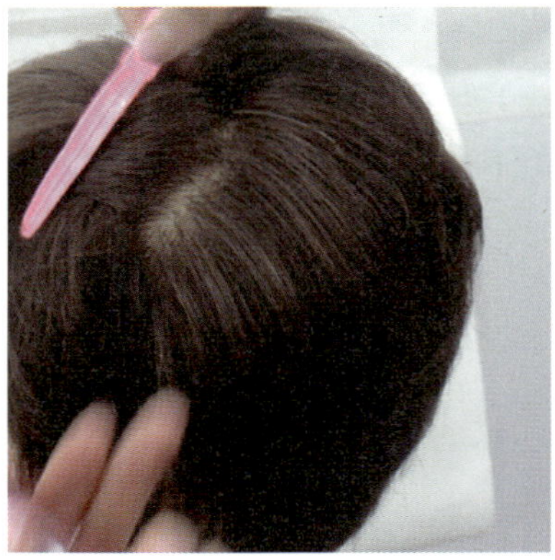

62. 다음 섹션을 나눈다.

63. 드라이한다.

64. 사이드 모발 모류를 정리한다.

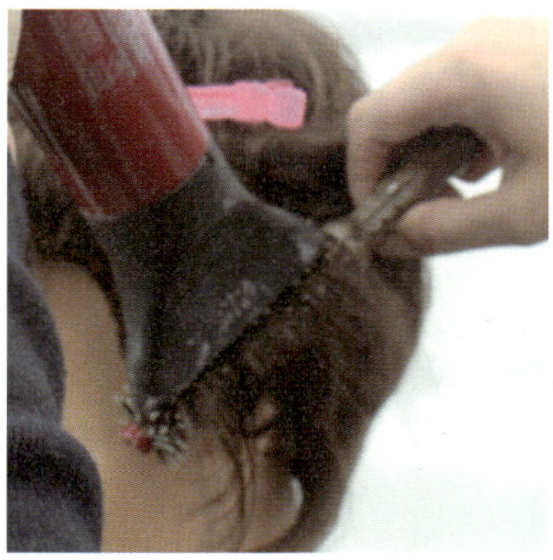

65. 드라이한다.

66. 드라이 된 상태이다.

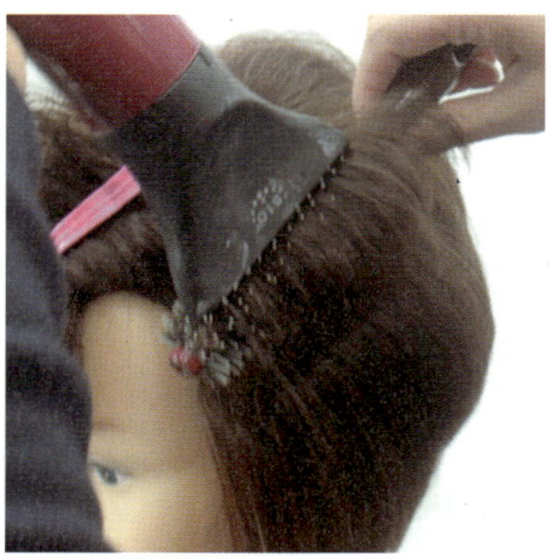

67. 다음 섹션을 드라이한다.

68. 드라이 된 상태이다.

69. 다음 섹션을 시술한다.

70. 다음 섹션을 나눈다.

71. 드라이 시술한다.

72. 끝까지 시술한다.

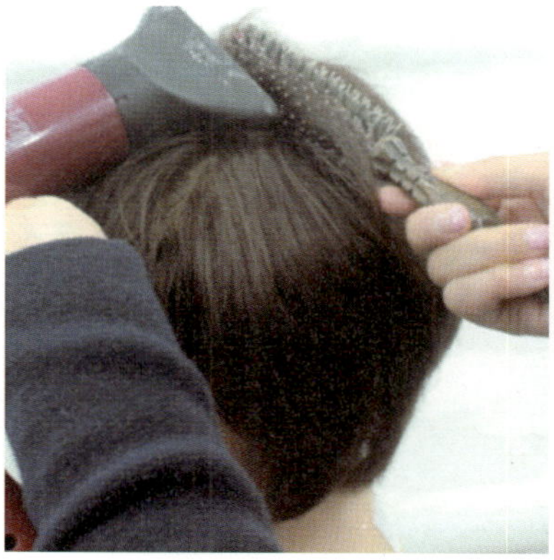

73. 탑 부분을 뒤로 넘긴다.

74. 전체적으로 마무리한다.

75. 마무리한다.

76. 완성된 앞모습이다.

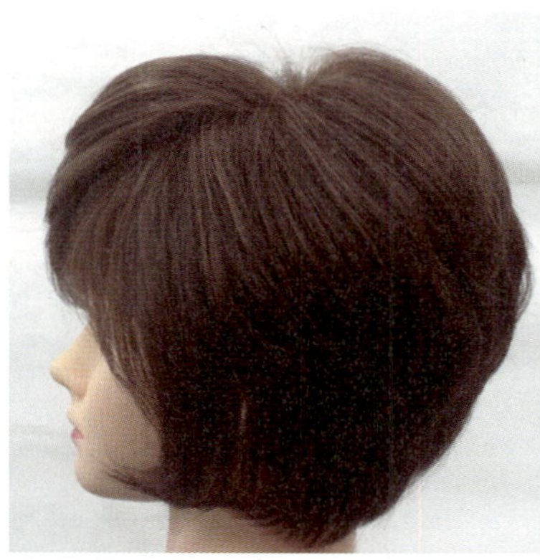

77. 완성된 옆모습이다.

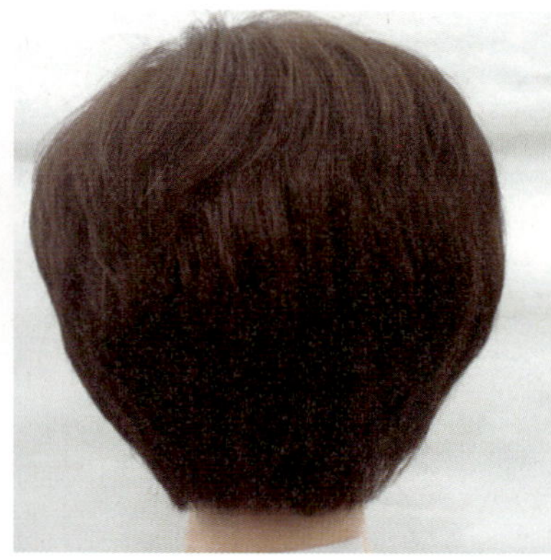

78. 완성된 뒷모습이다.

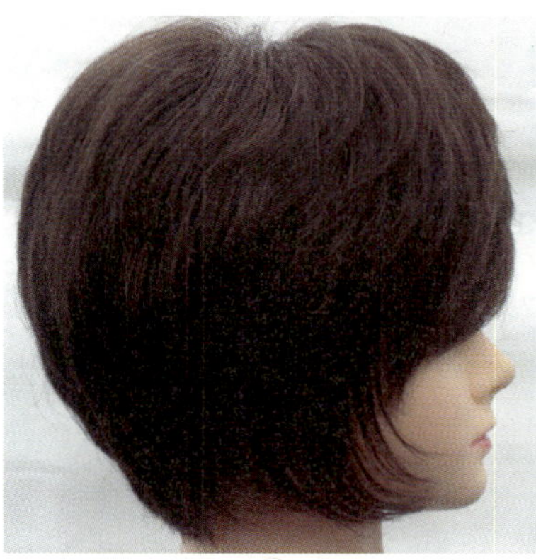

79. 완성된 옆모습이다.

쇼트 펴기

2) C컬(안말음)이란?

열을 이용하여 뿌리를 잡은 후 롤에 머리를 말고 풀면 롤 형태의 C컬이 잡힌다. 모발이 짧기 때문에 스트레이트로 펼 필요 없이 롤을 사용하여 모발 끝을 머리 안쪽으로 바로 만다(이때 볼륨이 극대화된다.).

(1) 시술

① 모발에 수분을 약 30% 남긴 상태에서 시작한다.
② 롤은 모발이 짧은 것을 고려하여 중간 이하로 선택한다.
③ 섹션을 정확히 하여 네이프부터 시작한다.
④ 뿌리를 먼저 잡은 후 롤에 머리를 만다.
⑤ 각도를 줄 때에는 백 포인트 이상부터 준다.
⑥ 사이드 머리를 할 때에는 뿌리를 잡을 때 뒤쪽으로 밀어준다.
⑦ 앞머리 형태를 잡을 때에는 얼굴형에 따라 다르게 잡는다.

(2) 시술순서

1. 드라이하기 전 모습이다.

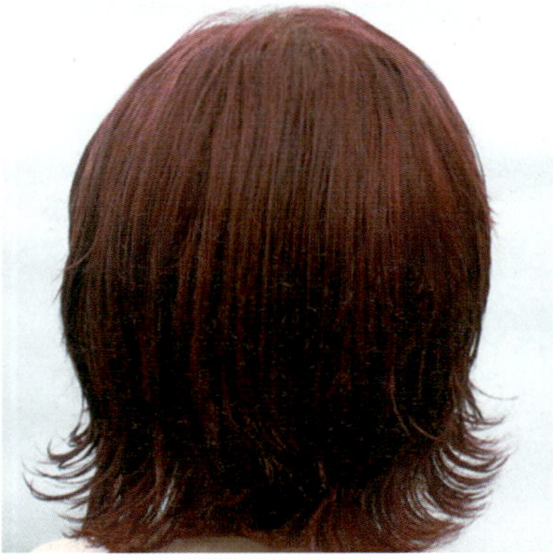
2. 수분을 약 30% 남긴다.

3. 섹션을 정확히 타고 네이프부터 시작한다.

4. 섹션을 정확히 탄 모습이다.

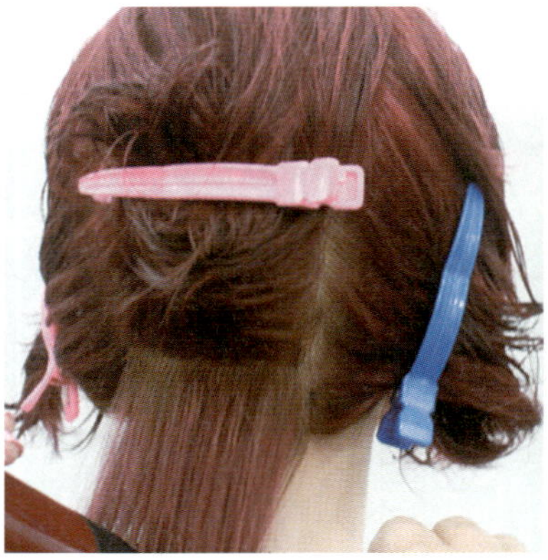
5. 롤에 크기에 비례해서 섹션의 크기를 탄 다음 스트레이트로 먼저 편다.

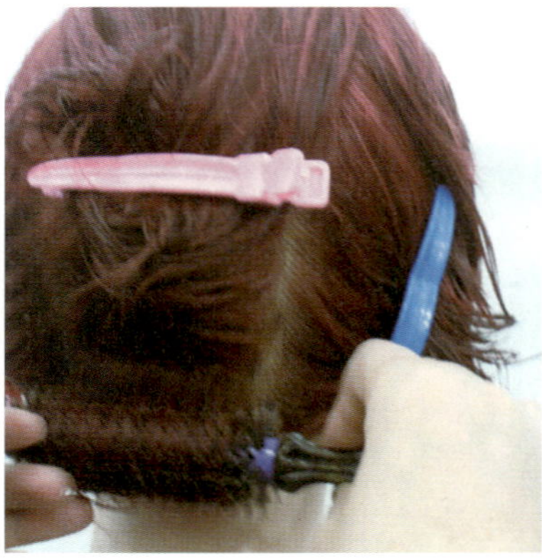
6. 스트레이트로 편 후 드라이 롤로 만다.

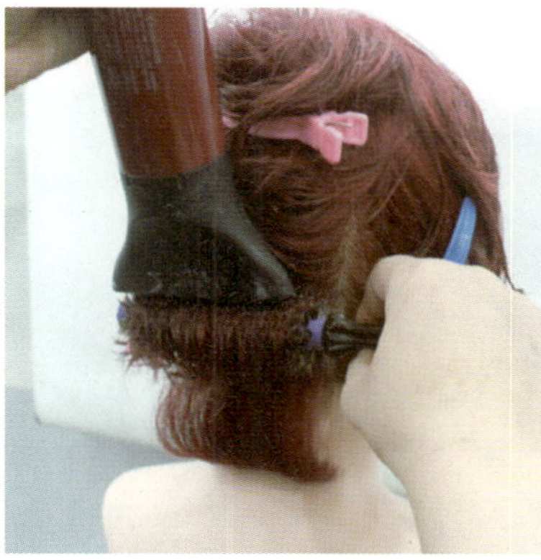

7. 두 번째 판넬도 모발 뿌리에 바람을 넣고 만다.

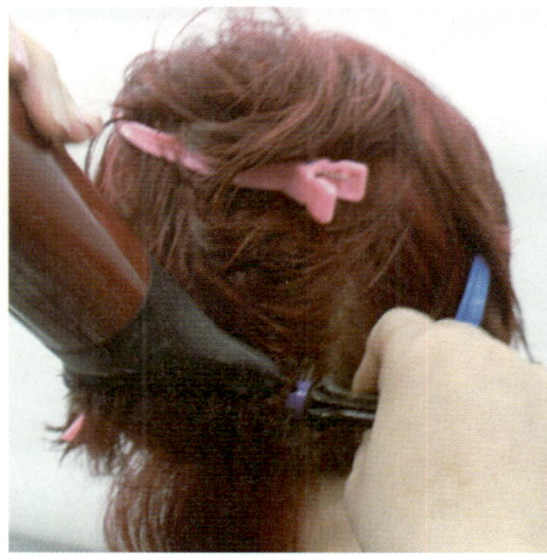

8. 바람을 집중적으로 주고 드라이 위치가 위에서 45° 정도 되게 한다.

9. 판넬의 완성된 모습이다.

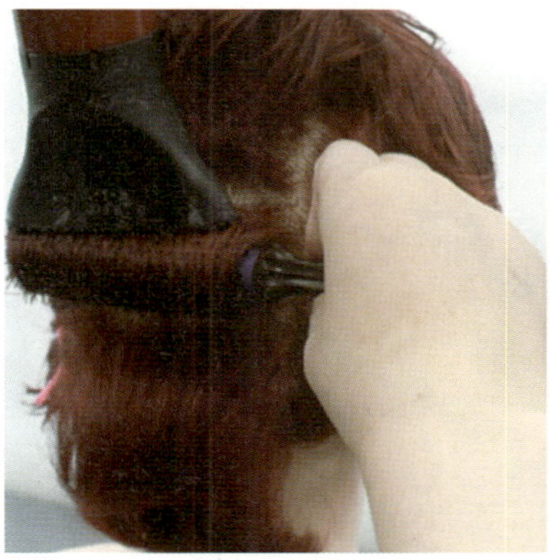

10. 다음 섹션도 반복해서 작업한다.

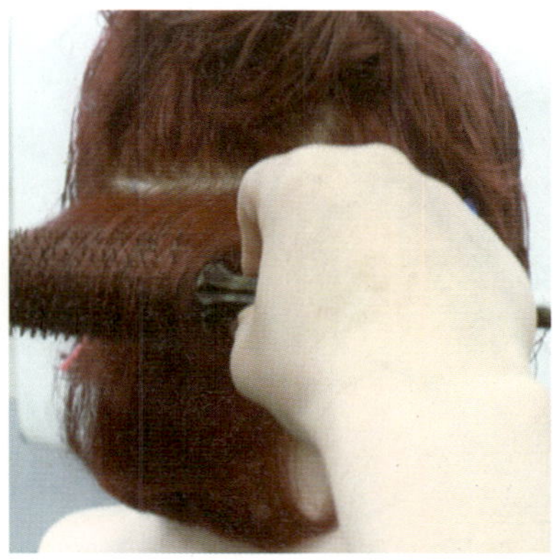

11. 열을 준 후 식히고 롤을 회전하면서 뺀다.

12. 백 포인트부터는 각도를 100° 이상으로 한다.

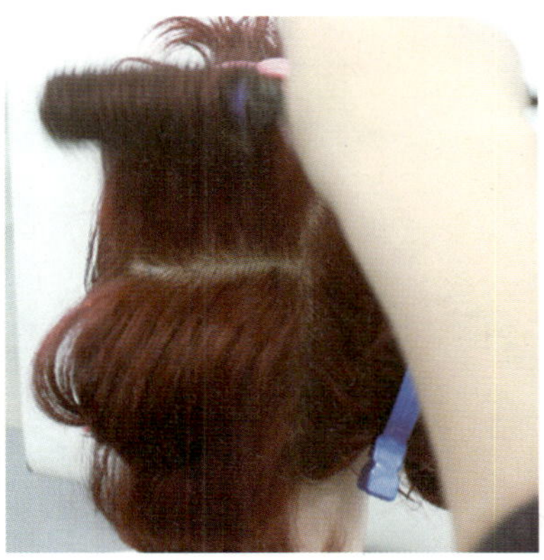

13. 각도를 살리면서 편 후 드라이 롤에 모발을 감는다.

14. 열을 주고 식힌 후 뺀다.

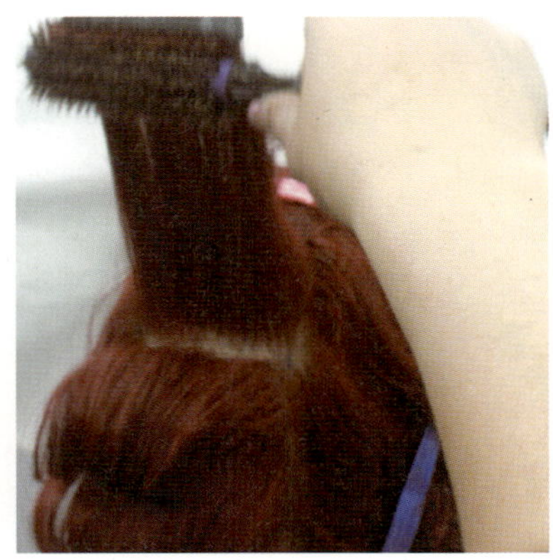

15. 백 포인트 위에서부터는 각도를 점점 높여간다.

16. 탑은 각도를 120°로 하여 롤에 모발을 감는다.

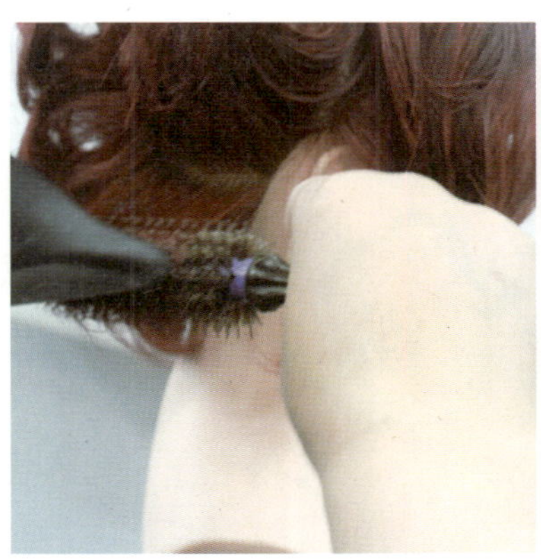

17. 오른쪽 네이프 사이드는 섹션을 정확히 타고 롤에 감는다.

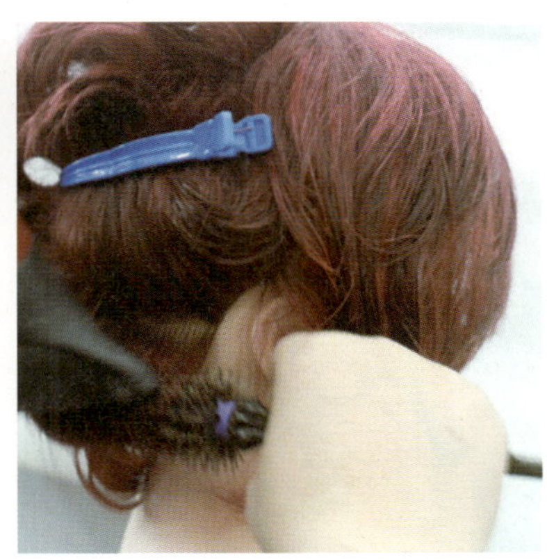

18. 바람을 집중적으로 준다.

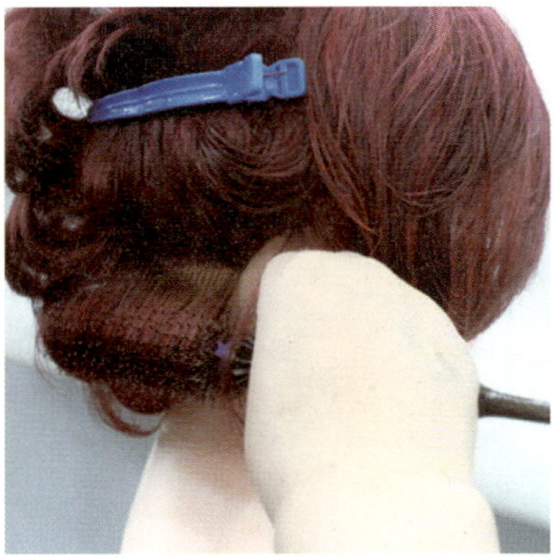

19. 열을 주고 식힌 후 롤을 회전하면서 뺀다.

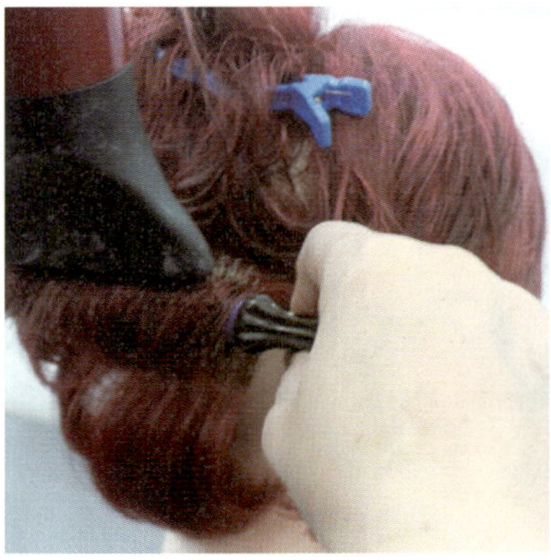

20. 두 번째 판넬 역시 롤에 모발을 감고 바람을 준다.

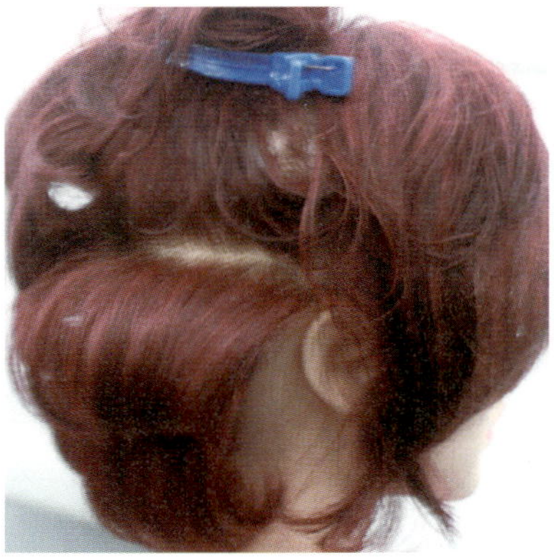

21. 완성된 판넬의 모습이다.

22. 각도를 살리면서 반복하여 작업한다.

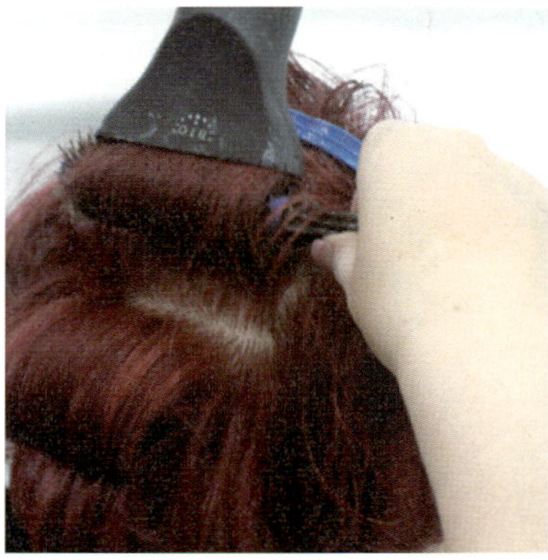

23. 드라이의 위치가 반드시 뿌리를 향하도록 하고 바람을 잠시 멈춘다.

24. 각도를 120°로 하여 반복한다.

25. 사이드는 뿌리를 먼저 제자리에 가져다 놓은 다음 드라이로 만다.

26. 완성된 판넬의 모습이다.

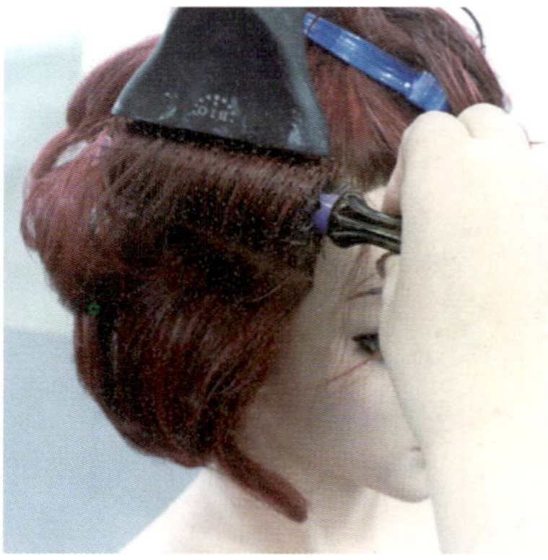

27. 두 번째 섹션은 각도를 좀 더 주어 드라이 롤에 만다.

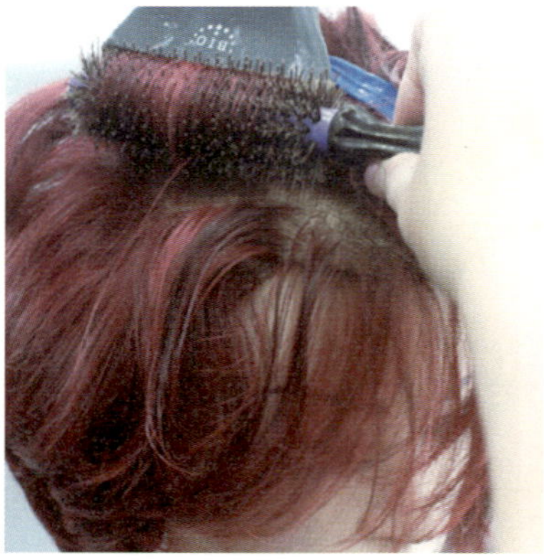

28. 앞머리와 연결된 위치이므로 섹션을 약간 사선으로 탄다.

29. 롤을 감았다가 뺄 때에는 뒤쪽으로 뺀다.

30. 앞머리는 사선으로 섹션을 타서 롤에 감은 후 바람을 준다.

31. 뺄 때에는 뒤쪽으로 빼되 뿌리를 다시 살짝 잡는다.

32. 두 번째 섹션도 사선으로 타서 드라이 롤에 감고 열을 주어 식힌 후 뒤쪽으로 뺀다.

33. 세 번째 판넬도 두 번째 판넬과 연결하여 하되, 각도를 좀 더 준다.

34. 가르마 쪽은 뿌리를 오버드레싱 하여 잡는다.

35. 드라이 롤을 120°로 감은 후 열을 주고 뺀다.

36. 다시 한 번 앞쪽에서 정리한다.

37. 열을 뿌리 가까이 준다.

38. 완성된 앞머리의 모습이다.

39. 핸드 드라이로 다시 한 번 열을 주어 모양을 만든다.

40. 왼쪽 네이프 사이드 역시 섹션을 정확히 탄다.

41. 롤에 지름만큼 섹션을 타서 롤에 모발을 감는다.

42. 바람을 집중적으로 주고 식힌 후 뺀다.

43. 두 번째 판넬도 반복하여 작업한다.

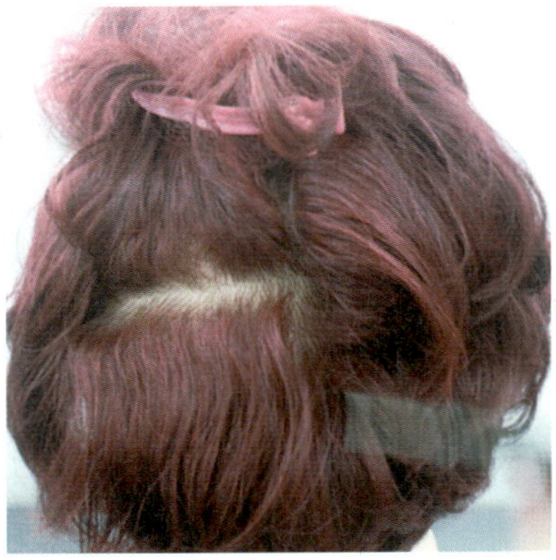

44. 섹션을 탈 때에는 정확히 탄다.

45. 롤에 머리를 감고 뿌리에 바람을 준다.

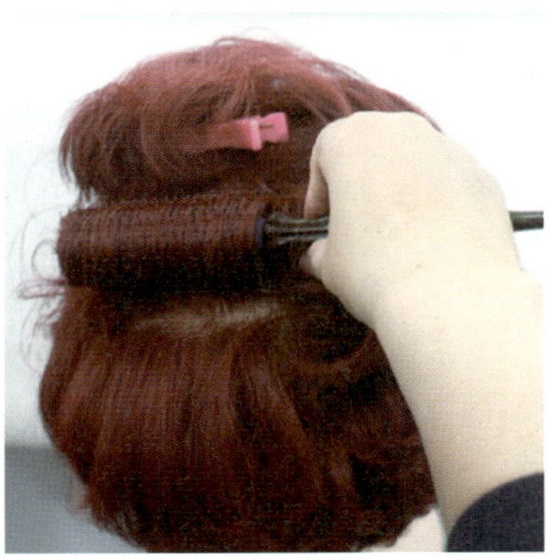

46. 일정한 텐션으로 롤을 회전하면서 감는다.

47. 왼쪽 사이드도 뿌리를 먼저 잡고 드라이한다.

48. 드라이한 후 뿌리를 다시 한 번 뒤쪽으로 밀면서 잡는다.

49. 두 번째 판넬은 각도를 좀 더 높게 하여 드라이로 만다.

50. 앞머리와 연결된 사이드는 섹션을 사선으로 타서 앞쪽으로 롤을 만다.

51. 롤을 감은 후 뺄 때에는 뒤쪽 사선으로 뺀다.

52. 뒤쪽으로 빼면서 손목을 바깥으로 회전시키며 뺀다.

53. 모발 끝까지 바람을 주면서 뺀다.

54. 앞쪽으로 밀면서 사이드 앞머리 뿌리를 잡아준다.

55. 가르마 부분의 머리는 120°로 오버드레싱 하여 만다.

56. 머리를 만 후 뿌리에 바람을 준다.

57. 뿌리에 바람을 주는 위치가 중요하다.

58. 마무리할 때 앞머리를 다시 한 번 정리한다.

59. 롤을 감지 않은 상태에서도 정리할 수 있다. 이때 가르마가 보이지 않게 한다.

60. 완성된 앞모습이다.

61. 완성된 옆모습이다.

62. 완성된 뒷모습이다.

63. 완성된 옆모습이다.

64. 완성된 모습이다.

쇼트 안말음

3) 바깥말음이란?

열을 이용하여 뿌리를 잡은 후 롤에 머리를 바깥으로 말고 드라이 바람을 밑에서 위로 주면 롤 형태의 바깥 C컬이 잡힌다. 모발이 짧기 때문에 스트레이트로 펼 필요 없이 롤을 사용하여 모발 끝을 머리 바깥쪽으로 바로 만다(탑 부분은 볼륨을 위하여 C컬로 안말음 한 후 모발 끝에서 바깥말음 한다).

(1) 시술

① 모발에 수분을 약 30% 남긴 상태에서 시작한다.
② 롤은 모발이 짧은 것을 고려하여 중간 이하로 선택한다.
③ 섹션을 정확히 하여 네이프부터 시작한다.
④ 뿌리를 먼저 잡은 후 롤에 머리를 바깥으로 만다.
⑤ 뿌리를 잘 잡아야만 바깥말음이 쓰러지지 않는다.
⑥ 탑머리 뿌리는 120°로 잡은 후 C컬을 하고 모발 끝에서 바깥으로 만다.
⑦ 앞머리 형태를 잡을 때에는 얼굴형에 따라 다르게 잡는다.

(2) 시술순서

1. 드라이하기 전 뒷모습이다.

2. 드라이하기 전 앞모습이다.

3. 섹션을 정확히 탄다.

4. 네이프는 롤을 머리 위에 두고 바람을 밑에서 준다.

5. 바람을 주고 멈춘 후 롤을 뺀다.

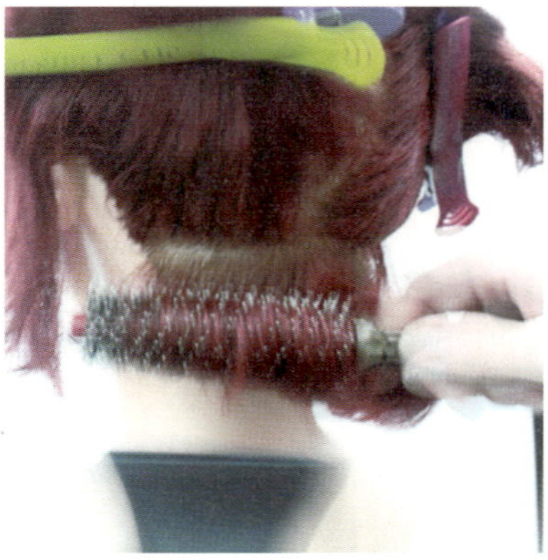
6. 네이프 왼쪽 사이드도 네이프와 연결하여 바람을 준다.

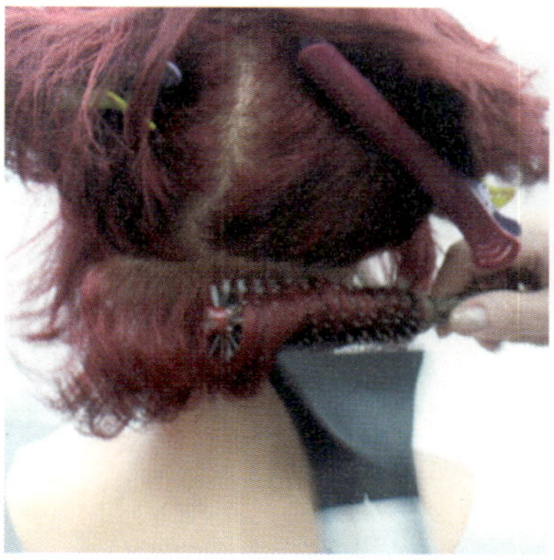

7. 오른쪽 사이드도 네이프와 연결하여 바람을 준 후 롤을 뺀다.

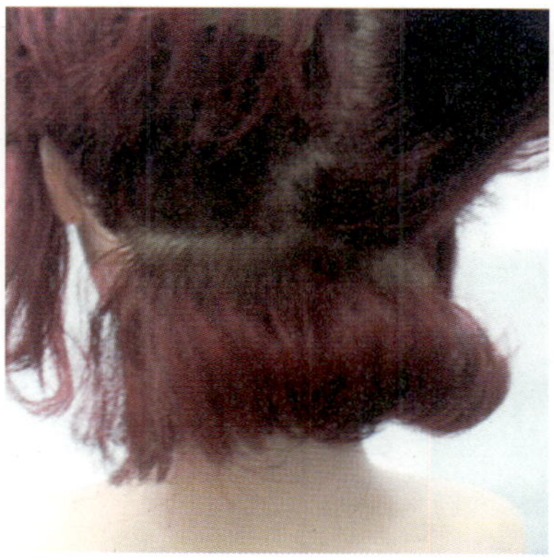

8. 드라이된 네이프의 모습이다.

9. 다음 섹션을 탄다.

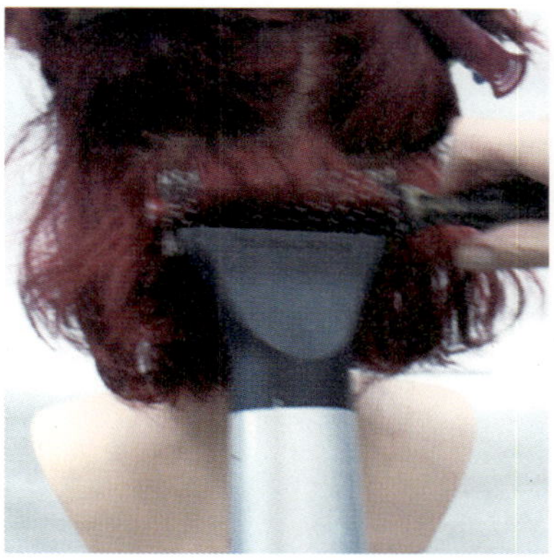

10. 롤을 판넬 위에 두고 드라이 바람을 밑에서 주며 머리를 롤에 감는다.

11. 바깥 C컬 부분에 바람을 멈추어준다.

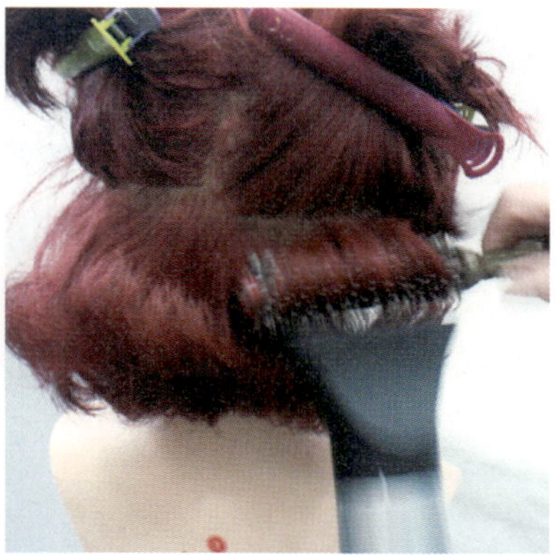

12. 네이프 사이드도 네이프와 동일하게 드라이한다.

13. 네이프 사이드도 네이프와 동일하게 드라이한다.

14. 왼쪽 사이드도 롤을 판넬 위에 감고 롤을 회전하면서 바람을 준다.

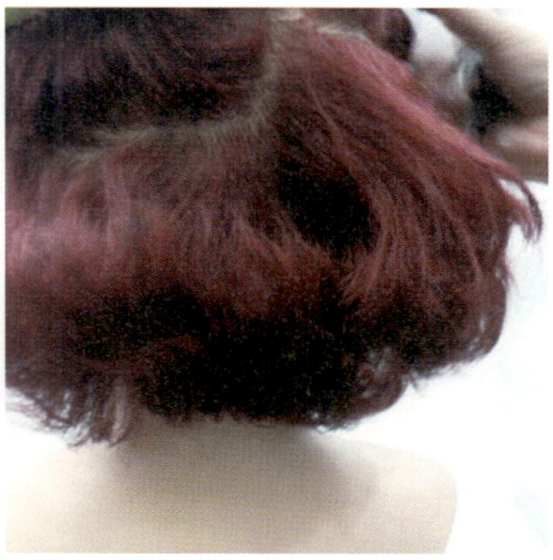

15. 백 포인트 섹션을 탄다.

16. 롤을 판넬 위에 두고 드라이로 바람을 준다.

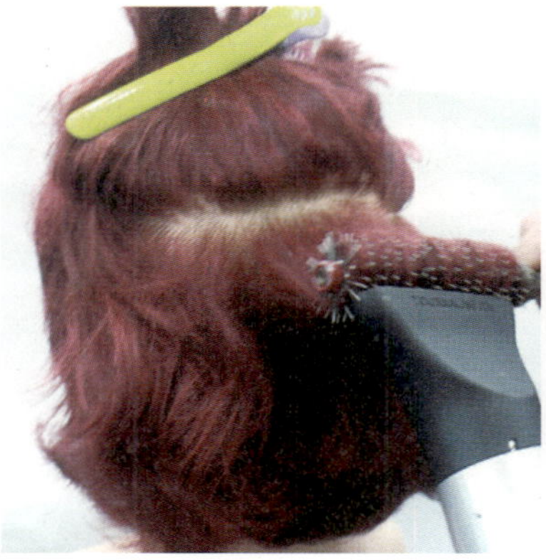

17. 롤에 머리를 감은 후 멈추어 바람을 집중적으로 준다.

18. 오른쪽 사이드 머리도 백 포인트와 같이 바람을 주되 드라이 위치가 밑에서 45°로 바람을 준다.

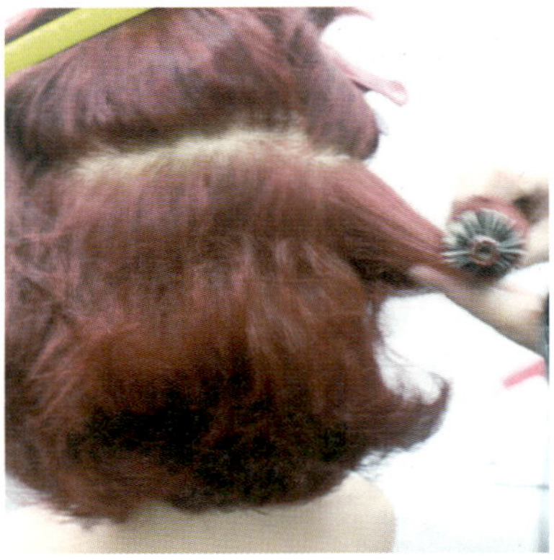

19. 텐션을 주면서 롤에 다시 감는다.

20. 감은 상태에서 롤을 위쪽으로 회전하며 바람을 준다.

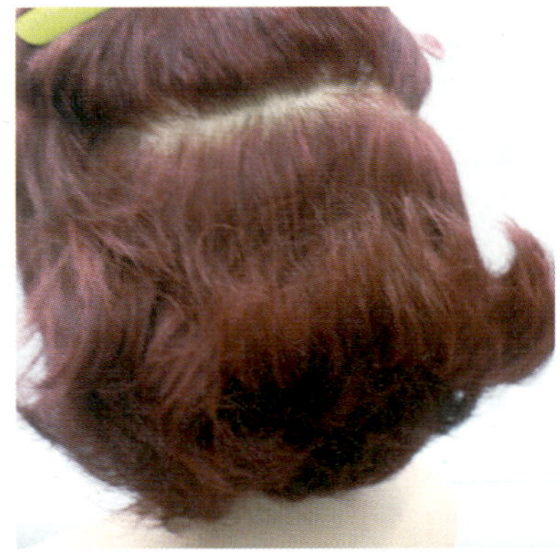

21. 완성된 백 포인트의 모습이다.

22. 왼쪽 사이드도 오른쪽 사이드와 마찬가지로 머리에 롤을 감은 후 바람을 준다.

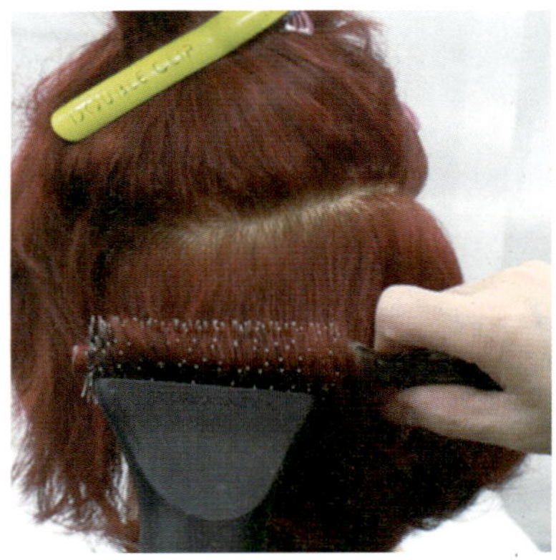

23. 바람을 멈추어주고 열을 식힌다.

24. 롤을 판넬 위에 두고 밑에서 바람을 주면서 스트레이트로 편다.

25. 스트레이트로 펴진 머리를 롤에 바람을 이용하여 감는다.

26. 오른쪽 사이드도 스트레이트로 편 후 롤에 감는다.

27. 롤에 감은 후 바람을 멈추어준다.

28. 왼쪽 사이드도 스트레이트로 편 후 롤에 감는다.

29. 롤에 감은 후 바람을 멈추어준다.

30. 완성된 백 포인트의 모습이다.

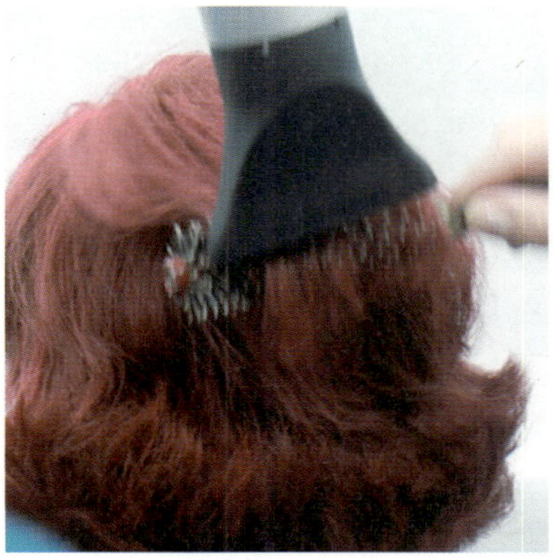

31. 탑 부분은 볼륨을 위하여 뿌리를 먼저 잡은 후 롤을 판넬 아래에서 C컬로 편다.

32. 머리를 편 후 그 판넬 위에 롤을 바깥으로 감은 후 바람을 준다.

33. 바람을 준 후에 열을 식힌 후 뺀다.

34. 오른쪽 사이드도 볼륨을 준 후에 롤을 바깥으로 감고 바람을 준다.

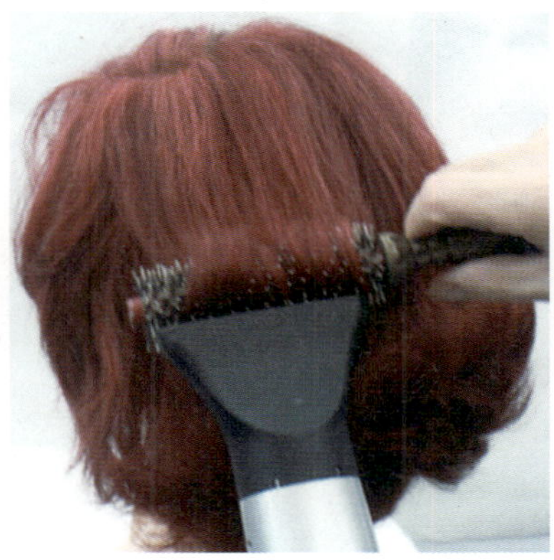

35. 왼쪽 사이드도 볼륨을 준 후에 롤을 바깥으로 감고 바람을 준다.

36. 바람을 준 후 잠시 멈춘다.

37. 사이드도 섹션을 정확히 타고 롤을 판넬 위에 두고 스트레이트로 편다.

38. 롤을 판넬 위에 두고 머리를 감은 후 바람을 준다.

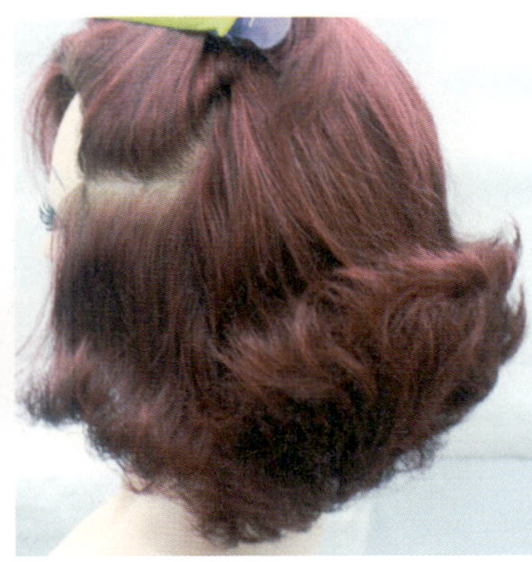

39. 완성된 사이드의 모습이다.

40. 섹션을 정확히 탄 후에 롤을 판넬 위에 두고 약간 사선으로 머리를 감는다.

41. 바람을 주고 식힌 후 뺀다.

42. 사이드 앞과 연결된 부분은 드라이 롤을 판넬 밑에서 한 번 편 후 롤을 다시 위에서 감는다.

43. 바람을 멈추어주고 식힌 후 뺀다.

44. 완성된 옆모습이다.

45. 오른쪽 사이드도 판넬 위에서 머리에 롤을 바람으로 감는다.

46. 그 다음 판넬도 섹션을 정확히 타고 롤을 머리에 감는다.

47. 롤에 머리를 감은 후 바람을 주고 열을 식힌다.

48. 앞머리 볼륨을 위하여 각도를 살리며 안으로 C컬을 한다.

49. 머리의 흐름이 바깥 컬과 연결되게 한다.

50. 한 번 더 C컬로 연결한다. 이때 각도에 주의한다.

51. 남은 앞머리를 머리 판넬 위에서 롤을 뒤쪽으로 감는다.

52. 뒤쪽으로 감고 롤을 회전하면서 바람을 준다.

53. 바람은 앞쪽 밑에서 주되 앞머리의 각도를 낮춘다.

54. 앞머리의 각도를 낮춘 후 바람을 끝까지 준다.

55. 바람을 주면서 롤을 머리의 앞쪽부터 뺀다.

56. 끝에 감긴 머리의 마지막까지 바람을 준다.

57. 끝에 감긴 머리의 마지막까지 바람을 준다.

58. 그 다음 판넬도 앞머리와 연결하여 롤에 감는다.

59. 롤에 감고 뿌리부터 바람을 준 후 롤을 회전한다.

60. 멈추어 바람을 주고 다시 각도를 낮춘다.

61. 각도를 낮춘 후 앞쪽부터 머리를 뺀다.

62. 바람을 끝까지 주는 것이 중요하다.

63. 바람을 끝까지 주면서 롤을 회전한다.

64. 다시 한 번 반복한다.

65. 반복할 때 판넬을 하나로 잡는다.

66. 드라이 롤에서 머리를 빼는 모습이다.

67. 옆머리와 연결하면서 앞머리의 흐름을 맞춘다.

68. 완성된 앞모습이다.

69. 완성된 왼쪽 사이드 모습이다.

70. 완성된 오른쪽 사이드 모습이다.

71. 완성된 뒷모습이다.

쇼트 바깥말음

2. 미듐 스타일

1) 펴기(스트레이트)란?

열을 이용하여 일시적으로 머리를 펴는 것을 말한다.

모발이 물에 젖으면 모발 내에 측쇄결합 중 수소결합이 일시적으로 끊어지게 되고 모발이 마르면 재결합이 이루어진다. 이때 드라이를 통하여 재결합이 이루어지기 전에 모발을 스트레이트로 편다.

(1) 시술

① 수분을 30% 남기고 시작한다.
② 섹션을 정확히 타고 네이프부터 시작한다.
③ 롤은 중간크기로 선택한다.
④ 모발 끝까지 바람을 주는 것이 중요하고 끝에서 롤을 회전하면서 뺀다.
⑤ 드라이 위치는 위쪽에서 아래쪽으로 향한다.
⑥ 모발의 윤기를 위하여 적당한 수분과 롤의 회전력, 일정한 텐션, 적당한 온도가 중요하다.

(2) 파팅 : 5파팅(특별한 디자인을 제외하고 앞으로 시술 시 5파팅으로 한다.)

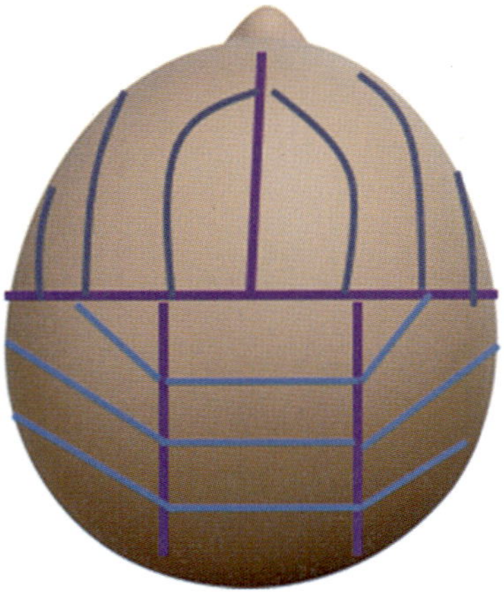

윗면

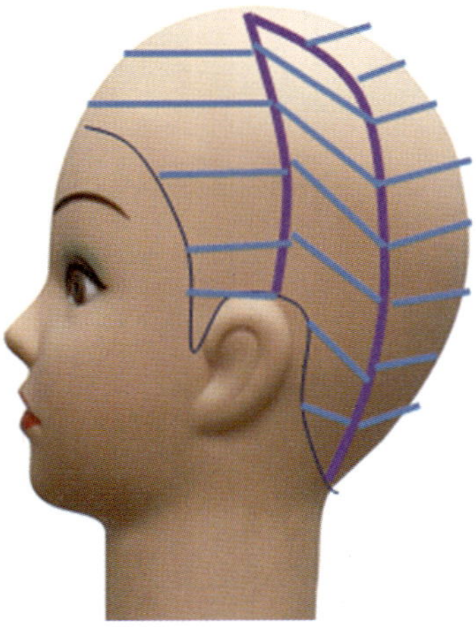

옆면

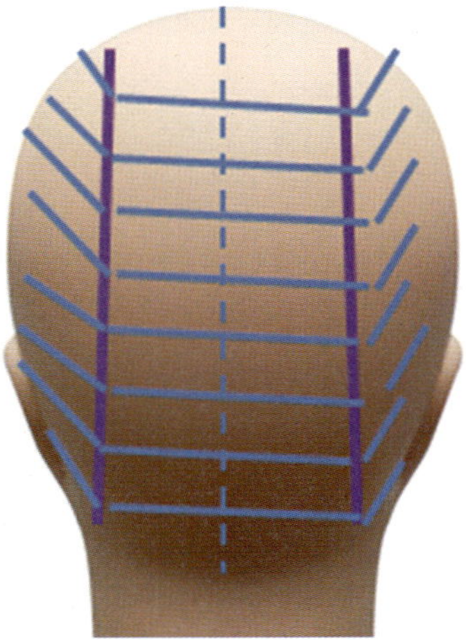

뒷면

(3) 시술순서

1. 드라이하기 전 모습이다.

2. 드라이하기 전 모발에 수분을 30% 정도 뿌려준다.

3. 섹션을 정확히 탄다.

4. 섹션을 정확히 타서 네이프 부분부터 시작한다.

5. 드라이 롤을 밑으로 해서 드라이를 시작한다.

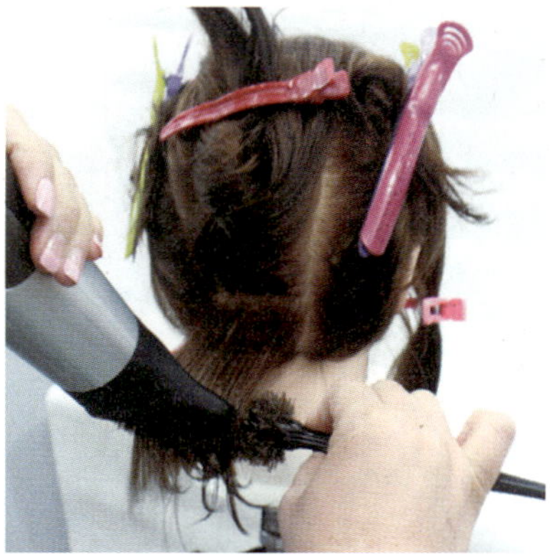

6. 천천히 일정한 텐션으로 롤을 회전하면서 내려온다.

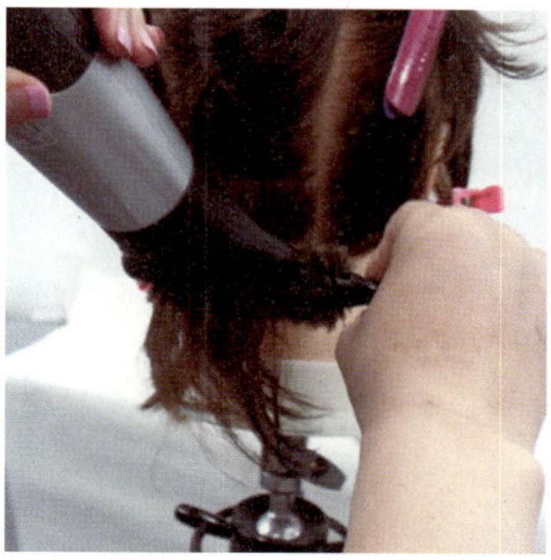

7. 처음 펼 때에는 수분을 살짝 날리고 다시 한 번 편다.

8. 편 머리는 모발 끝까지 바람을 주는 것이 중요하다. 롤을 회전하면서 뺀다.

9. 완성된 스트레이트 판넬이다.

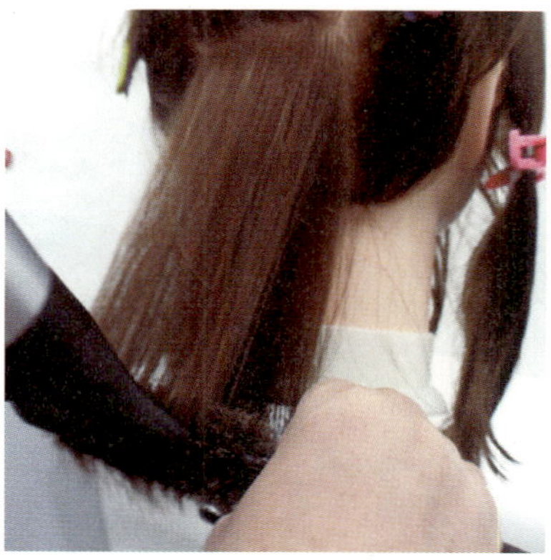

10. 일정한 텐션으로 롤을 회전하면서 천천히 내려온다. 모발 끝에서는 드라이 바람을 주는 위치가 중요하다.

11. 백 포인트 위에서는 볼륨을 서서히 주고 이를 유지하면서 편다.

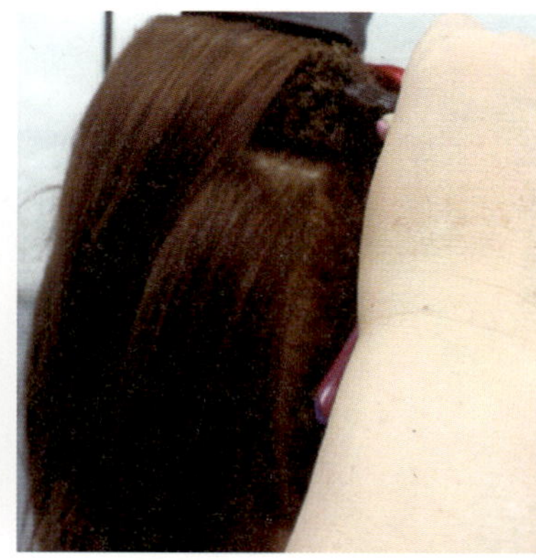

12. 탑에서는 120°로 하되 뿌리에 바람을 반드시 주고 롤에 위치는 앞 섹션이 보이지 않게 한다.

13. 각도를 유지하면서 천천히 편다.

14. 각도를 유지하면서 펴는 모습이다.

15. 끝까지 바람을 주는 것이 중요하다.

16. 오른쪽 네이프 사이드도 섹션을 정확히 탄다.

17. 일정한 텐션으로 천천히 바람을 주어 끝까지 내려온다.

18. 완성된 판넬의 모습이다.

19. 뿌리를 먼저 잡을 때에는 드라이 바람의 위치가 중요하다.

20. 뿌리를 잡고 난 후 각도를 유지하면서 편다.

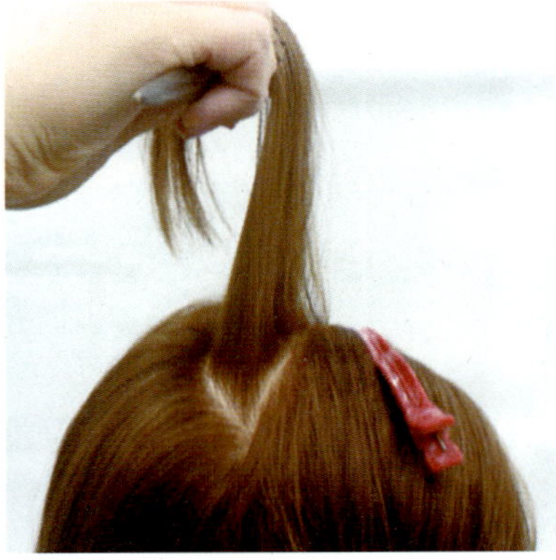

21. 탑은 연결하면서 다시 한 번 잡아준다.

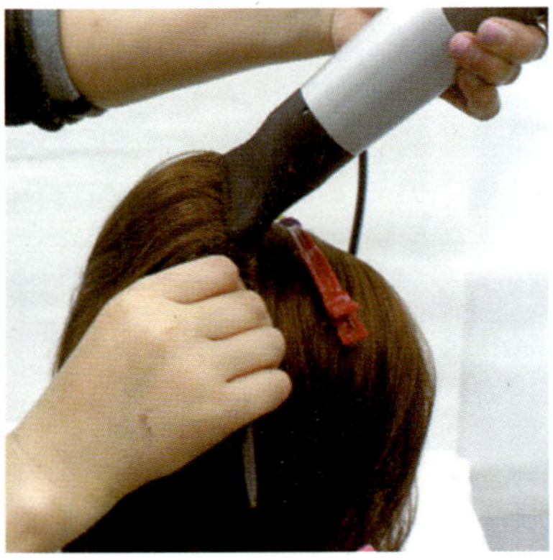

22. 각도를 잡는 모습이다. 드라이의 위치가 중요하다.

23. 오른쪽 사이드도 섹션을 정확히 탄다.

24. 뿌리를 제자리에 놓고 천천히 드라이하며 내려온다.

25. 드라이한 후 뿌리를 다시 한 번 살짝 잡는다.

26. 완성된 판넬의 모습이다.

27. 스트레이트는 모발 끝까지 바람을 주는 것이 중요하다.

28. 앞머리도 각도를 먼저 살피고 유지하면서 천천히 내려온다.

29. 각도를 유지하면서 천천히 내려온다.

30. 프린지는 롤을 뺄 때 약간 뒤쪽으로 뺀다.

31. 일정한 텐션으로 바람을 주어 천천히 내려오되 뒤쪽으로 뺀다.

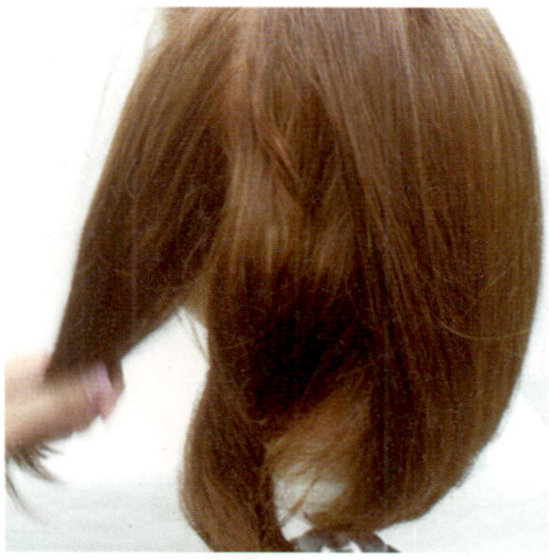

32. 드라이하기 전과 후를 비교하여 살펴본다.

33. 섹션을 정확히 탄다.

34. 천천히 일정한 텐션으로 내려온다.

35. 반복하며 뿌리를 잡는다.

36. 천천히 끝까지 바람을 주고 끝에서는 롤에 회전력을 더 주어서 뺀다.

37. 각도를 좀 더 높여서 드라이한다.

38. 왼쪽 사이드도 뿌리를 먼저 잡는다.

39. 뿌리를 잡고 천천히 스트레이트로 편다.

40. 끝까지 바람을 준다.

41. 앞머리쪽 사이드는 볼륨을 살리면서 끝까지 편다.

42. 완성된 스트레이트 앞모습이다.

43. 완성된 스트레이트 사이드 모습이다.

44. 완성된 스트레이트 사이드 모습이다.

45. 완성된 스트레이트 뒷모습이다.

미듐 펴기

2) C컬(안말음)이란?

열을 이용하여 스트레이트로 편 다음, 모발 끝 지점에서(C컬을 하고자 하는 부분) 롤에 모발을 말고 열을 집중적으로 가한 뒤 식히면서 모발 끝을 머리 안쪽으로 말리는 것을 말한다.

(1) 시술

① 수분을 약 30% 남긴 상태에서 시작한다.

② 롤은 중간 정도 크기로 선택한다. 섹션은 롤의 크기에 비례한다.

③ 섹션을 정확히 탄 뒤 네이프부터 시작한다(섹션을 정확히 타야만 옆머리가 따라오지 않는다).

④ 스트레이트로 펴면서 C컬의 접점에서 바람을 잠시 멈추면서 머리를 만다.

⑤ 모발을 롤에 말 때, 모발 끝이 구겨지지 않도록 마는 것이 중요하다.

⑥ 롤에 머리를 말고 열을 줄 때에는 반드시 식힌 후 롤을 회전하면서 뺀다.

(2) 시술순서

1. 드라이하기 전 미듐 모습이다.

2. 드라이하기 전 미듐 모습이다.

3. 섹션을 정확히 타되 네이프부터 시작한다.

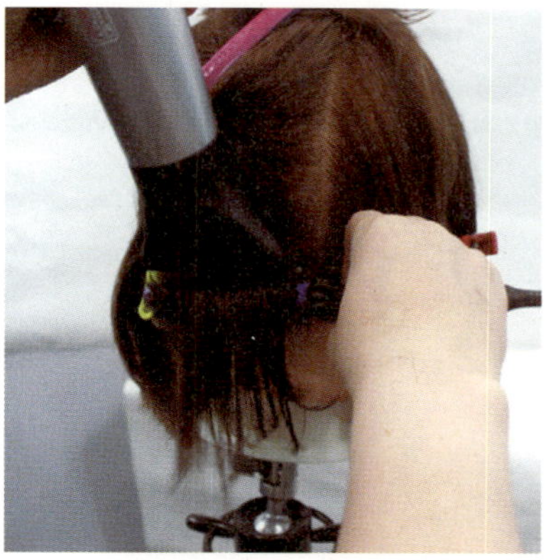

4. 밑에서 롤을 감은 후 바람을 반드시 뿌리에 준다.

5. 천천히 편 후 C컬을 만드는 부분에서 바람을 잠시 멈추어준다.

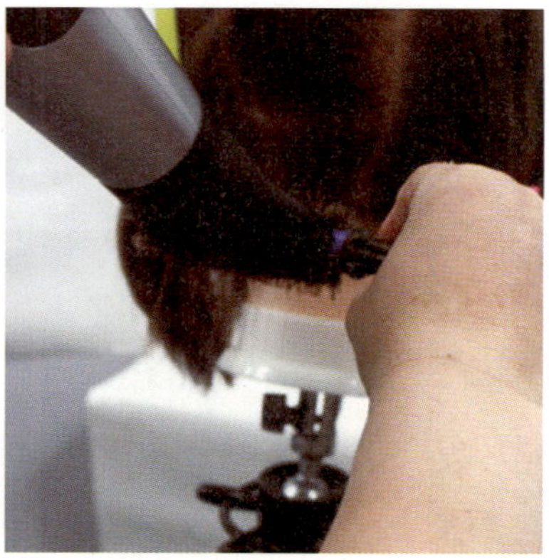

6. 모발 끝을 롤에 감은 후 바람을 집중적으로 준다.

7. 밑에도 바람을 준다.

8. 다시 한 번 바람을 준 후 롤을 회전하면서 뺀다.

9. 네이프 C컬의 완성된 모습이다.

10. 두 번째 섹션도 뿌리를 먼저 잡은 후 스트레이트로 펴고 C컬 부분에서 바람을 멈춘다.

11. 바람을 밑에 쪽에서도 주고 열을 식힌 후 뺀다.

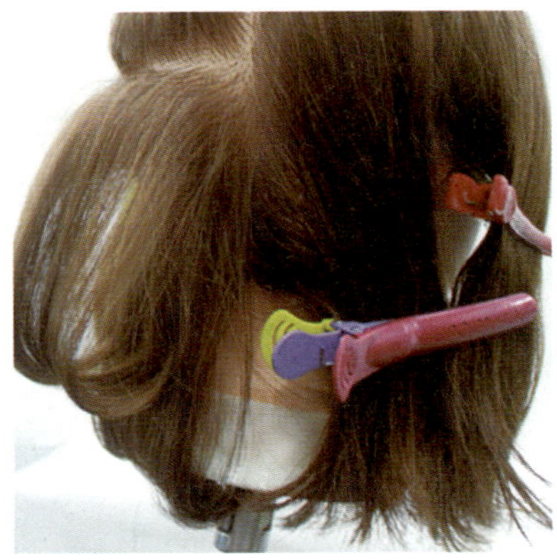

12. 두 번째 판넬의 완성된 모습이다.

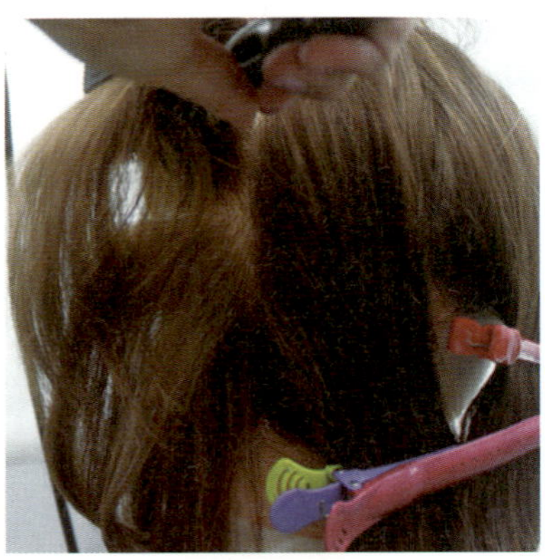

13. 백 포인트부터는 각도를 살리면서 드라이한다.

14. 각도를 유지한 채 스트레이트로 편 후 드라이 롤에 바람으로 머리를 감는다.

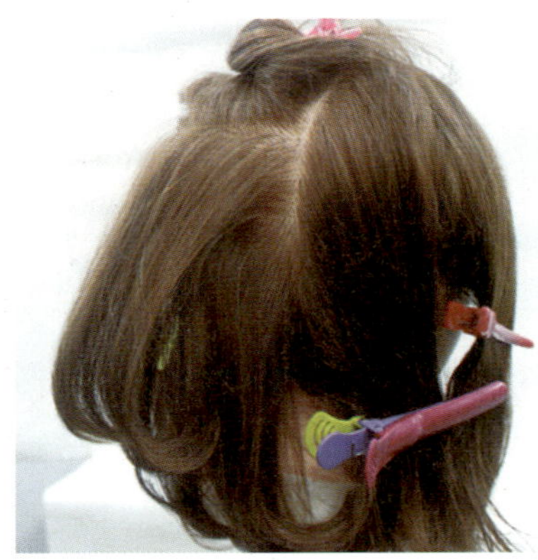

15. 완성된 C컬의 모습이다.

16. 탑은 120° 각도를 유지하여 주고 바람을 뿌리에 반드시 넣는다.

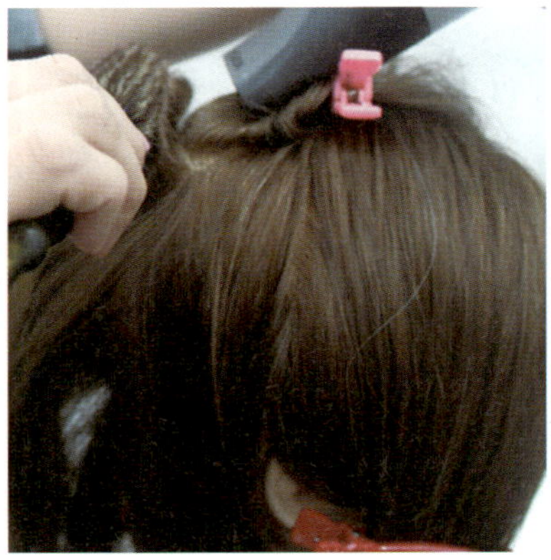

17. 120°로 뿌리를 잡고 바람을 주는 모습이다.

18. 드라이 롤에 120°를 유지한 채로 감는다.

19. 각도를 유지한 채로 드라이한다.

20. 각도를 유지하며 드라이하는 모습이다.

21. 오른쪽 네이프 사이드도 섹션을 정확히 타고 섹션의 너비는 롤의 굵기에 비례한다.

22. 뿌리를 먼저 제자리에 가져다 놓고 모발 밑에 롤을 넣는다.

23. 완성된 사이드 네이프 모습이다.

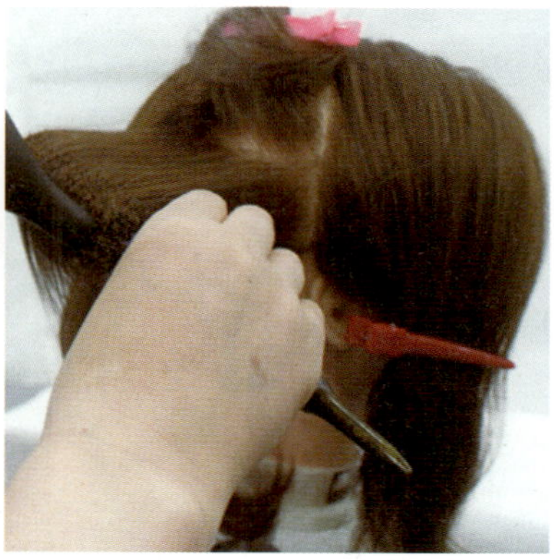

24. 각도를 유지하여 드라이한 후 C컬에서 바람을 잠시 멈춘다.

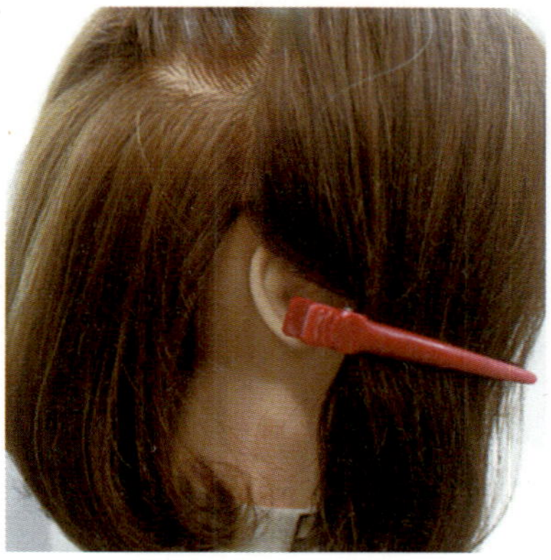

25. 앞말음의 모습이다.

26. 사이드 크라운도 각도에 유의해서 C컬을 한다.

27. 사이드도 섹션을 정확히 탄 후 뿌리를 먼저 잡는다.

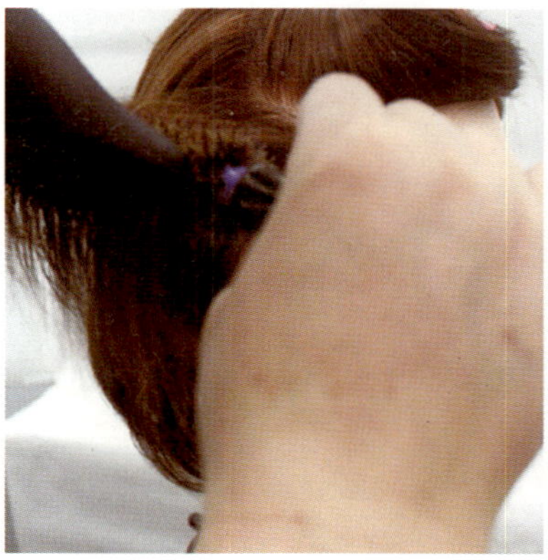

28. 머리를 롤에 감은 후 천천히 내려온다.

29. C컬에서 머리를 감은 후 아래 위쪽에서 바람을 주고 열을 식히면서 뺀다.

30. C컬의 옆모습이다.

31. 앞머리도 역시 각도를 유지하면서 드라이하는 것이 중요하다.

32. 일정한 텐션을 주고 롤을 회전하면서 천천히 내려온다.

33. 앞머리의 뿌리를 잡을 때에도 120° 각도를 주며 뿌리에 반드시 바람을 넣는다.

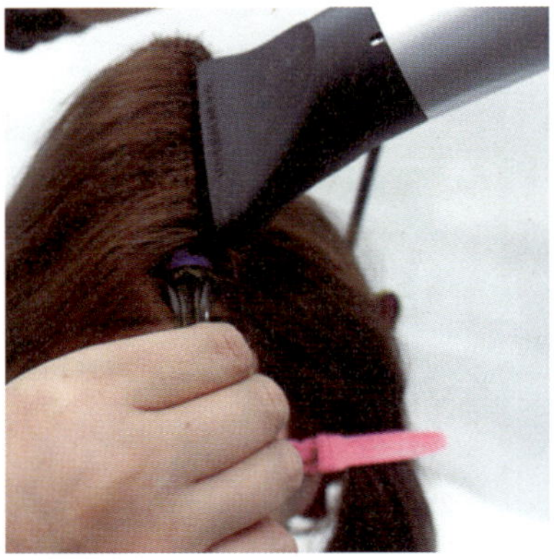

34. 롤을 뿌리에 넣고 바람을 두피쪽에 준다.

35. 천천히 머리에 열을 주면서 내려온다.

36. 왼쪽 사이드도 섹션을 정확히 탄다.

37. 섹션을 정확히 탄다.

38. 왼쪽 사이드도 롤을 네이프 뿌리에 넣고 천천히 바람을 주면서 내려온다.

39. 롤에 머리를 감은 후 아래위로 바람을 주고 식힌 뒤 뺀다.

40. 두 번째 섹션도 모발 밑으로 롤을 넣는다.

41. 판넬을 롤 위에 얹어 놓은 후 천천히 열을 주면서 내려온다.

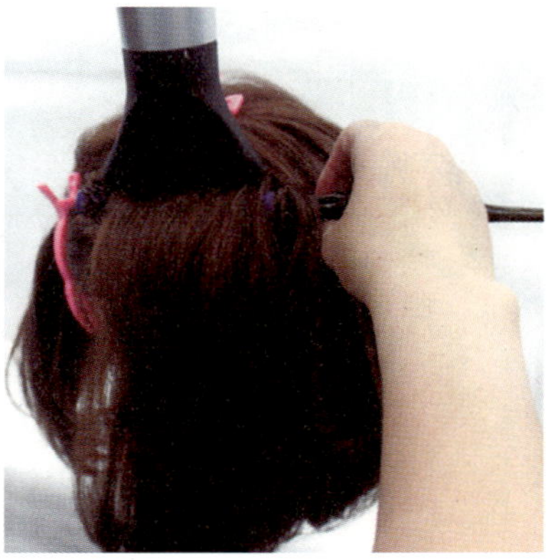

42. 다음 판넬도 반복하되 각도를 더 높인다.

43. 각도를 유지한 채로 내려와서 C컬 부분에서 열을 준다.

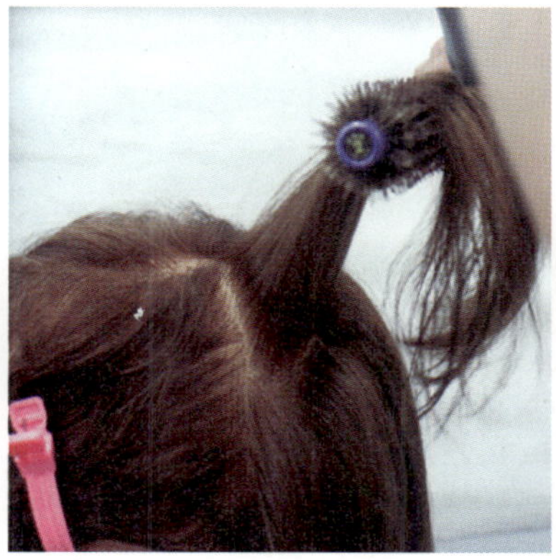

44. 각도를 유지하면서 드라이하는 모습이다.

45. 각도를 유지하면서 드라이하는 모습이다.

46. 사이드의 뿌리를 먼저 잡은 모습이다.

47. 각도를 유지한 채로 천천히 드라이하여 내려오되 C컬 부분에서 롤에 머리를 감는다.

48. 롤에 감은 채로 잠시 멈추어 밑에서 바람을 준다.

49. 사이드머리는 위로 갈수록 각도를 높여준다.

50. 앞머리와 연결된 부분은 각도를 120°로 한다.

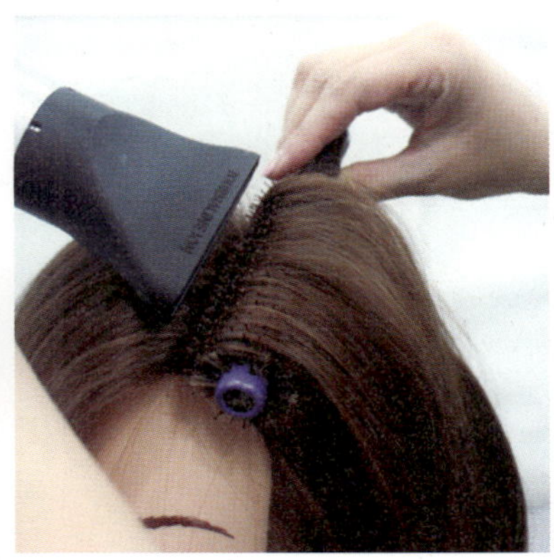

51. 120° 각도는 섹션이 보이지 않는 정도의 높이로 바람을 뿌리에 반드시 넣는다.

52. 완성된 미듐 앞모습이다.

53. 완성된 미듐 왼쪽 사이드의 모습이다.

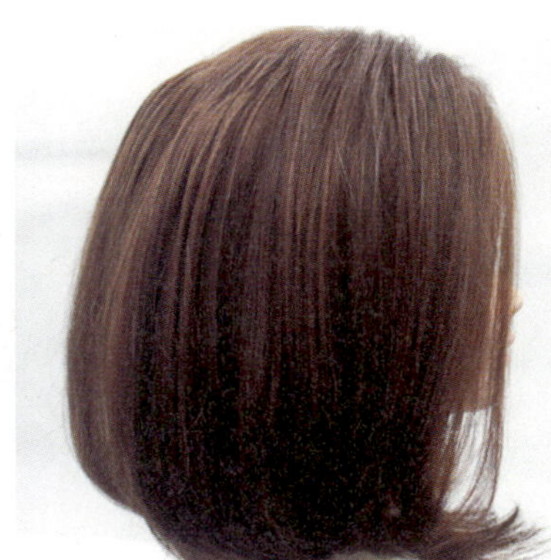

54. 완성된 미듐 오른쪽 사이드의 모습이다.

55. 완성된 미듐 뒷모습이다.

미듐 안말음

3) 바깥말음이란?

열을 이용하여 뿌리를 잡은 후에 스트레이트로 편 후 원하는 지점에서 롤에 머리를 바깥으로 말고 드라이 바람을 밑에서 위로 주면 롤 형태의 바깥 C컬이 잡힌다.

(1) 시술

① 모발에 수분을 약 30% 남긴 상태에서 시작한다.
② 롤은 중간 크기로 선택한다.
③ 섹션을 정확히하여 네이프부터 시작한다.
④ 뿌리를 먼저 잡은 후 스트레이트로 편 후 롤을 모발 위에 놓고 머리를 바깥으로 만다.
⑤ 뿌리를 잘 잡아야만 바깥말음이 쓰러지지 않는다.
⑥ 모발의 전체적인 볼륨을 위하여 C컬이 들어가기 직전에 드라이 롤을 놓고 지그시 누르며 밀어 올려준다.
⑥ 탑머리 뿌리는 120°로 잡은 후 스트레이트하고 C컬을 하여 모발 끝에서 바깥으로 만다.
⑦ 앞머리 형태를 잡을 때에는 얼굴형에 따라 다르게 잡는다.

(2) 시술순서

1. 섹션은 정확히 탄다.

2. 네이프 머리를 먼저 시작하되 뿌리를 제자리에 가져다 놓는다.

3. 롤을 머리 밑에 두고 천천히 스트레이트로 편다.

4. 스트레이트로 천천히 편다.

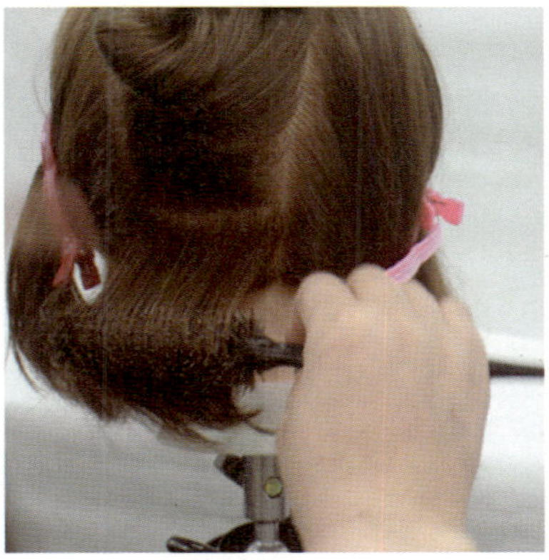

5. 바깥 C컬을 하고자 하는 위치까지만 편다.

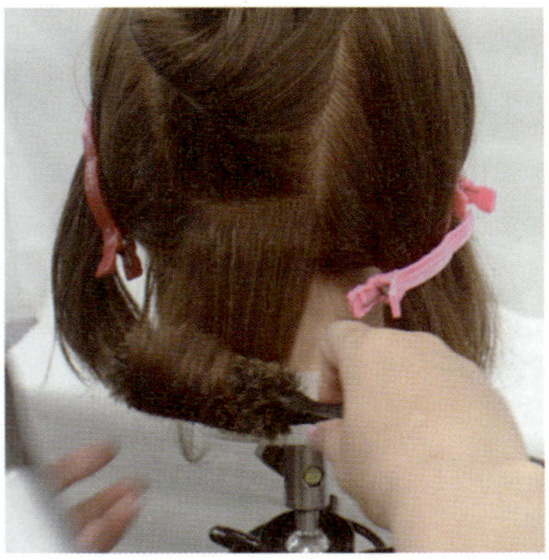

6. 스트레이트로 펴진 부분에서부터 롤을 판넬 위쪽에 두고 머리를 감는다.

7. 바깥으로 머리를 감은 후 바람을 준다.

8. 롤을 회전하면서 바람을 준다.

9. 열을 집중적으로 준 뒤 식힌다.

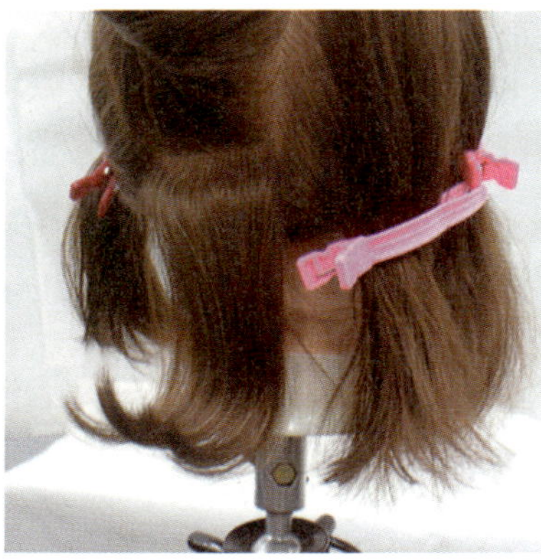

10. 바깥머리를 할 때에는 반드시 뿌리를 먼저 잡아주어야만 완성된 C컬이 쓰러지지 않는다.

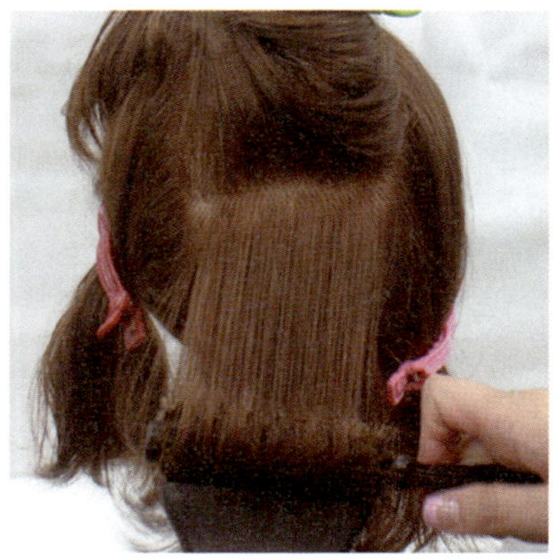

11. 두 번째 판넬도 뿌리를 먼저 잡은 후 바깥으로 만다.

12. 완성된 C컬의 모습이다. 전체적인 볼륨을 생각한다.

13. 스트레이트로 편 후 바깥말음 한다.

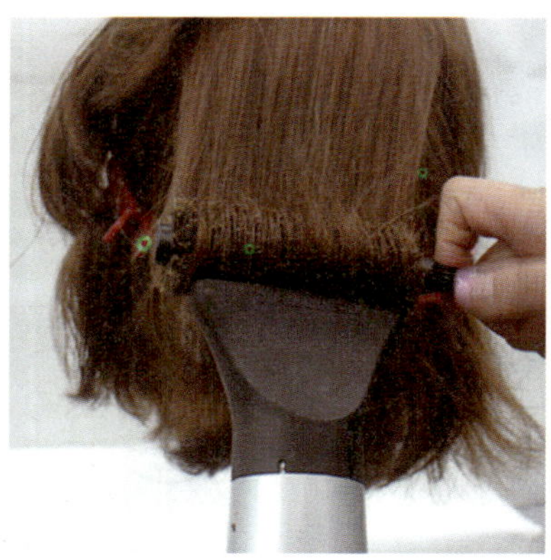

14. 바깥말음 한 후 드라이 바람을 밑에서 준다.

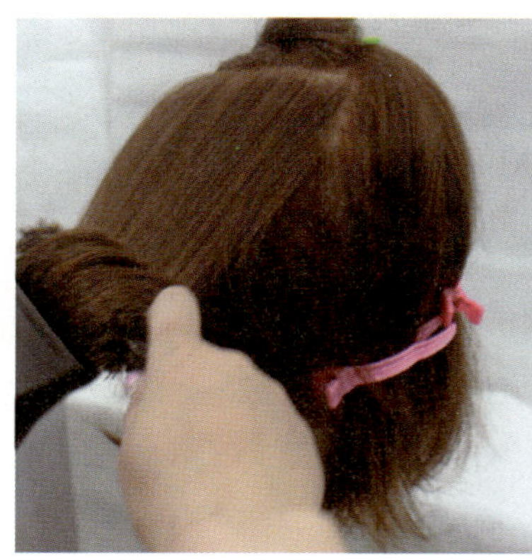

15. 집중적으로 멈추어주고 롤을 회전하면서 뺀다.

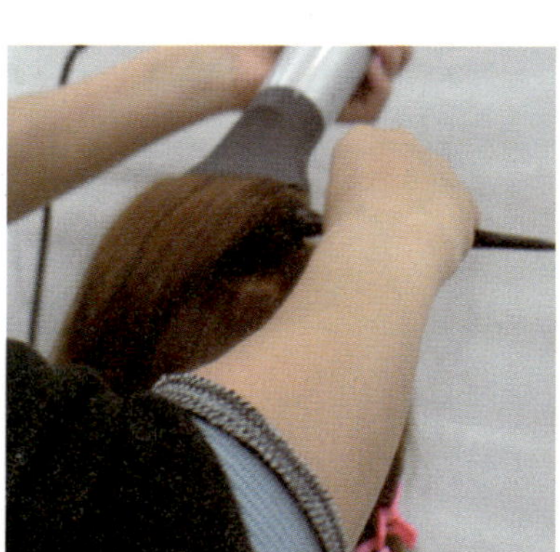

16. 탑 머리는 롤의 각도를 120°로 하고 뿌리에 바람을 준다.

17. 각도를 유지하면서 스트레이트로 편다.

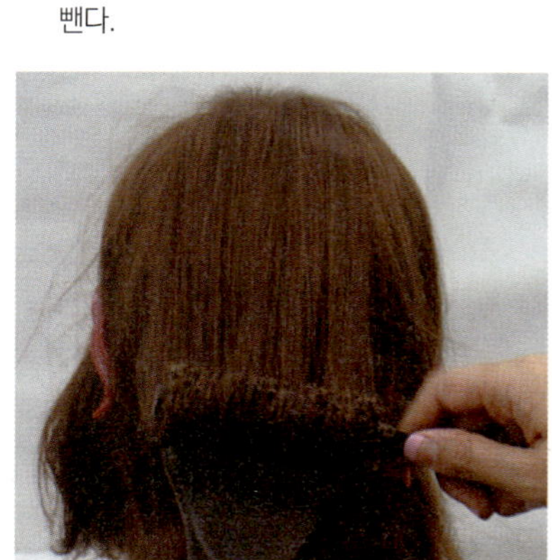

18. 바깥 C컬을 하기 전까지 스트레이트로 편 후 롤을 바깥으로 말고 바람을 집중적으로 준다.

19. 오른쪽 네이프 사이드도 섹션을 정확히 탄다.

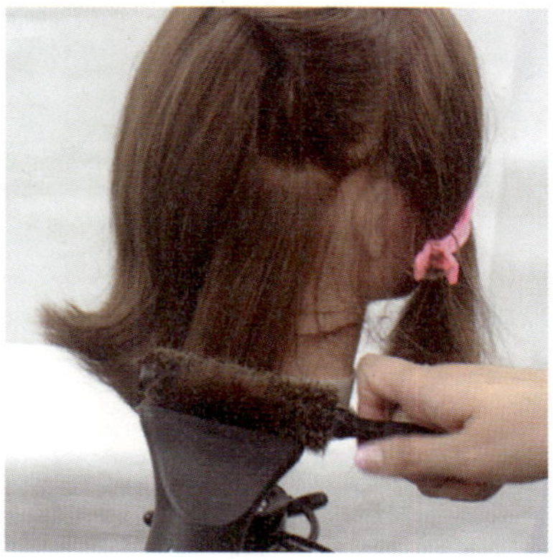

20. 뿌리를 먼저 잡은 후 스트레이트로 편 후 롤에 만다.

21. 다음 판넬도 반복하여 하되 열을 주고 식힌 후 롤을 뺀다.

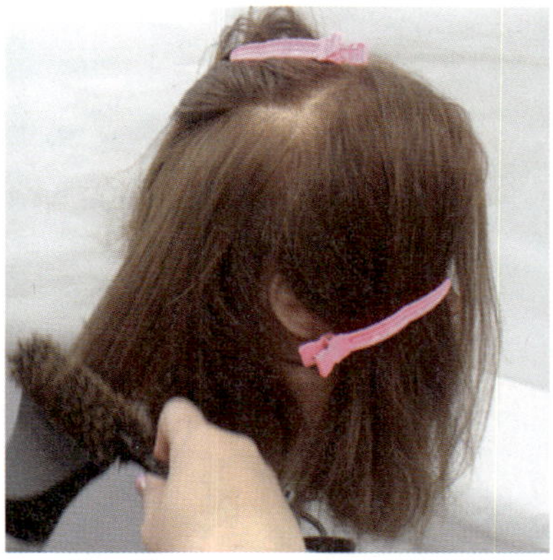

22. 다음 판넬도 반복하여 하되 열을 주고 식힌 후 롤을 뺀다.

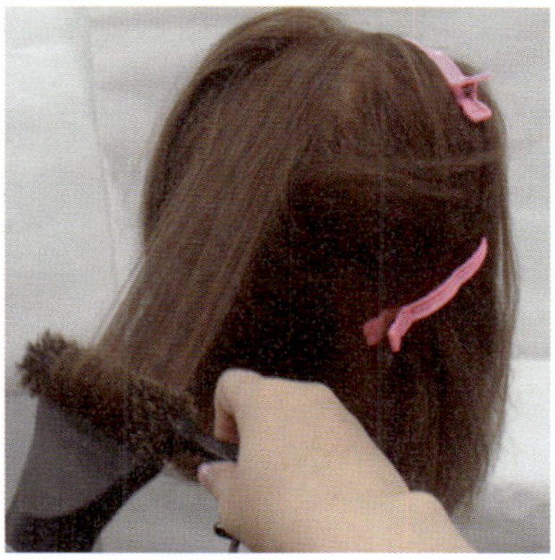

23. 바깥 C컬이 쓰러지지 않기 위해서는 뿌리를 잡는 것이 중요하다.

24. 완성된 C컬의 모습이다.

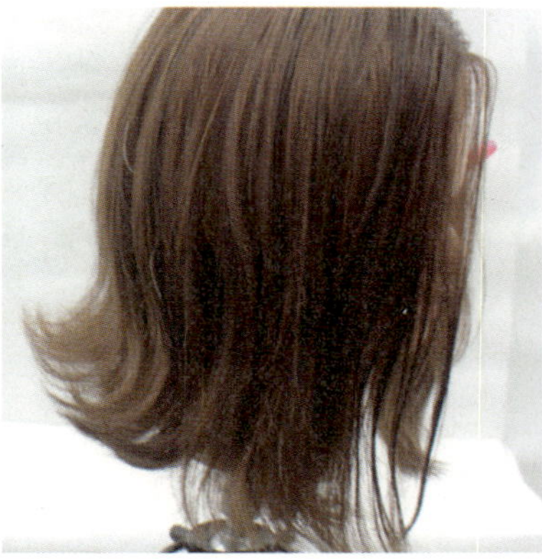

25. 완성된 C컬의 모습에서 전체적인 볼륨을 확인한다.

26. 사이드 머리도 섹션을 정확히 탄 후 스트레이트로 편다.

27. 스트레이트로 편 후 롤을 바깥으로 만다.

28. 머리가 쓰러지지 않기 위해서는 사이드 역시 뿌리를 먼저 잡는 것이 중요하다.

29. 다음 판넬도 반복 작업 한다.

30. 앞머리 쪽은 드라이롤을 약간 뒤쪽 사선으로 하여 바깥으로 만다.

31. 앞머리 뿌리 볼륨을 살리면서 드라이한다.

32. 바깥말음이 쓰러지지 않도록 한다.

33. 왼쪽 네이프 사이드도 섹션을 정확히 한다.

34. 뿌리를 먼저 잡기 위해 뿌리에 바람을 준다.

35. 뿌리를 잡은 후, 롤에 머리를 밖으로 감은 뒤 바람을 밑에서 준다.

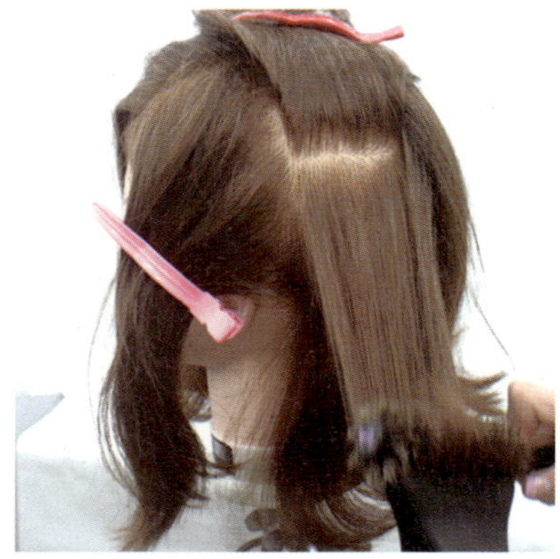
36. 다음 판넬도 반복한다.

37. 바깥 C컬이 쓰러지지 않기 위해서는 뿌리를 잡는 것이 중요하다.

38. 바깥으로 만 후, 볼륨을 주기 위하여 롤을 C컬 부분에서 지그시 누른 후, 바람을 준다.

39. 사이드는 뿌리를 먼저 잡고 스트레이트로 편다.

40.바깥 C컬 하기 전까지 스트레이트로 펴고, 롤을 판넬 위에서 바깥쪽으로 만다.

41. 롤을 바깥으로 만 후, 바람을 밑에서 준다.

42. 완성된 사이드 모습이다.

43. 뿌리에 볼륨을 준 후 스트레이트로 펴고 바깥말음을 한다.

44. 머리를 밖으로 만 후, 롤을 만 지점에서 머리를 지그시 누른 후 바람을 준다.

45. 머리를 빗질하여 마무리한다.

46. 완성된 미듐 C컬 바깥말음이다.

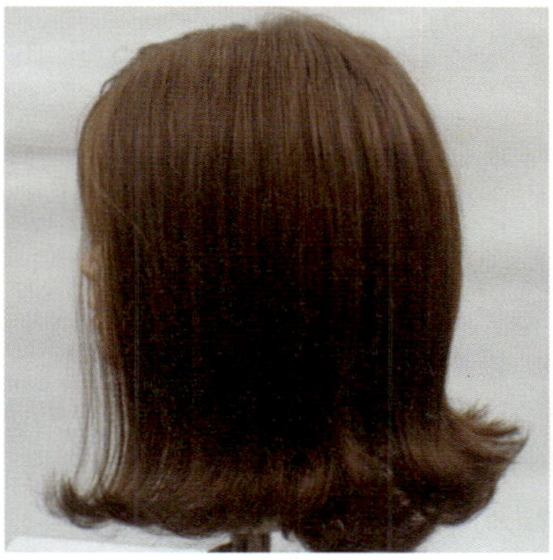

47. 완성된 왼쪽 옆 모습이다.

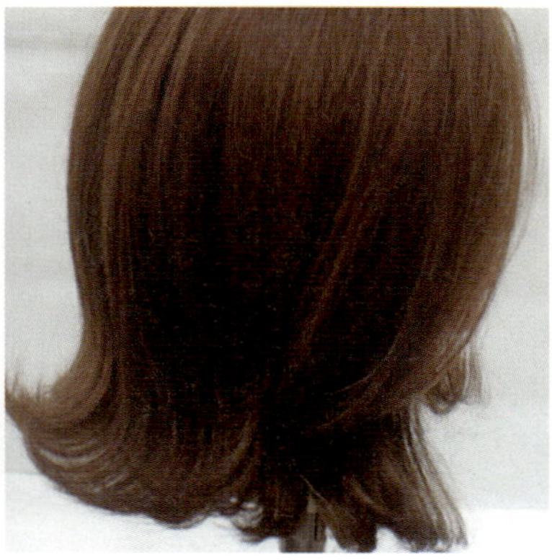

48. 완성된 오른쪽 옆 모습이다.

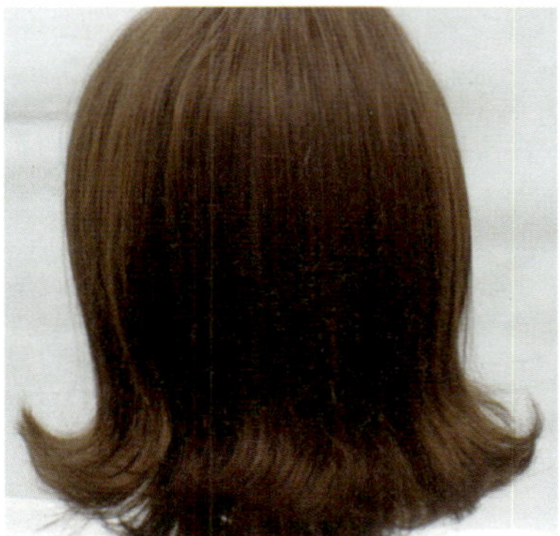

49. 완성된 뒷 모습이다.

미듐 바깥말음

4) 수평 섹션 S컬(웨이브)이란?

C컬의 연장선이라 볼 수 있으며, 물결 웨이브와 유사하다.

머리를 롤에 감고 텐션과 열을 이용하여 롤을 반 바퀴씩 사선으로 풀면서 S자 모양의 웨이브를 만드는 것이다.

(1) 시술

① 수분을 약 30% 남긴 상태에서 시작한다.
② 롤은 일반적인 롤의 크기보다 작은 것을 선택한다.
③ 모발의 윤기와 웨이브의 흐름을 위하여 각도는 0도를 유지하는 것이 중요하다.
④ 섹션을 정확히 탄 뒤 네이프부터 시작한다.
⑤ 모발 끝 부분부터 모발 끝이 구겨지지 않게 모발을 드라이 롤에 감기 시작한다.
⑥ 롤에 감겨진 모발을 사선으로 반 바퀴씩 풀면서 텐션을 반대로 준다(왼쪽 사선 45도와 오른쪽 사선 45도로 열을 준다).
⑦ 사이드 옆머리는 앞머리의 웨이브 흐름과 맞춘다.
⑧ 전체적인 웨이브의 흐름은 연결성이 있어야 한다.

(2) 시술순서

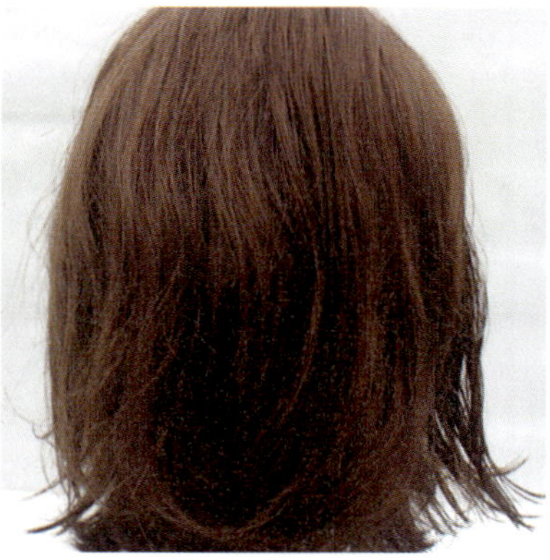
1. 드라이하기 전 모습이다.

2. 30% 정도 수분이 있는 상태에서 시작한다.

3. 미듐 웨이브의 네이프는 C컬로 시작한다.

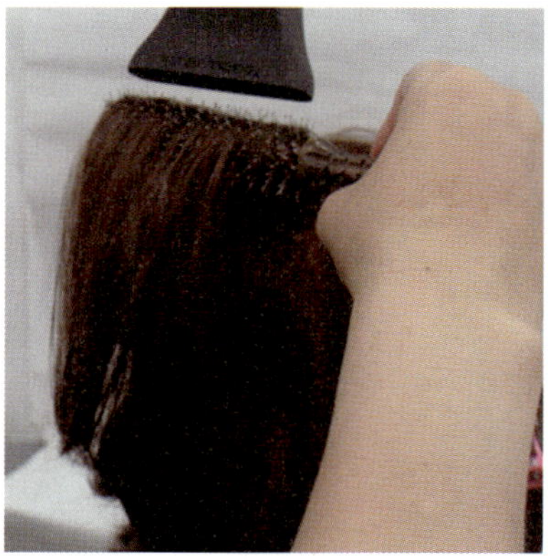
4. 뿌리에 바람을 주고 스트레이트로 살짝 편다.

5. 모발 끝이 구겨지지 않게 롤에 만다.

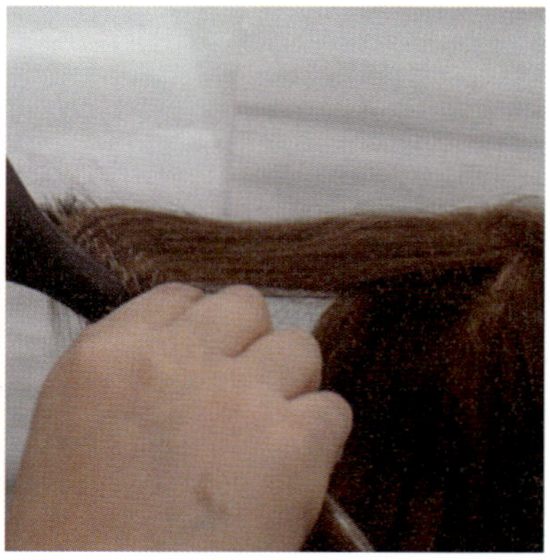
6. 롤에 말고 바람을 준다.

7. S자 웨이브를 할 때 롤은 작은 것을 선택한다.

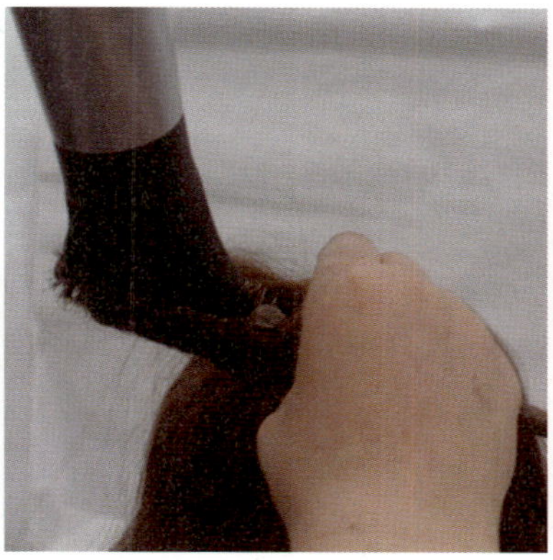

8. 머리를 롤에 감은 후 바람을 집중적으로 준다.

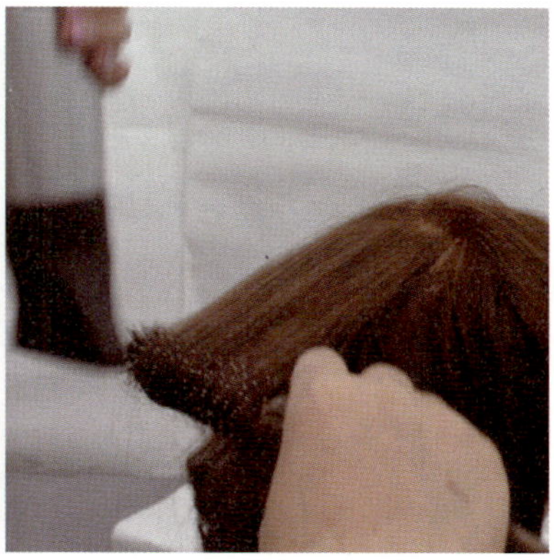

9. S자 웨이브는 뿌리를 잡은 후 모발의 각도를 0°로 유지하는 것이 좋다.

10. 바람을 다시 한 번 준다.

11. 롤을 반 바퀴 뺀다.

12. 롤의 바로 위쪽에 바람을 주되 롤을 사선으로 튼다.

13. 바람을 준 모습이다.

14. 롤을 45° 아래로 향한 후 롤의 위쪽에 바람을 다시 준다.

15. 바람을 주고 살짝 뜸을 들인 후 롤을 반 바퀴 뺀다.

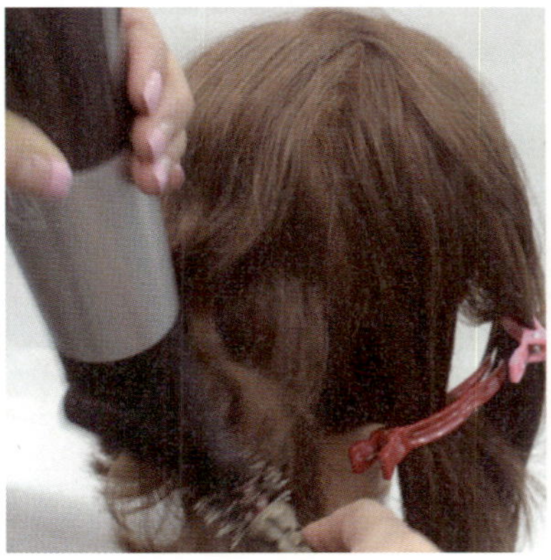

16. 반 바퀴 뺀 후 다시 롤을 위쪽 45°로 향하여 바람을 준다.

17. 바람을 주고 잠시 식힌 후에 롤을 뺀다.

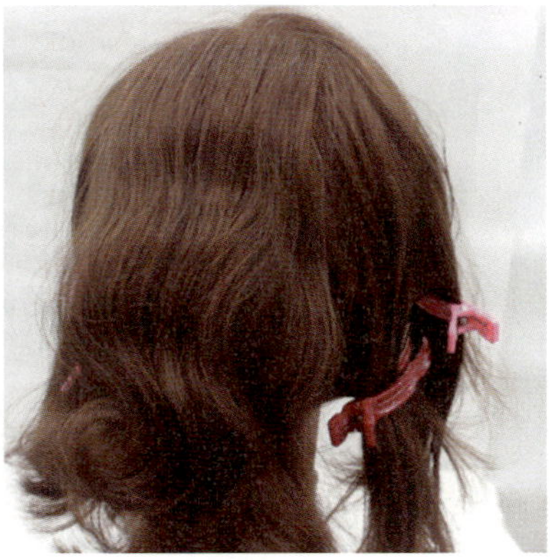

18. 완성된 웨이브의 모습이다.

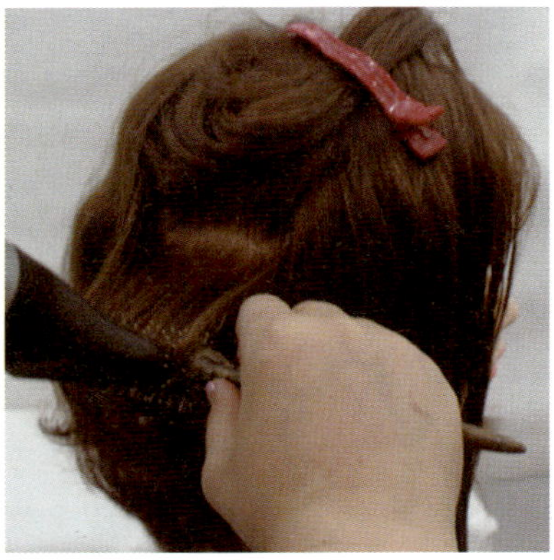

19. 네이프 사이드 첫 단은 C컬로 한다.

20. 두 번째 단부터는 모발을 끝부터 롤에 만다.

21. 롤 바로 위쪽에 바람을 주고 멈춘다.

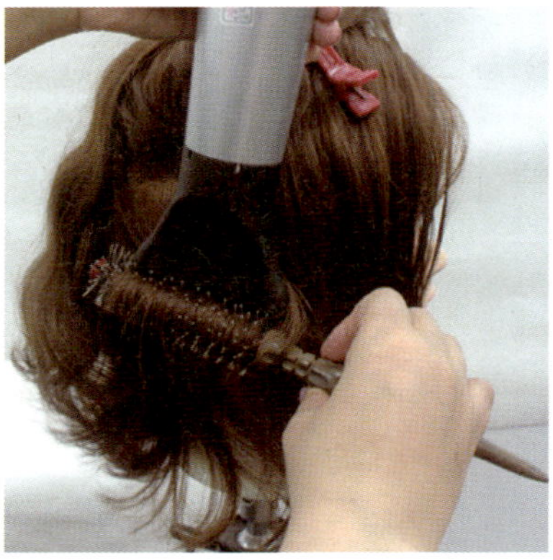

22. 이때 롤은 위쪽 사선으로 한다.

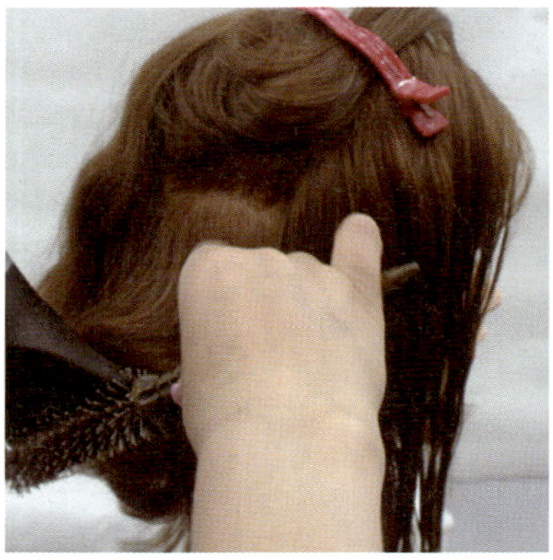

23. 반 바퀴 뺀 후 아래쪽 사선으로 하여 롤의 위쪽에 바람을 준다.

24. 완성된 판넬의 모습이다.

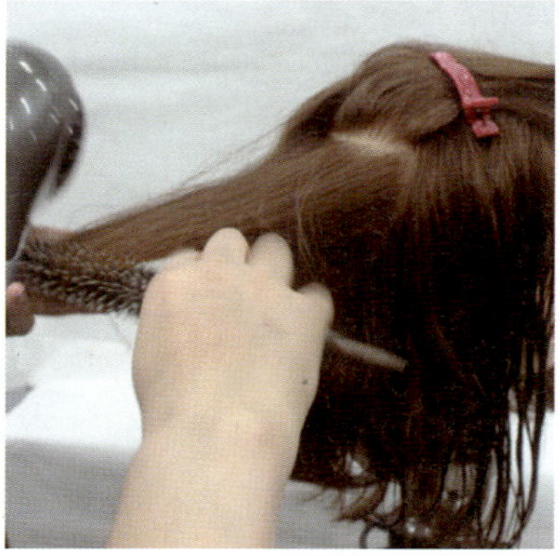

25. 뿌리를 잡고 각도를 많이 눕히지 않는다.

26. 모발 끝에서부터 말기 시작하면서 바람을 준다.

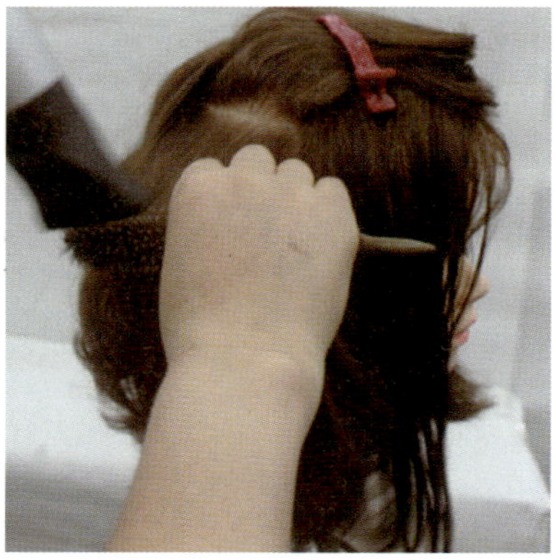

27. 롤에 바람을 집중적으로 준다.

28. 롤의 바로 위쪽에 바람을 준다.

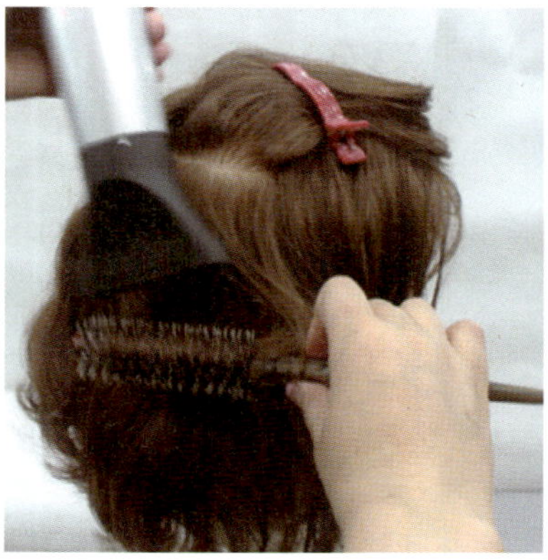

29. 반 바퀴 빼면서 바람을 주는 모습이다.

30. 바람을 주면서 잠시 멈춘다.

31. 반 바퀴 빼면서 롤을 아래쪽 사선으로 향하고 바람을 준다.

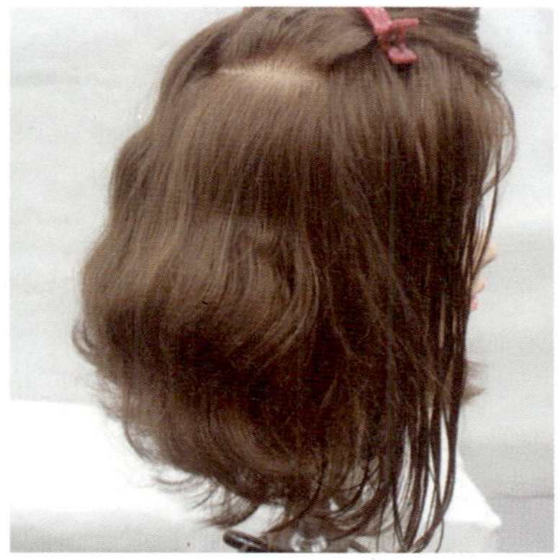

32. 완성된 웨이브의 모습이다.

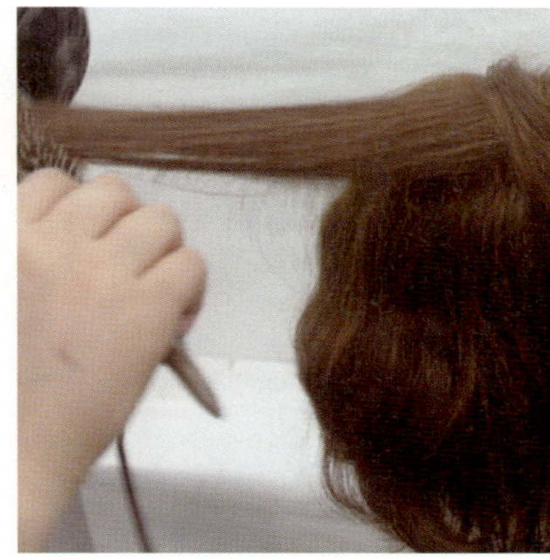

33. 모발 끝이 구겨지지 않게 롤에 만다.

34. 바람을 주면서 말아 올라간다.

35. 각도는 많이 살리지 않도록 한다.

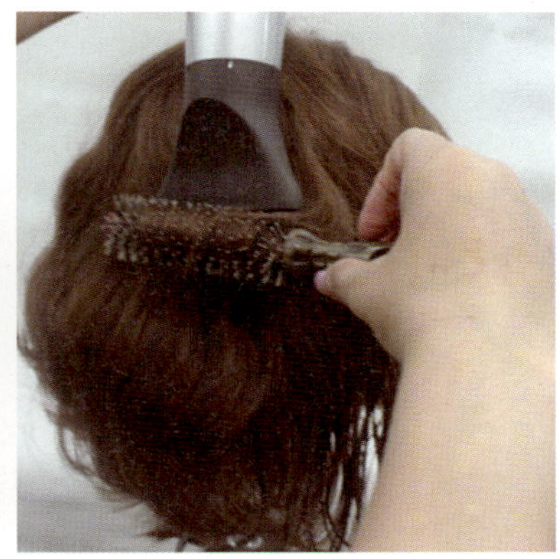

36. 롤에 바로 위쪽에 바람을 준다.

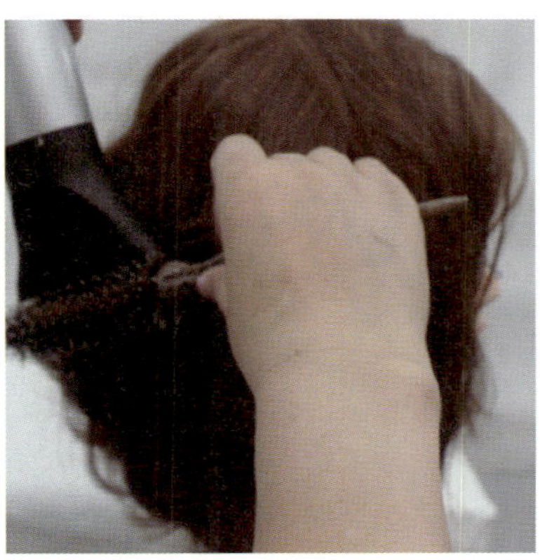

37. 반 바퀴 빼면서 롤을 아래쪽 사선으로 향하며 롤의 위쪽에 바람을 준다.

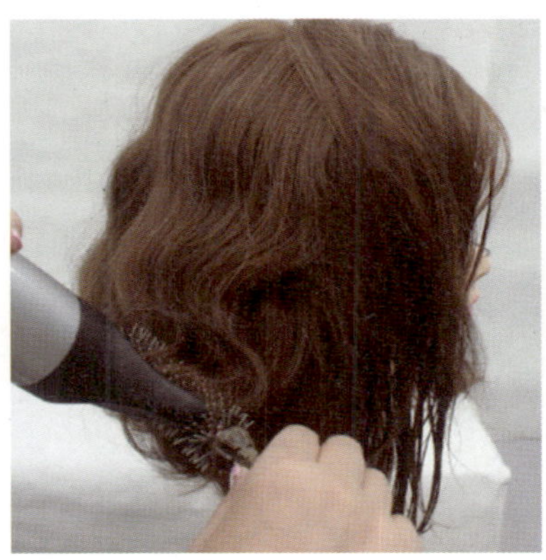

38. 반 바퀴 빼고 롤을 위쪽 사선으로 향하며 바람을 준다.

39. 오른쪽 사이드도 섹션을 정확히 탄다.

40. 모발 끝부터 드라이 롤에 만다. 이때 너무 세게 말면 모발이 엉키므로 살살 만다.

41. 앞뒤로 바람을 주고 롤을 말아 올라간다.

42. 롤에 바람을 집중적으로 준다.

43. 반복하여 지그재그로 바람을 주면서 뺀다.

44. 반복하여 각도를 살리지 않으면서 롤에 만다.

45. 롤에 말 때에는 모발이 엉키지 않도록 살살 만다.

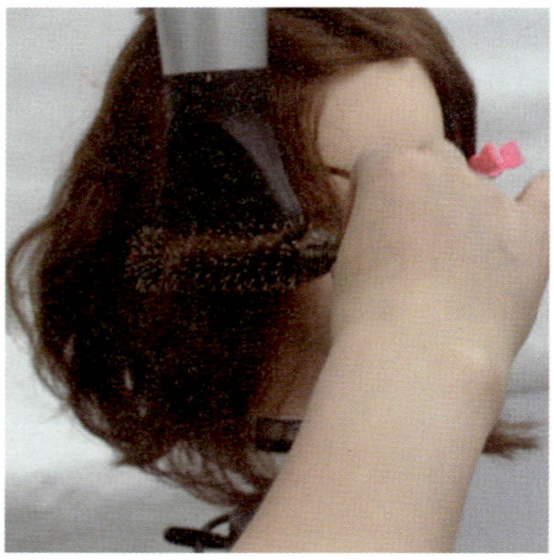

46. 롤의 위쪽에 바람을 주고 반 바퀴 빼면서 텐션을 밀어준다.

47. 앞머리는 뿌리의 볼륨을 얼굴형에 맞게 준 후 모발 끝부터 만다.

48. 뿌리에 볼륨을 준 후 다시 각도를 낮추어 모발 끝부터 만다.

49. 한 단 위부터 릿지를 만들기 위하여 눈썹 정도에서 시작한다.

50. 반 바퀴 빼고 텐션을 밀면서 바람을 준다.

51. 앞머리 웨이브는 뒤쪽을 향해서 준다.

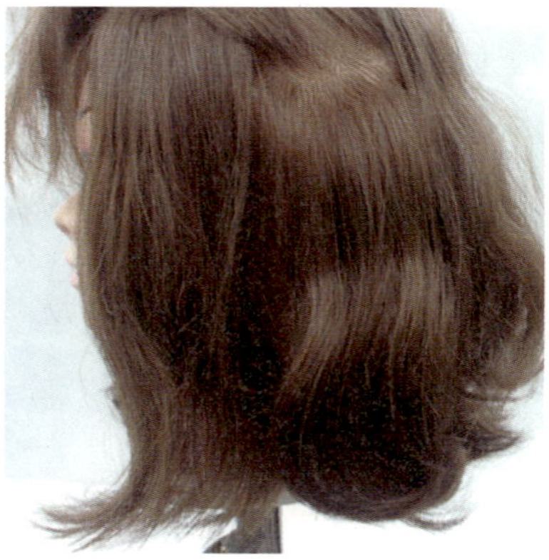

52. 왼쪽 네이프 사이드도 첫 단은 C컬로 한다.

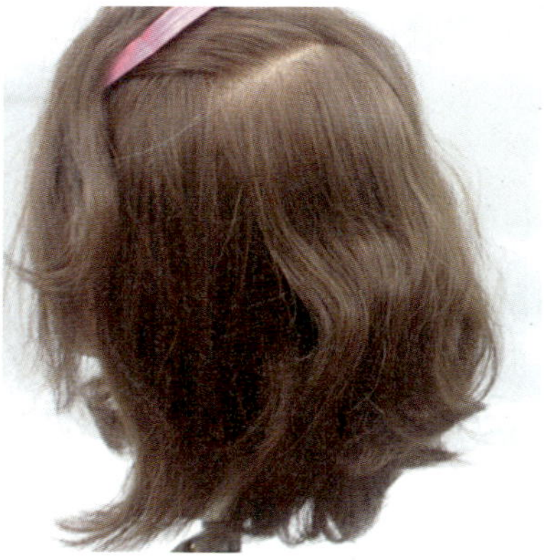

53. 웨이브의 흐름을 맞추는 것이 중요하다.

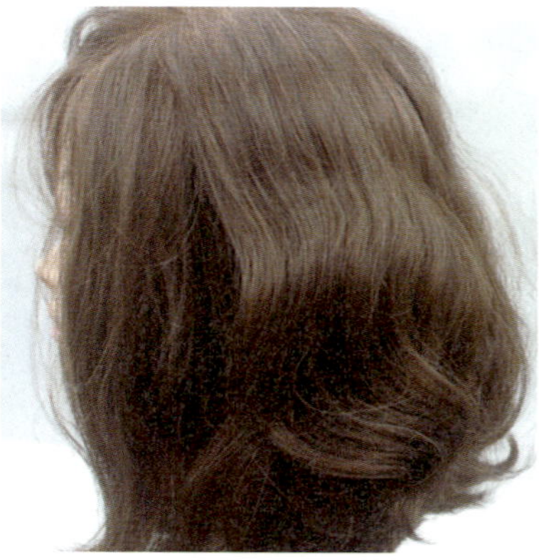

54. 웨이브의 흐름을 맞추기 위해서는 뿌리를 잡고 각도를 거의 0°에서 시작한다.

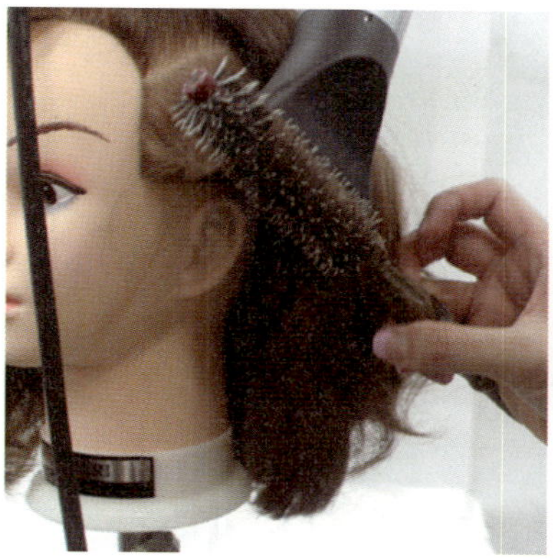

55. 왼쪽 사이드도 모발 끝에서부터 말기 시작한다.

56. 롤의 위쪽에서부터 바람을 주고 반 바퀴 풀면서 롤을 아래쪽 45°로 향한다.

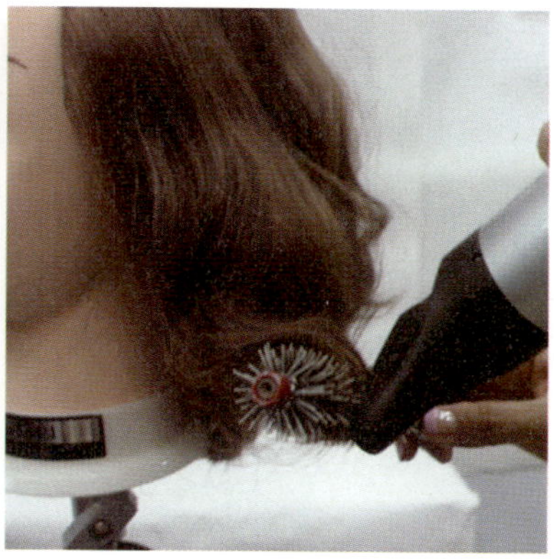

57. 또 반 바퀴 풀면서 롤을 위쪽으로 하여 모발 끝까지 바람을 주고 뺀다.

58. 모발 끝까지 바람을 주지 않으면 모발 끝이 말리게 된다.

59. 왼쪽사이드 맨 윗단은 앞머리와 연결될 수 있도록 한다.

60. 모발 끝까지 바람을 주어야 모발 끝이 말리지 않는다.

61. 완성된 미듐 웨이브의 모습이다.

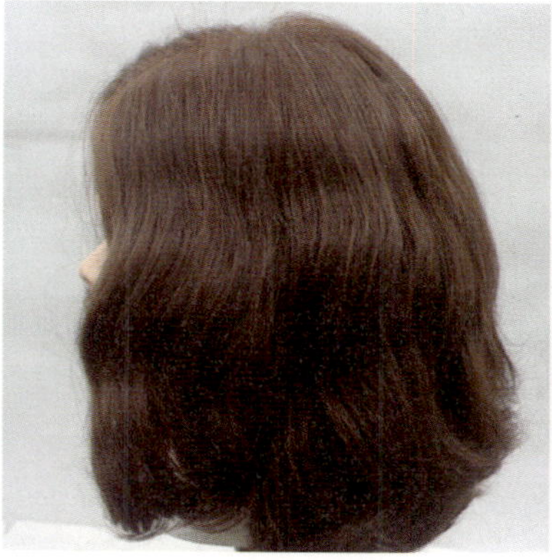

62. 완성된 미듐 웨이브의 옆모습이다.

63. 완성된 미듐 웨이브의 옆모습이다.

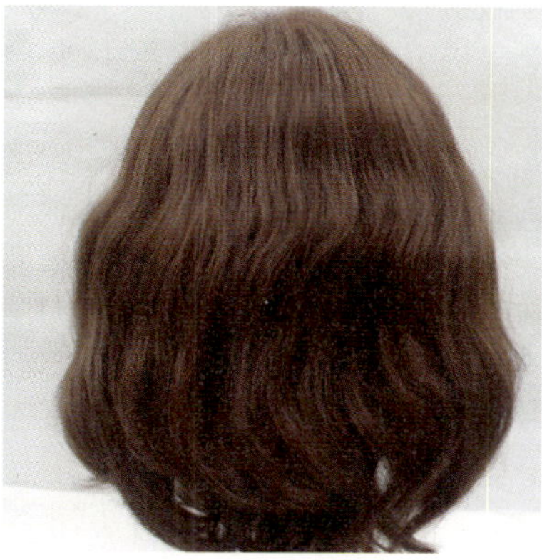

64. 완성된 미듐 웨이브의 뒷모습이다.

미듐 수평섹션 S컬 웨이브

5) 수직 섹션 S컬(웨이브)이란?

웨이브를 수직 섹션하여 웨이브의 방향을 얼굴의 반대 방향으로 하는 것이다.

네이프는 일반적인 웨이브와 같이 시작하되, 뒤 사이드는 롤을 모발의 바깥쪽에서 시작하여 마는 차이점이 있다.

(1) 시술

① 수분을 약 30% 남긴 상태에서 시작한다.
② 롤은 일반적인 롤의 크기보다 작은 것을 선택한다.
③ 섹션을 정확히 탄 뒤 네이프부터 시작한다.
④ 스트레이트로 펴면서 모발 끝 부분부터 모발 끝이 구겨지지 않게 모발을 드라이 롤에 감기 시작한다.
⑤ 뒤 사이드는 롤을 리버스로 만다.
⑥ 미듐 머리는 모발의 중간부터 롤에 머리를 말 수 있다.
⑦ 중간부터 머리를 말았다 풀었다를 반복하면서 모발 끝으로 내려온다(윤기가 더 생긴다).
⑧ 모발을 감은 롤을 뺄 때에는 롤을 돌리면서 뺀다.

(2) 시술순서

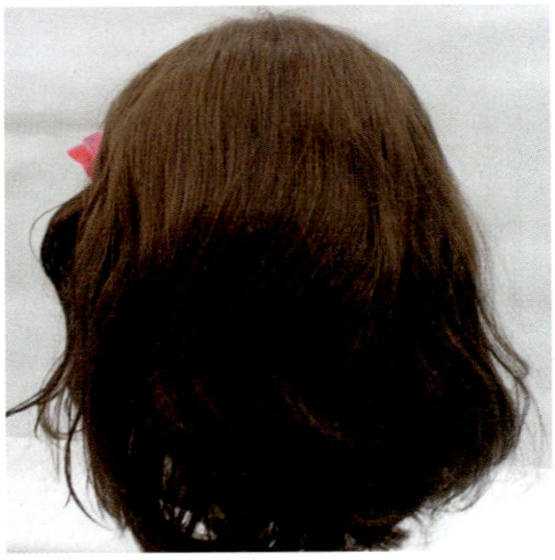
1. 뒷머리는 S웨이브로 한다.

2. 미듐에서의 사이드 네이프는 C컬로 잡는다.

3. 사이드 이어 포인트부터는 드라이 롤을 세로로 세워 모발 끝부터 만다.

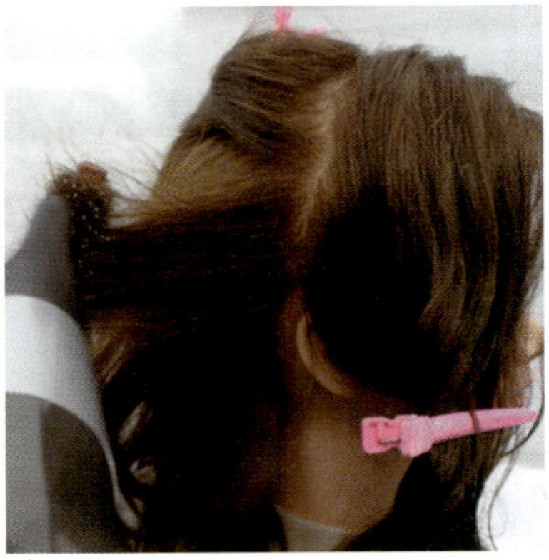
4. 바람을 주면서 롤을 말고 식힌다.

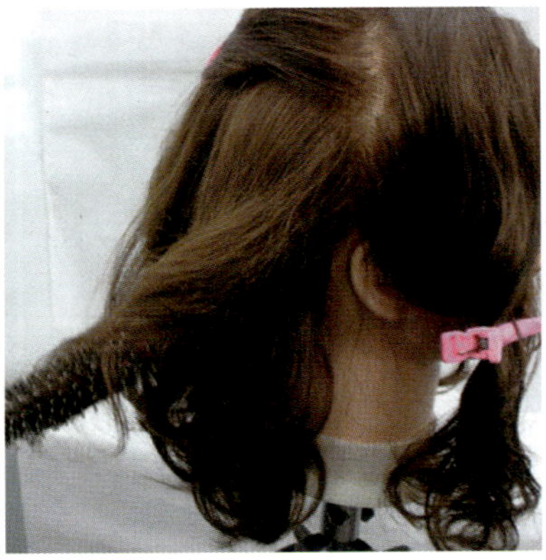
5. 식힌 후 롤을 리버스 방향으로 돌리면서 뺀다.

6. 모발 중간에서부터 롤을 만다.

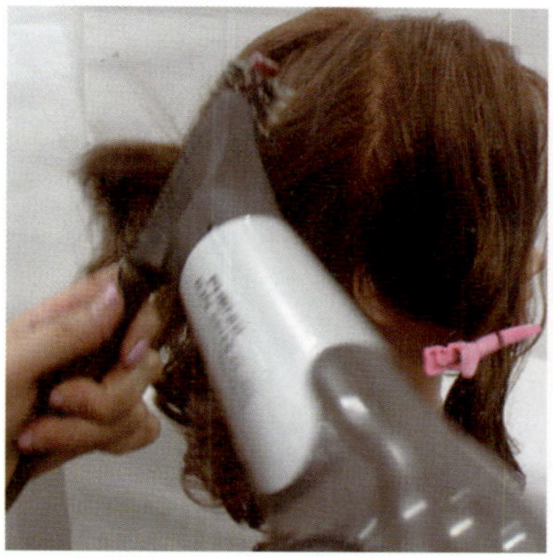

7. 롤에 모발을 만 후 바람을 준다.

8. 롤을 만 후 바람을 주면서 모발을 롤로 훑으면서 내려온다.

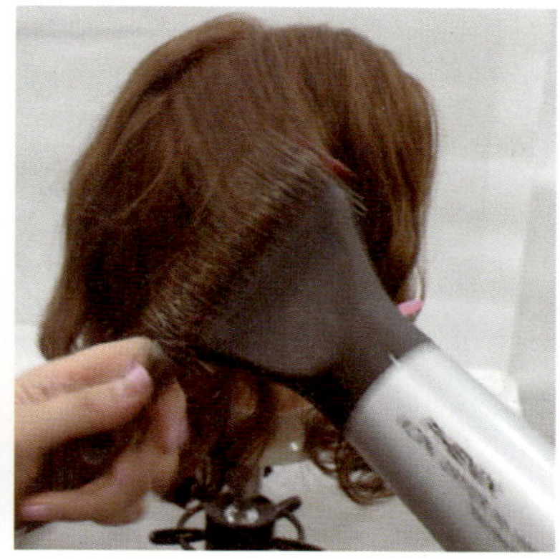

9. 훑으면서 바람을 준다.

10. 반복하여 바람을 주면서 뜸을 들인다.

11. 끝에서부터 말기도 하지만 중간에서부터 말아서 내려오기도 한다.

12. 롤을 뺄 때에는 드라이 롤을 리버스로 회전하면서 뺀다.

13. 사이드 옆머리는 세로섹션하여 롤에 머리를 중간부터 만다.

14. 모발의 중간부터 말아 내려왔다가 반복해서 다시 만다.

15. 바람을 집중적으로 주어 뜸을 들인다.

16. 다시 한 번 반복한다.

17. 리버스로 롤을 빼되 돌리면서 뺀다.

18. 그 다음 판넬도 반복하여 작업한다.

19. 앞머리는 뿌리를 살짝 편다.

20. 뿌리를 편 후 모발의 중간부터 리버스로 만다.

21. 머리를 만 후 바람을 준다.

22. 롤에 감은 후 모발의 윤기를 위하여 롤을 일정한 텐션으로 당겼다가 다시 감는다.

23. 바람을 집중적으로 준다.

24. 리버스로 롤을 돌리면서 모발을 뺀다.

25. 앞머리는 뿌리에 원하는 볼륨을 주고 섹션을 나눠서 드라이한다.

26. 윤기를 위하여 반복해서 드라이한다.

27. 롤을 뺄 때에는 롤을 돌리면서 뺀다.

28. 롤을 회전하면서 빼는 모습이다.

29. 앞머리의 볼륨을 주기 위하여 롤을 앞에서 뒤로 말고 바람을 앞에서 준다.

30. 드라이하여 뒤쪽으로 롤을 회전하면서 뺀다.

31. 왼쪽 사이드도 리버스로 드라이한다.

32. 반복하여 회전하면서 롤을 뺐다가 다시 감는다.

33. 다음 판넬도 섹션을 수직으로 타서 리버스로 만다.

34. 리버스로 만 후 롤을 풀었다가 감는 것을 반복하며 바람을 준다.

35. 감은 롤에 바람을 집중적으로 준다.

36. 헤어라인의 모발은 볼륨을 생각하면서 롤을 만다.

37. 롤을 머리에 감은 후 열을 주고 식힌다.

38. 반복하여 롤을 머리에 감은 후 열을 주고 식힌다.

39. 롤을 머리에서 뺄 때에는 리버스로 롤을 돌리면서 뺀다.

40. 앞머리는 뿌리 볼륨을 생각하면서 드라이한다.

41. 완성된 미듐 수직 섹션 웨이브의 앞모습이다.

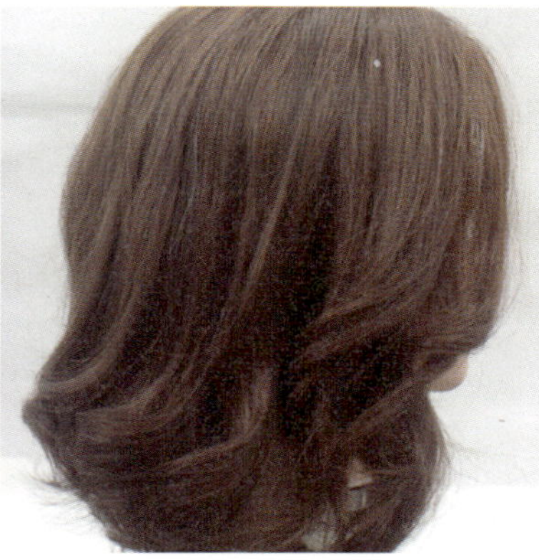

42. 완성된 미듐 수직 섹션 웨이브의 옆모습이다.

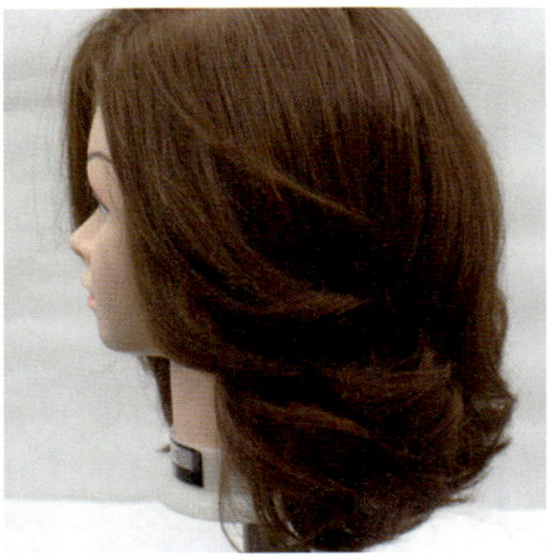

43. 완성된 미듐 수직 섹션 웨이브의 옆모습이다.

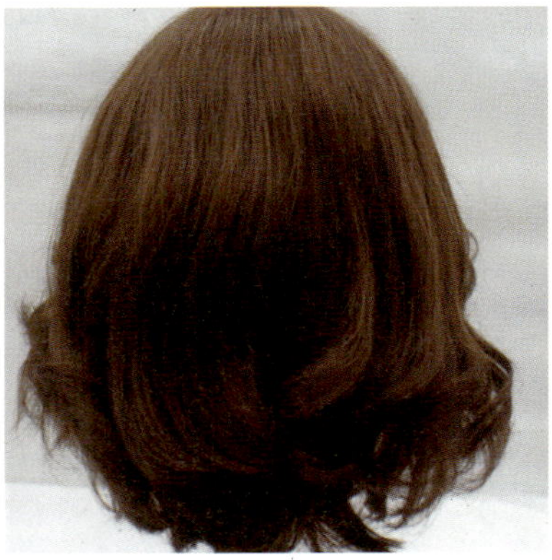

44. 완성된 미듐 수직 섹션 웨이브의 뒷모습이다.

45. 빗질한 모습이다.

46. 빗질한 앞모습이다.

미듐 수직섹션 S컬 웨이브

3. 롱 스타일

1) 펴기(스트레이트)란?

열을 이용하여 일시적으로 머리를 펴는 것을 말한다.

모발이 물에 젖으면 모발 내에 측쇄결합 중 수소결합이 일시적으로 끊어지게 되고 모발이 마르면 재결합이 이루어진다. 이때 드라이를 통하여 재결합이 이루어지기 전에 원하는 헤어스타일로 스타일링 한다.

(1) 시술

① 펴기는 섹션을 정확히 탄다.

② 네이프부터 천천히 수분을 말리면서 드라이한다.

③ 섹션은 롤의 크기와 비례하게 탄다.

④ 펴기 드라이는 모발 끝까지 바람을 주는 것이 중요하다.

⑤ 모발의 윤기를 위하여 적당한 수분과 롤의 회전력, 일정한 텐션, 적당한 온도가 중요하다.

(2) 파팅 : 5파팅(특별한 디자인을 제외하고 앞으로 시술 시 5파팅으로 한다.)

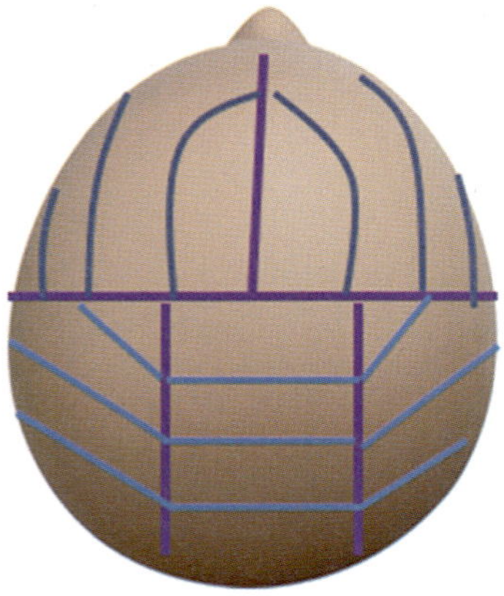

윗면

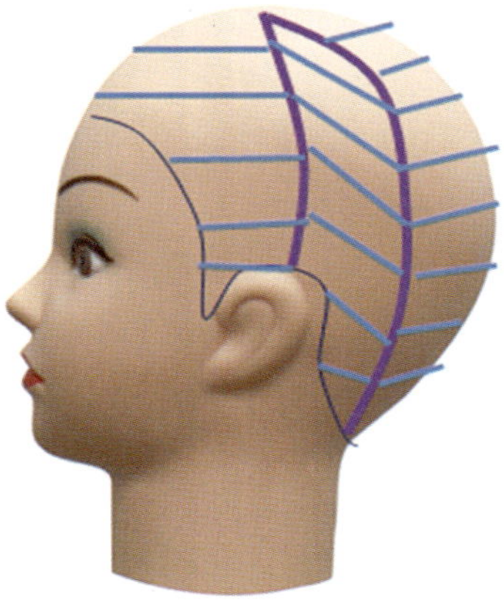

옆면

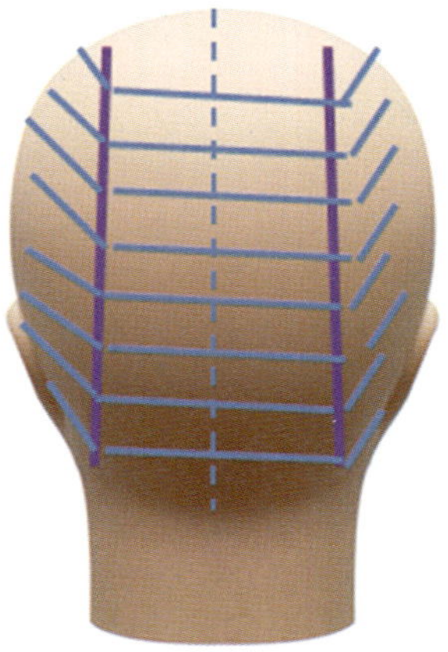

뒷면

(3) 시술순서

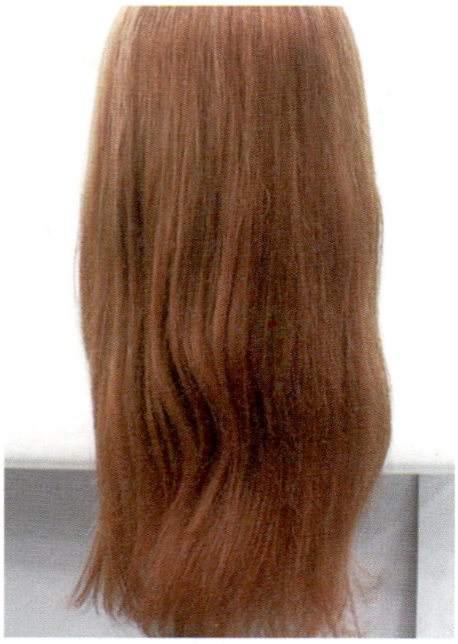

1. 드라이하기 전 모습이다.

2. 섹션은 정확하게 탄다.

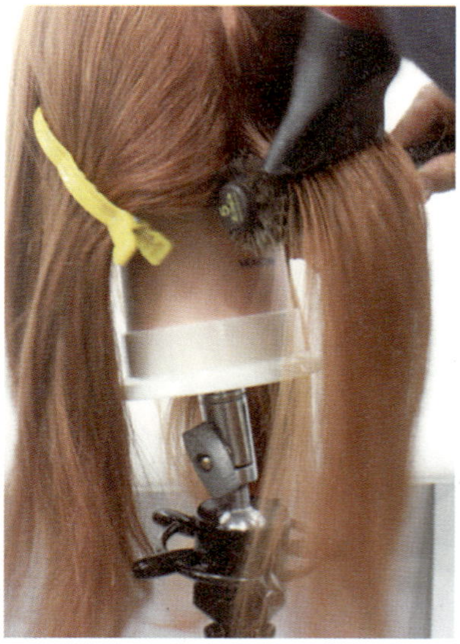

3. 롤의 넓이만큼 섹션을 타고 드라이 방향은 위에서 아래로 한다.

4. 일정한 텐션으로 천천히 내려온다.

5. 일정한 텐션으로 천천히 내려온다.

6. 펴기는 모발 끝까지 바람을 주는 것이 중요하다.

7. 펴기는 모발 끝까지 바람을 주는 것이 중요하다.

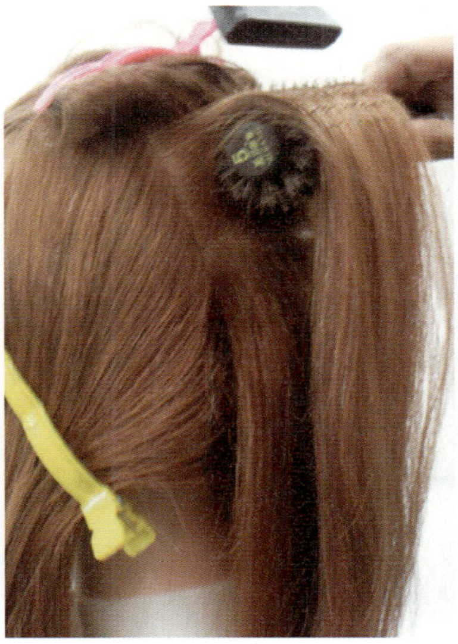

8. 롤의 크기만큼 섹션을 탄다. 바람은 반드시 뿌리에 주되, 롤 위쪽에서 시작한다.

9. 끝부분은 롤을 멈추어 회전한 후, 열을 끝까지 준다.

10. 탑은 각도에 유의하여 드라이한다.

11. 열을 주고, 일정한 텐션으로 천천히 내려온다.

12. 펴기는 모발 끝이 중요하다.

13. 일정한 텐션으로 천천히 내려온다.

14. 탑의 각도는 120°로 하되, 롤의 크기를 고려하여 뿌리를 먼저 잡은 후 드라이한다.

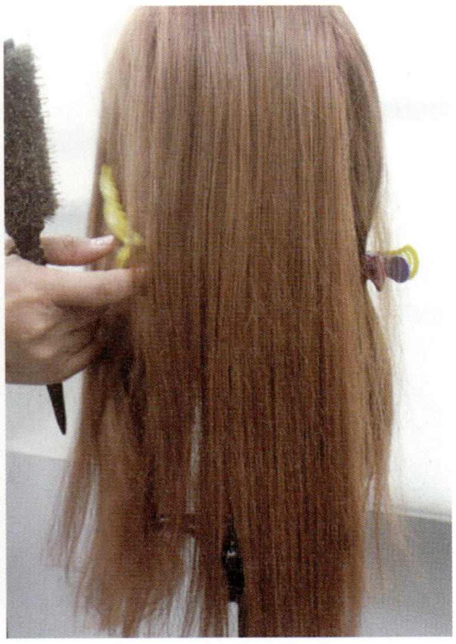

15. 백 부분의 스트레이트 모습이다.

16. 사이드도 섹션을 정확히 탄다.

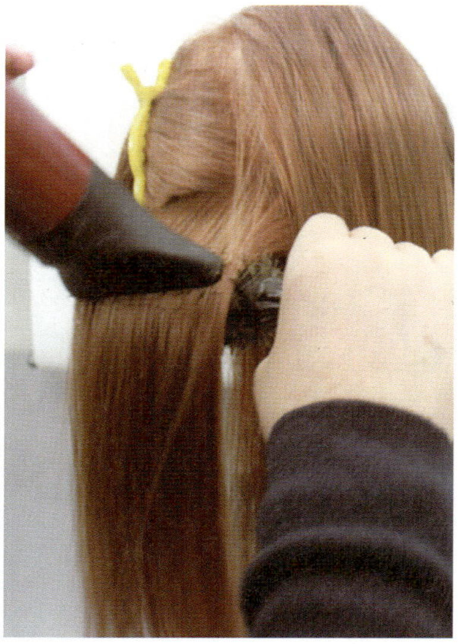

17. 드라이 바람을 위에서 아래로 준다. 펴기는 바람을 주는 드라이 위치가 중요하다.

18. 각도를 살리면서 천천히 열을 주며 내려온다.

19. 백 부분의 머리와 갈라지지 않게 주의하면서 드라이한다.

20. 사이드도 섹션을 정확히 타고, 열을 주며 식히는 것이 중요하다.

21. 볼륨을 생각하면서 드라이하는 것이 중요하다.

22. 오른쪽 네이프 역시 천천히 열을 주면서 내려온다.

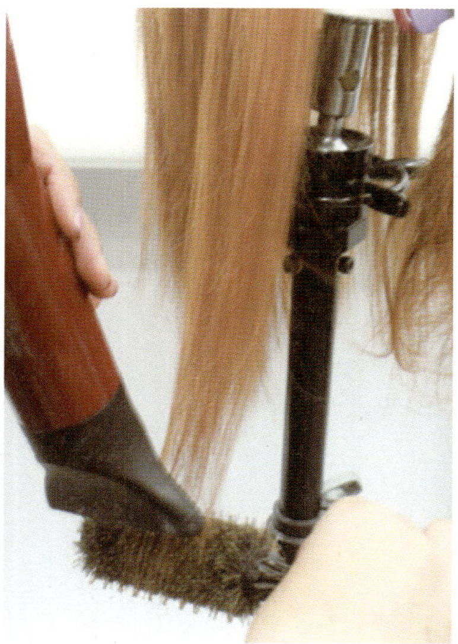

23. 펴기에 있어서 중요한 점은 모발 끝까지 바람을 주되 롤도 끝까지 유지하는 것이다.

24. 뒷부분과 갈라지지 않게 이미 드라이된 부분을 조금 더 잡는다.

25. 끝까지 바람을 준다.

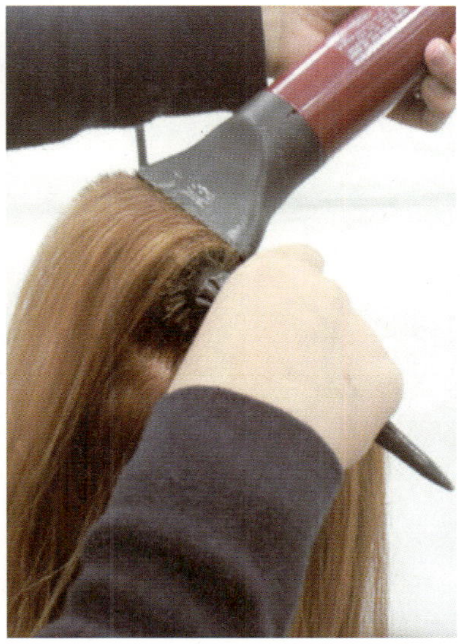

26. 탑 부분에 각도를 줄 때에는 뿌리에 바람을 반드시 준다.

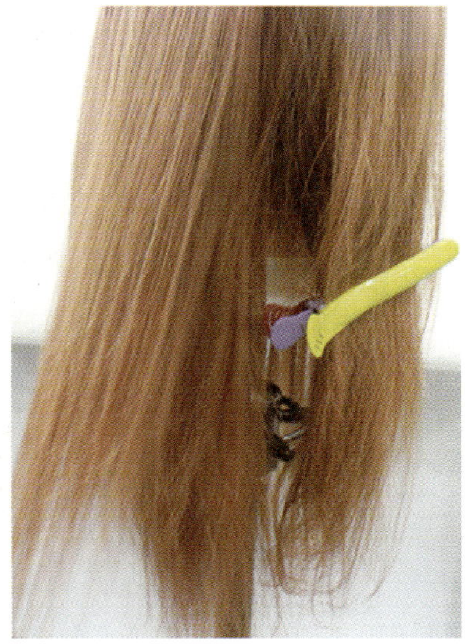

27. 끝까지 바람을 준다.

28. 사이드도 일정한 텐션과 롤의 회전력으로 드라이한다.

29. 머리에 열을 다 줄 때까지 천천히 내려온다.

30. 섹션은 롤의 크기와 비례하게 탄다.

31. 앞머리는 얼굴형을 생각하면서 볼륨을 조절한다.

32. 바람을 끝까지 준다.

33. 완성된 앞모습이다.

34. 완성된 옆모습이다.

35. 완성된 뒷모습이다.

롱 펴기

2) C컬(안말음)이란?

열을 이용하여 스트레이트로 편 다음에 모발 끝 지점에서(C컬을 하고자 하는 부분) 롤로 모발을 말고, 열을 집중적으로 가한 뒤 식히면서 모발 끝을 머리 안쪽으로 말리는 것을 말한다.

(1) 시술

① 수분을 약 30% 남긴 상태에서 시작한다.
② 롤은 머리길이에 따라 다르며, 섹션은 롤의 크기에 비례한다.
③ 섹션을 정확히 탄 뒤 네이프부터 시작한다.
④ 스트레이트로 펴면서 C컬의 접점에서 바람을 잠시 멈춘다.
⑤ 모발을 롤에 말 때, 모발 끝이 구겨지지 않도록 마는 것이 중요하다.

(2) 시술순서

1. 드라이하기 전 모습이다.

2. 드라이하기 전 모습이다.

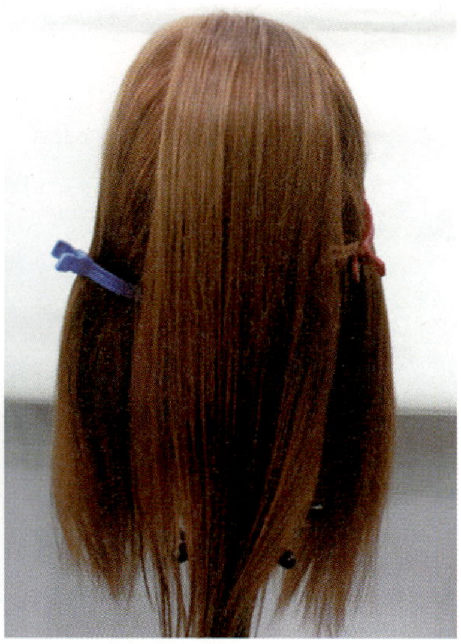
3. 섹션을 정확하게 탄다.

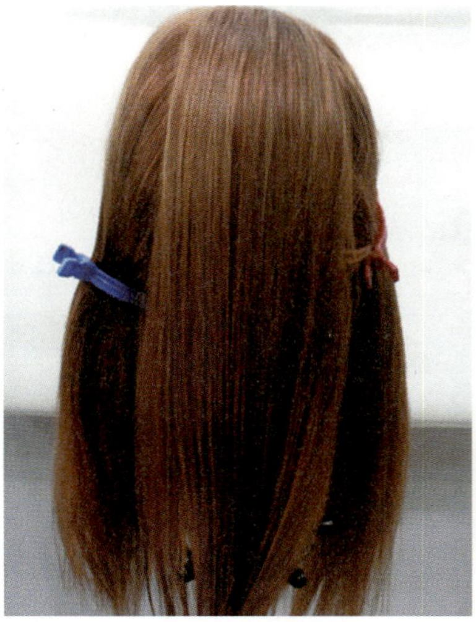
4. 섹션을 탈 때에는 옆머리가 따라오지 않도록 한다.

5. 일정한 텐션으로 천천히 내려오되, C컬을 주는 부분에서 열을 잠시 멈추어준다.

6. 드라이 위치를 스트레이트보다는 아래로 하여, 약 45° 위치로 한다.

7. 끝부분을 드라이 롤에 만다.

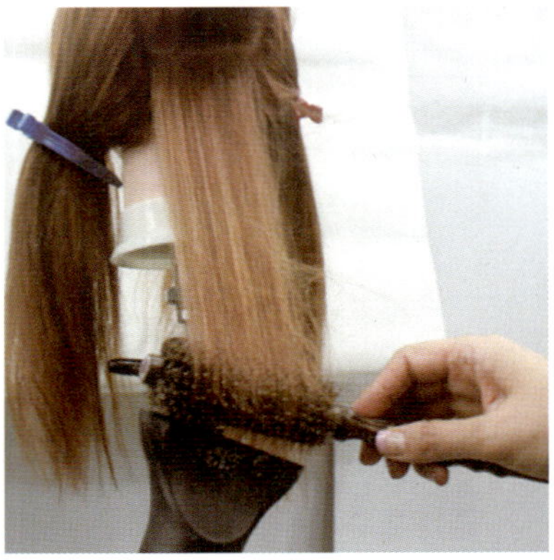

8. 바람을 밑에서도 주고, 잠시 열을 식힌 후 롤을 회전하면서 뺀다.

9. C컬의 완성된 모습이다.

10. 두 번째 판넬 역시 롤의 굵기를 생각하면서 편다.

11. C컬을 시작하는 부분에서 잠시 멈추어 위아래로 바람을 준다.

12. C컬을 시작하는 부분에서 잠시 멈추어 위아래로 바람을 준다.

13. 열을 준 후, 반드시 식히고 롤을 회전하면서 뺀다.

14. C컬의 완성된 모습이다.

15. 스트레이트로 편 후, C컬을 시작하는 부분에서 바람을 잠시 멈춘다.

16. 드라이의 위치를 평행으로 하면서 머리를 롤에 만다.

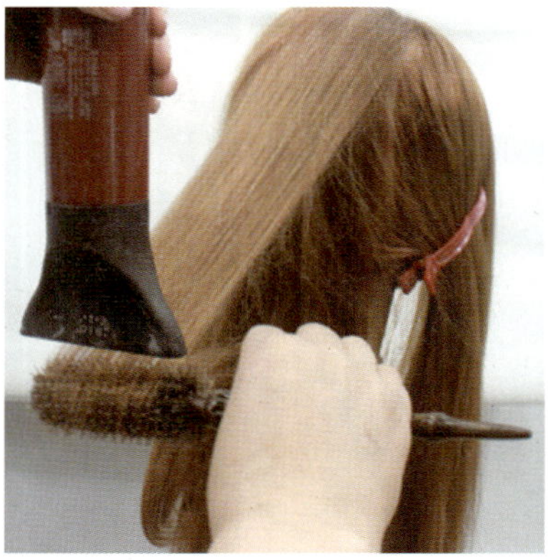

17. 롤에 머리를 만 후, 바람을 위아래로 준다.

18. 열을 잠시 식힌다.

19. 백부분 C컬의 완성된 모습이다.

20. 네이프 사이드는 정확한 섹션을 타고, 스트레이트로 편다.

21. C컬의 시작 부분에서 바람을 주고 식힌 후, 롤을 뺀다.

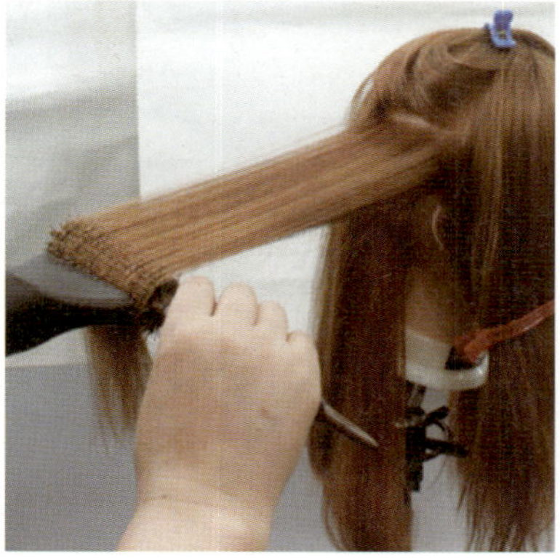

22. 머리가 위로 올라올수록 각도를 생각하고, 롤에 머리를 말 때에는 바람의 위치가 중요하다.

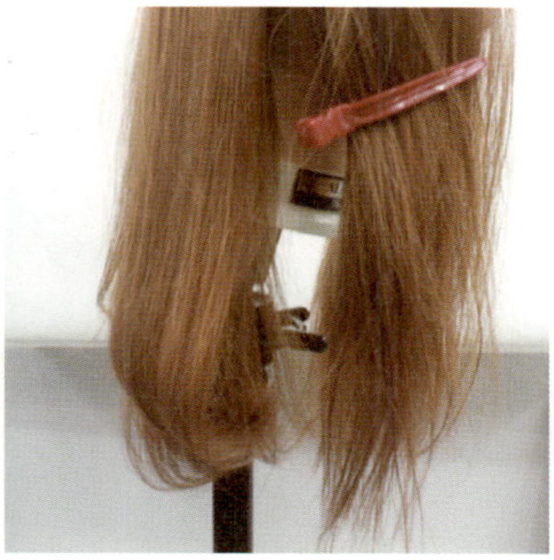

23. 완성된 모습이다.

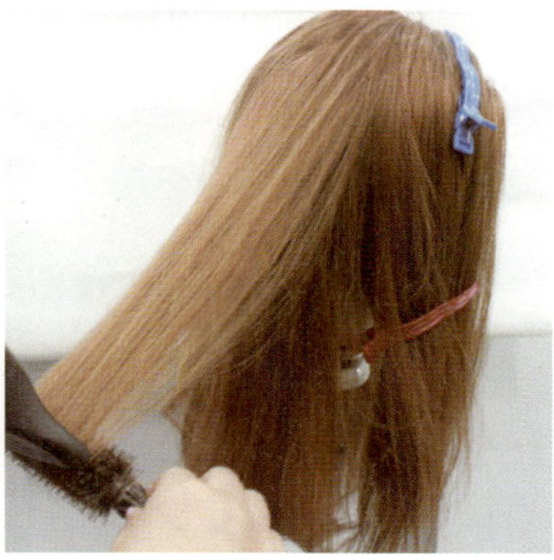

24. 드라이를 끝까지 주는 것이 중요하다.

25. 옆머리도 섹션이 중요하다.

26. 스트레이트로 편 후에 C컬을 하는 부분에서 잠시 멈춘다.

27. 사이드 방향은 롤을 포워드로 하되, 드라이 롤은 사선으로 하여 바람을 준다.

28. 드라이 앞뒤로 바람을 준다.

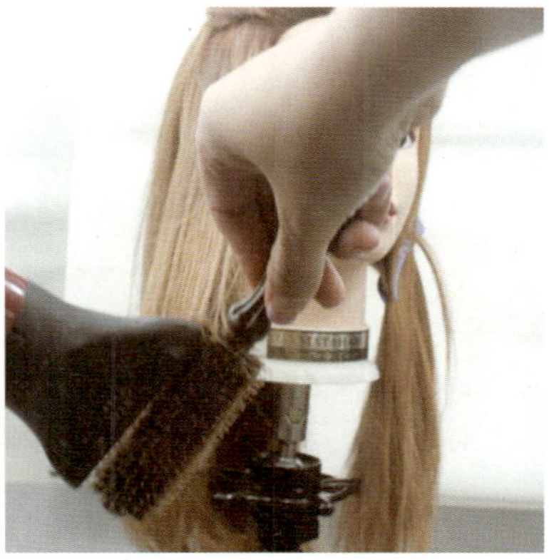

29. 바람을 주고 잠시 멈춘 후 식히고, 롤을 회전하면서 뺀다.

30. 완성된 옆모습이다.

31. 앞머리를 드라이할 때에는 얼굴형을 고려하여 볼륨의 정도를 조절한다.

32. 스트레이트로 편 후 C컬에서 드라이 롤에 머리를 말고 바람을 멈추어준다.

33. 잠시 멈춘 후 롤을 회전하며 뺀다.

34. C컬의 완성된 모습이다.

35. 네이프 사이드는 정확한 섹션을 타고 편 후, C컬에서 롤을 감고 바람을 준다.

36. 다음 섹션도 먼저 스트레이트로 편다.

37. C컬을 할 때에는 드라이의 위치가 중요하다.

38. 머리를 롤에 감은 후 바람을 앞뒤로 준다.

39. 다음 섹션도 반복 작업한다.

40. 옆 사이드는 포워드 쪽으로 스트레이트로 먼저 편다.

41. 스트레이트로 편 후 C컬에서 롤을 감는다.

42. 롤을 감고 드라이 바람을 잠시 멈추어준다.

43. 집중적으로 열을 준 후 식히고 롤을 회전하면서 뺀다.

44. 다음 섹션도 반복 작업 한다.

45. 앞머리를 드라이 할 때에는 롤을 포워드 방향 사선으로 만다.

46. 드라이를 멈추어 바람을 주고 열을 식히면서 롤을 뺀다.

47. C컬의 완성된 앞모습이다.

48. C컬의 완성된 앞모습이다.

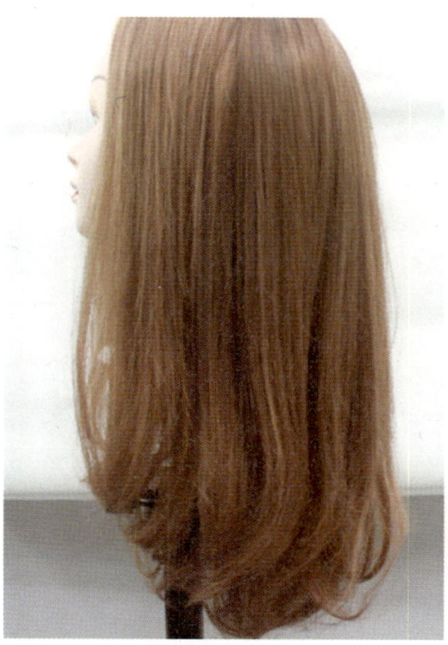

49. C컬의 완성된 옆모습이다.

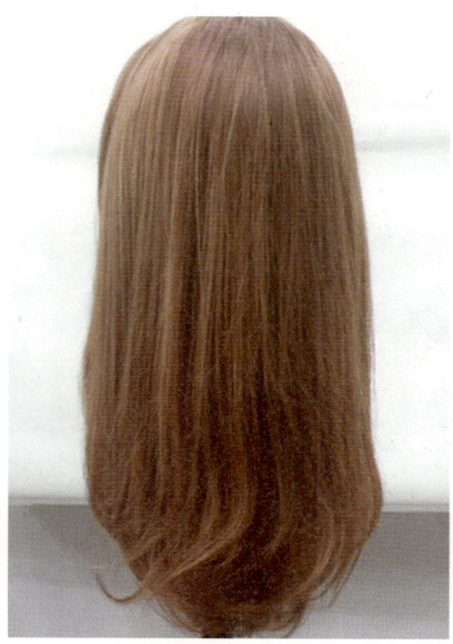

50. C컬의 완성된 뒷모습이다.

51. C컬의 완성된 옆모습이다.

롱 안말음

3) S컬(웨이브) 포워드란?

웨이브를 수평 섹션하여 웨이브의 방향을 얼굴 쪽으로 하는 것이다.

S웨이브는 C컬의 연장선으로 볼 수 있다.

(1) 시술

① 수분을 약 30% 남긴 상태에서 시작한다.

② 롤은 일반적인 롤의 크기보다 작은 것을 선택한다.

③ 섹션을 정확히 탄 뒤 네이프부터 시작한다.

④ 스트레이트로 펴면서 모발 끝 부분부터 모발 끝이 구겨지지 않게 드라이 롤에 감기 시작한다.

⑤ 원하는 지점까지 롤을 만 다음 롤의 앞뒤로 열을 주고 식힌 후 롤을 회전하면서 앞쪽으로 뺀다.

(2) 시술순서

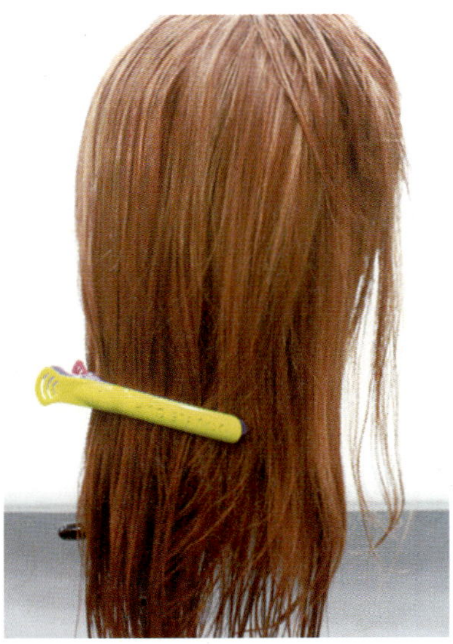

1. 드라이하기 전 모습이다.

2. 수분을 30% 남기고 섹션을 탄다.

3. 수분을 약간 말리며 머리를 정리하는 느낌으로 스트레이트 한다.

4. 다시 한 번 스트레이트 하며 원하는 웨이브 높이에서 롤에 머리를 만다.

5. 머리를 롤에 만 후 원하는 웨이브의 높이에서 바람을 준다.

6. 열을 집중적으로 준 후 식히고 롤을 안쪽으로 회전하며 뺀다.

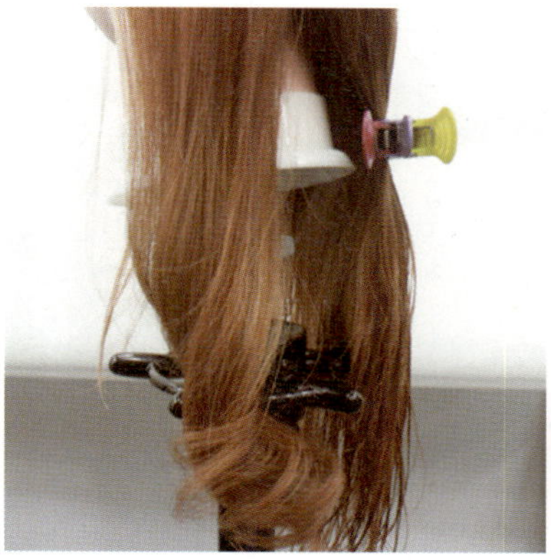

7. 완성된 웨이브의 모습이다.

8. 다음 판넬도 머리를 정리하듯 스트레이트로 편다.

9. 원하는 웨이브의 높이에서 머리를 롤에 감고 열을 집중적으로 준다.

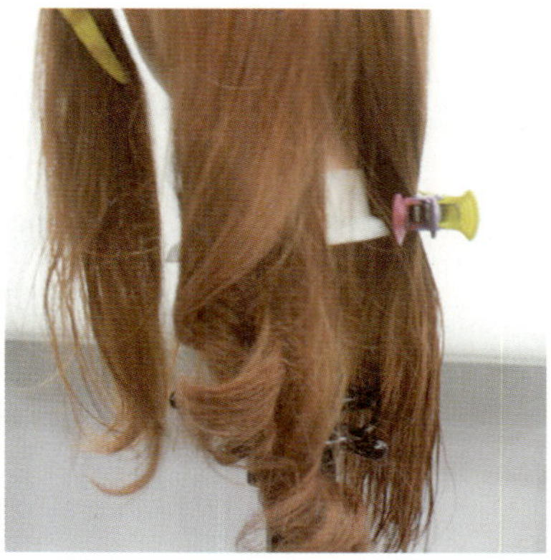

10. 열을 준 후 식히면서 뺀다.

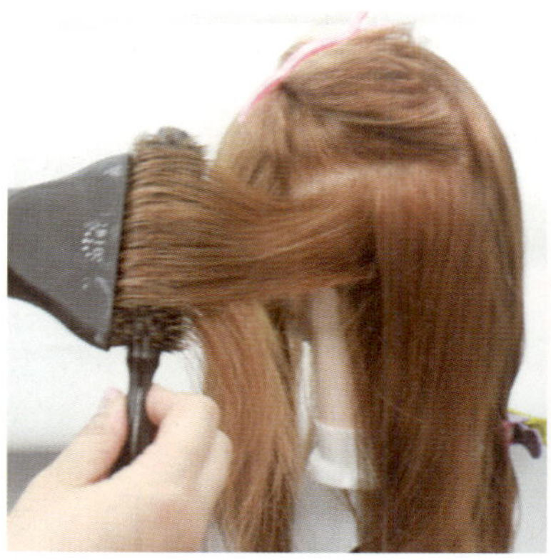

11. 뒷 사이드는 섹션을 정확히 한다.

12. 스트레이트로 머리를 정리한 후 원하는 높이에서 롤을 머리에 감는다.

13. 다음 판넬도 반복하여 하되, 롤을 머리에 감을 때는 끝부분이 구겨지지 않도록 주의한다.

14. 머리를 롤에 감을 때 머리가 엉키지 않도록 너무 꽉 말지 않는다.

15. 모발 끝까지 바람을 주고 롤에 만다.

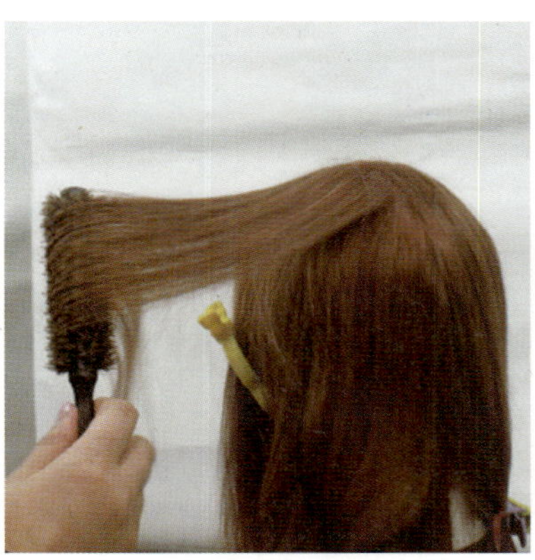

16. 롤에 머리를 말 때는 모발 끝이 구겨지지 않도록 잘 정리하여 만다.

17. 롤을 뺄 때에는 포워드로 회전하면서 뺀다.

18. 완성된 웨이브 모습이다.

19. 사이드 옆머리도 섹션을 정확히 탄다.

20. 수분을 말리는 정도로 스트레이트한 후 원하는 위치에서 드라이로 만다.

21. 포워드 방향으로 하고 롤은 사선으로 머리를 만다.

22. 사이드 마지막 섹션은 얼굴형과 밀접한 관계가 있으므로 얼굴형을 생각하며 뿌리 볼륨을 조절한다.

23. 포워드 방향으로 모발 끝까지 롤을 만다.

24. 완성된 모습이다.

25. 뒷머리 사이드는 섹션을 정확히 탄다.

26. 스트레이트로 편 후 드라이 롤에 감는다.

27. 롤에 감을 때는 모발 끝을 끝까지 감는다.

28. 바람을 앞뒤로 주어 식힌 후 롤을 포워드로 회전하여 뺀다.

29. 다음 섹션도 반복한다.

30. 원하는 웨이브의 높이에서 머리를 롤에 감는다.

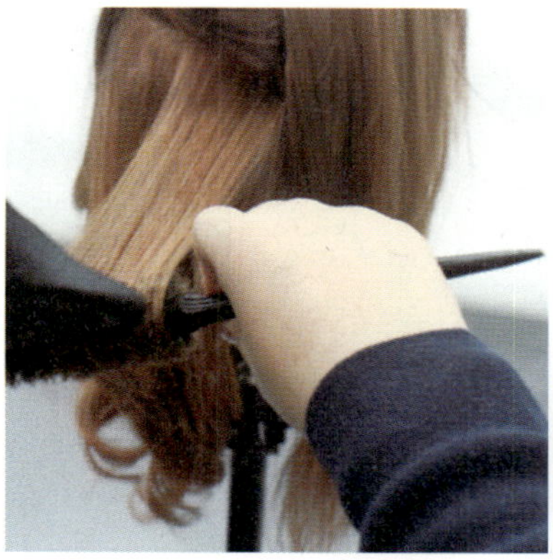

31. 머리를 롤에 감고 열을 집중적으로 준다.

32. 열을 준 후 반드시 식히고 롤을 회전하면서 뺀다.

33. 백 포인트 이후에서는 뿌리 볼륨을 먼저 주고 스트레이트로 편다.

34. 스트레이트로 편 후에 C컬 접점에서 머리를 롤에 감는다.

35. 머리를 롤에 감고 드라이 바람을 집중적으로 준다.

36. 열을 준 후에는 반드시 식히고 나서 드라이 롤을 회전하며 뺀다.

37. 사이드 옆머리도 섹션이 중요하다.

38. 먼저 스트레이트로 살짝 편 후 롤을 모발 끝에서부터 만다.

39. 머리를 롤에 만 후 바람을 집중적으로 주되 오른쪽은 롤에 머리가 뒤쪽 사선으로 가게 한다.

40. 열을 주고 식히는 모습이다.

41. 멈추어 열을 준다.

42. 앞머리의 볼륨을 생각하면서 드라이한다.

43. 완성된 앞모습이다.

44. 완성된 옆모습이다.

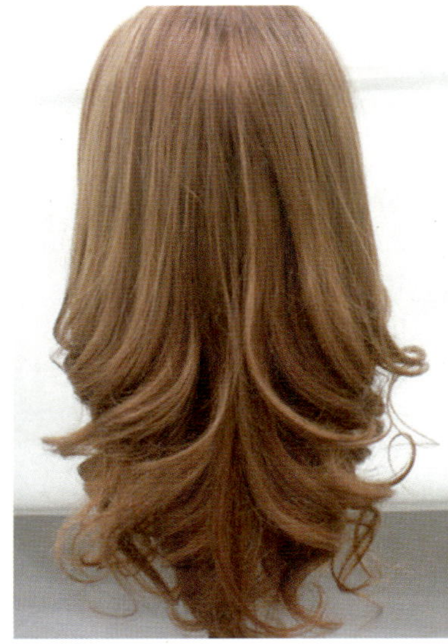

45. 완성된 뒷모습이다.

46. 완성된 옆모습이다.

47. 빗질 후 앞모습이다.

48. 빗질 후 옆모습이다.

49. 빗질 후 뒷모습이다.

50. 빗질 후 옆모습이다.

롱 포워드 웨이브

4) S컬(웨이브) 리버스란?

웨이브를 수직 섹션하여 웨이브의 방향을 얼굴의 반대 방향으로 하는 것이다.

네이프는 일반적인 웨이브와 같이 시작하되, 뒤 사이드는 롤을 모발의 바깥쪽에서 시작하여 마는 차이점이 있다.

(1) 시술

① 수분을 약 30% 남긴 상태에서 시작한다.

② 롤은 일반적인 롤의 크기보다 작은 것을 선택한다.

③ 섹션을 정확히 탄 뒤 네이프부터 시작한다.

④ 스트레이트로 펴면서 모발 끝 부분부터 모발 끝이 구겨지지 않게 드라이 롤에 감기 시작한다.

⑤ 뒤 사이드는 롤을 모발의 위쪽에서부터 사선으로 말기 시작하되 롤을 뺄 때에는 롤을 회전하면서 뒤쪽으로 뺀다.

⑥ 왼쪽 사이드와 오른쪽 사이드는 양손을 바꾸어가며 한다.

(2) 시술순서

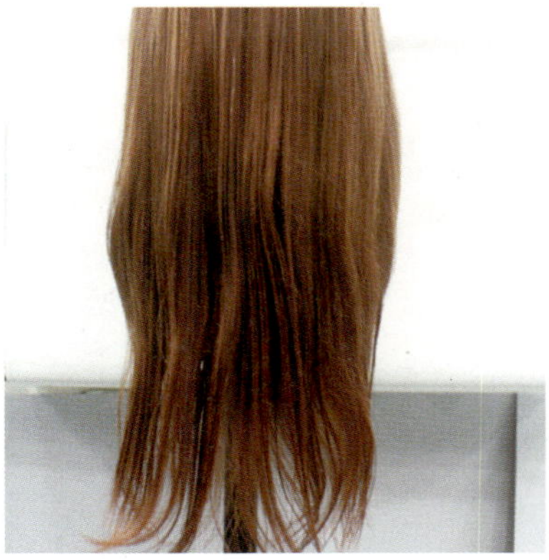

1. 드라이하기 전 모습이다.

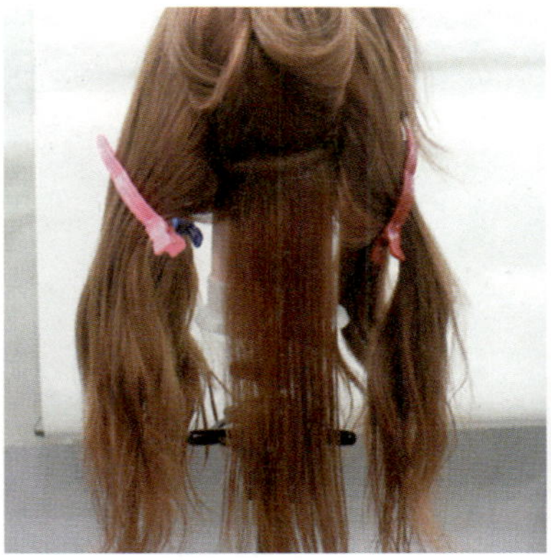

2. 섹션을 정확히 탄다.

3. 수분을 약간 말리며 머리를 정리하는 느낌으로 스트레이트 한다.

4. 다시 한 번 스트레이트 하며 원하는 웨이브 높이에서 롤에 머리를 만다.

5. 열을 주고 식힌다.

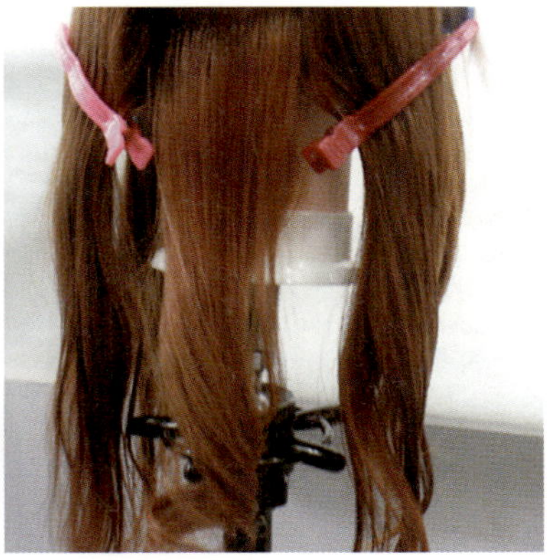

6. 롤을 뺄 때에는 롤을 세로로 회전시키며 뺀다.

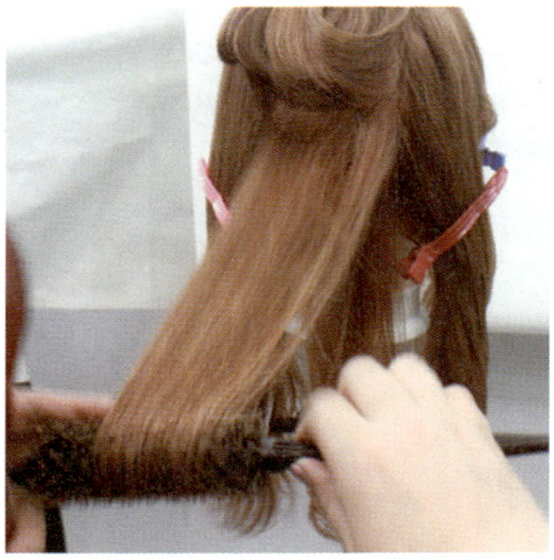

7. 모발 끝에서부터 롤을 말되 반드시 모발의 끝처리를 주의한다.

8. 웨이브를 회전하면서 빼는 모습이다.

9. 뿌리 볼륨을 먼저 주고 스트레이트로 편다.

10. 스트레이트로 편 후 끝머리에 주의하며 롤에 머리를 감는다.

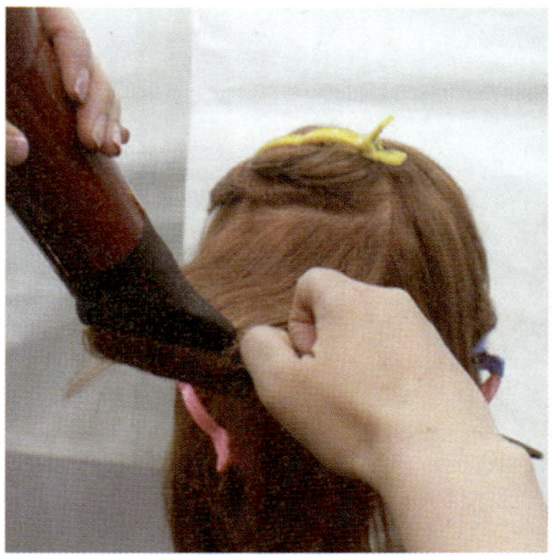

11. 열을 주면서 머리를 롤에 감는다.

12. 탑 부분은 뿌리 볼륨을 주고 스트레이트 하여 롤에 감는다.

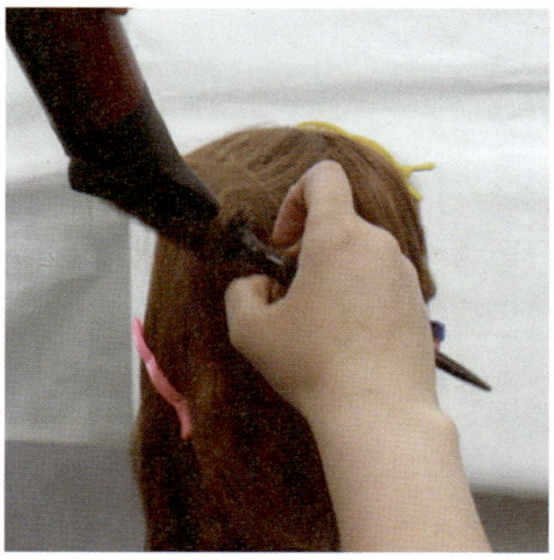

13. 열을 주고 식힌다.

14. 롤을 뺄 때에는 리버스 방향으로 회전하면서 뺀다.

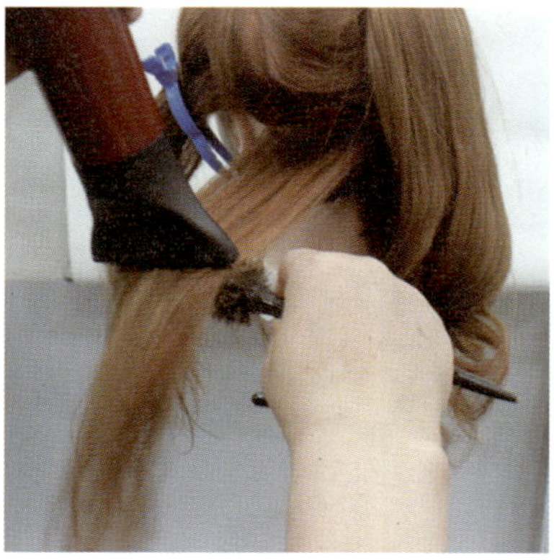

15. 네이프 사이드는 섹션을 먼저 정확히 탄다.

16. 스트레이트로 편 후 웨이브가 들어갈 부분에서부터 롤을 만다.

17. 드라이 롤을 세워서 리버스 방향으로 만다.

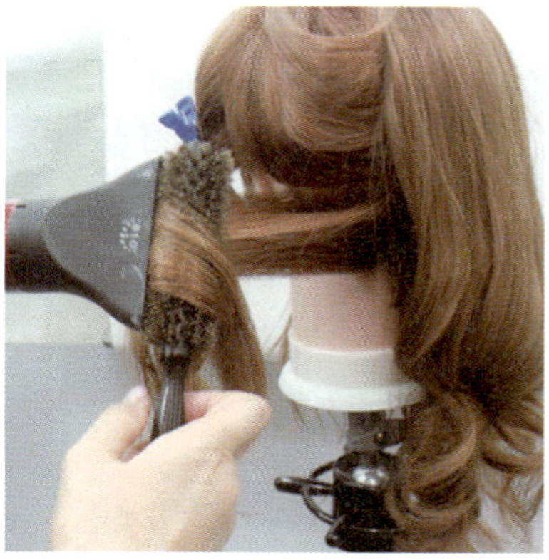

18. 반복하여 드라이 롤을 세워서 리버스 방향으로 만다.

19. 웨이브를 시작하는 부분에서부터 만다.

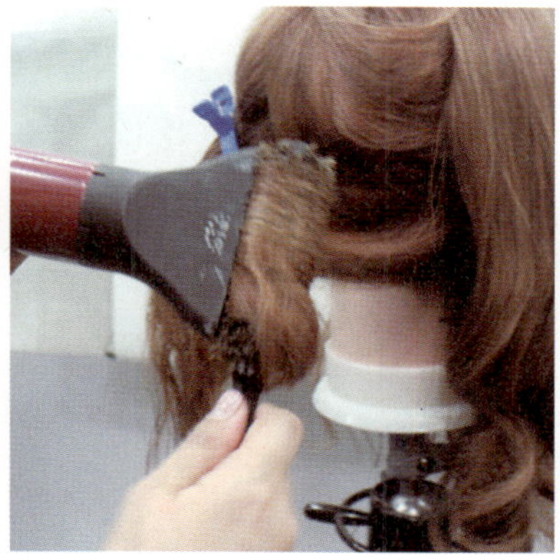

20. 롤을 풀면서 다시 감고 반복하며 텐션의 강약을 조절한다.

21. 모발의 중간 부분부터 머리를 만 후 바람을 집중적으로 준다.

22. 열을 잠시 식힌다.

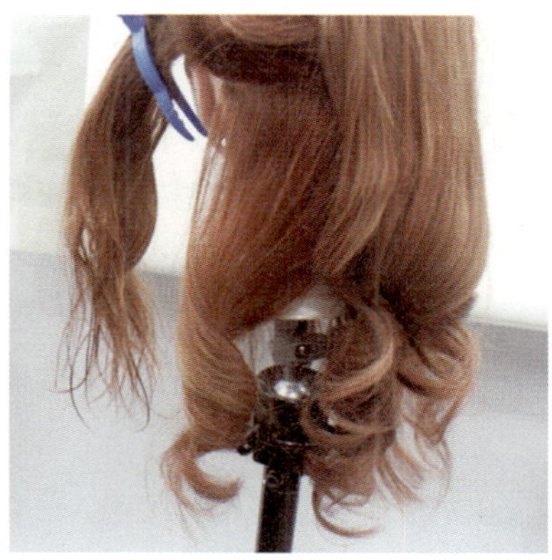

23. 롤을 회전하면서 리버스로 뺀다.

24. 롤을 세워서 머리에 감는다.

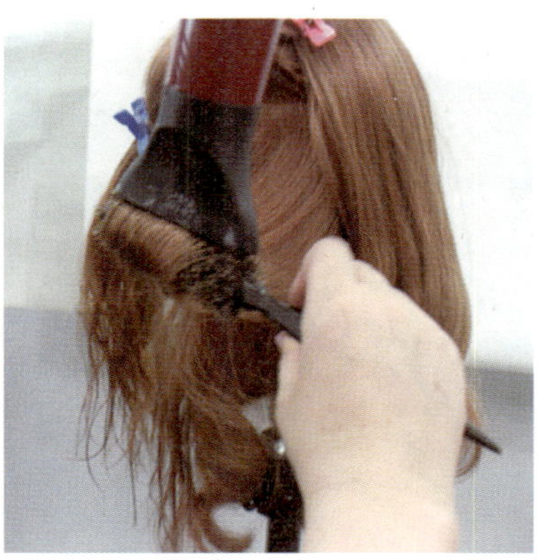

25. 열을 롤의 앞뒤로 준다.

26. 완성된 리버스 웨이브이다.

27. 롤을 수직으로 세워서 스트레이트 한 후 만다.

28. 롤에 머리를 만 후 열을 집중적으로 주고 식히면서 뺀다.

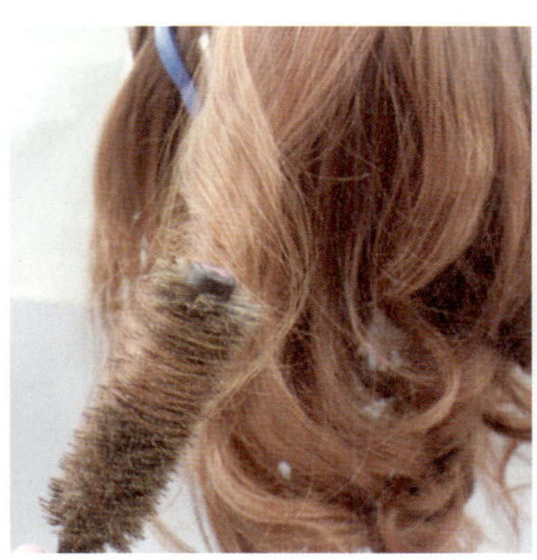

29. 롤에서 머리를 뺄 때는 롤을 회전시켜 돌리며 뺀다.

30. 완성된 모습이다.

31. 모발의 중간 부분에서부터 롤을 만다.

32. 완성된 리버스 웨이브의 모습이다.

33. 옆 사이드는 섹션을 조금 작게 잡는다.

34. 롤에 머리를 감은 후 바람을 집중적으로 주고 식힌다.

35. 반복 작업 한다.

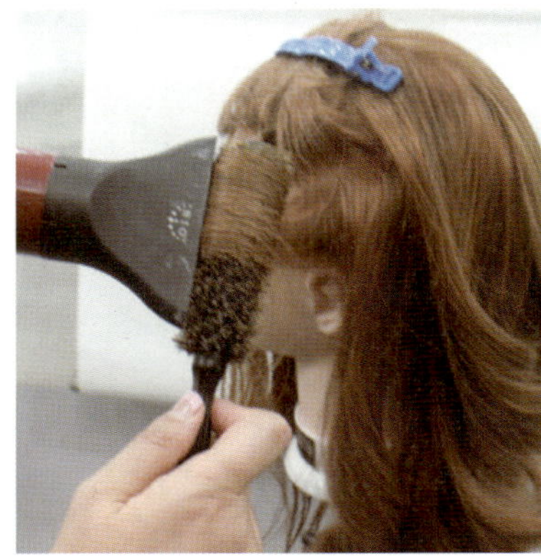
36. 반복 작업 한다.

37. 롤에 머리를 만다.

38. 열을 주고 잠시 식히는 모습이다.

39. 수직 섹션하여 리버스로 롤에 머리를 만다.

40. 프론지 옆머리는 뿌리 볼륨을 먼저 잡은 후 롤을 세워서 스트레이트하여 만다.

41. 완성된 사이드 모습이다.

42. 오른쪽 네이프 사이드도 섹션에 주의해서 롤에 만다.

43. 롤에 만 후 바람을 양쪽으로 준다.

44. 롤에 만 후 바람을 양쪽으로 준다.

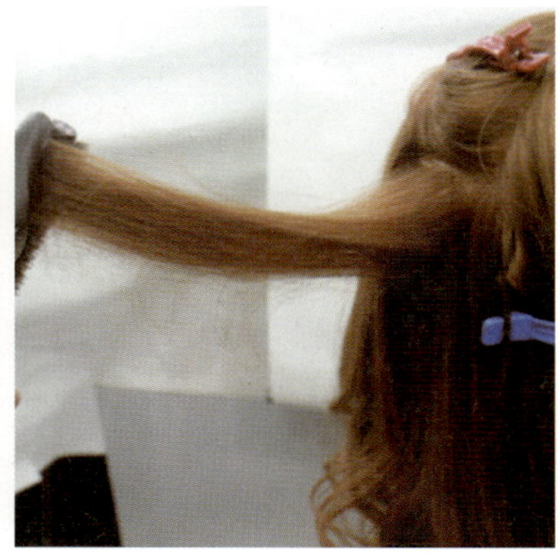
45. 롤에 말 때에는 일정한 텐션을 유지하여 만다.

46. 수직 섹션 할 때에는 수평 섹션보다 섹션을 더 적게 탄다.

47. 완성된 모습이다.

48. 수직으로 반복하여 웨이브를 만다.

49. 옆 사이드도 정확한 섹션을 타되, 세로 방향으로 섹션의 높이를 길게 탄다.

50. 머리를 롤에 만 후 바람을 준다.

51. 열을 식힌 후에 롤을 회전하면서 리버스 방향으로 뺀다.

52. 다음 섹션도 머리를 롤에 세로로 말되, 뿌리 쪽은 스트레이트로 편 다음 웨이브를 주는 부분부터 만다.

53. 롤에 머리를 말고 바람을 준다.

54. 열을 주고 식힌다.

55. 롤을 빼면서 드라이 바람을 집중적으로 준다.

56. 열을 주면 반드시 식히면서 롤을 뺀다.

57. 완성된 앞모습이다.

58. 완성된 뒷모습이다.

59. 완성된 옆모습이다.

60. 완성된 우측 앞모습이다.

61. 완성된 좌측 앞모습이다.

62. 완성된 옆모습이다.

63. 빗질 후 앞모습이다.

64. 빗질 후 옆모습이다.

65. 빗질 후 뒷모습이다.

66. 빗질 후 옆모습이다.

67. 앞머리는 뿌리 볼륨을 먼저 준다.

68. 뿌리에 볼륨을 준 후 드라이 롤에 머리를 위에서부터 만다.

69. 뿌리를 살리고 롤에 머리를 감은 모습이다.

70. 롤에 머리를 감고 텐션을 줬다 빼면서 롤을 뺀다.

71. 롤을 뺄 때에는 뒤쪽으로 회전하면서 뺀다.

72. 완성된 앞모습이다.

73. 왼쪽 앞머리도 뿌리 볼륨을 먼저 잡는다.

74. 롤에 머리를 리버스 방향으로 만 후 바람을 준다.

75. 롤에 머리가 보이도록 롤의 면을 이용하여 겹쳐서 감지 않는다.

76. 완성된 리버스 웨이브이다.

롱 리버스 웨이브

5) S컬(웨이브) 지그재그란?

C컬의 연장선이라 볼 수 있으며, 물결 웨이브와 유사하다.

머리를 롤에 감고 텐션과 열을 이용하여 롤을 반 바퀴씩 사선으로 풀면서 S자 모양의 웨이브를 만드는 것이다.

(1) 시술

① 수분을 약 30% 남긴 상태에서 시작한다.
② 롤은 일반적인 롤의 크기보다 작은 것을 선택한다.
③ 모발의 윤기와 웨이브의 흐름을 위하여 각도는 0도를 유지하는 것이 중요하다.
④ 섹션을 정확히 탄 뒤 네이프부터 시작한다.
⑤ 모발 끝 부분부터 모발 끝이 구겨지지 않게 드라이 롤에 감기 시작한다.
⑥ 롤에 감겨진 모발을 사선으로 반 바퀴씩 풀면서 왼쪽과 오른쪽을 번갈아가며 열을 준다.
⑦ 사이드 옆머리는 한 단 위쪽에서 릿지를 준다.
⑧ 전체적인 웨이브의 흐름은 연결성이 있어야 한다.

(2) 시술순서

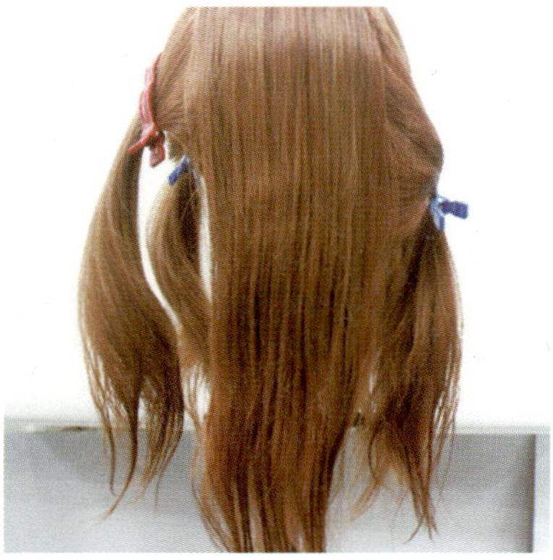
1. 드라이하기 전 모습이다.

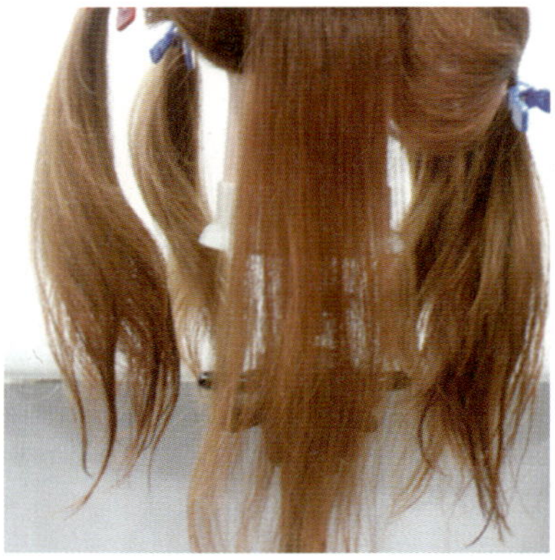
2. 섹션을 정확히 탄다.

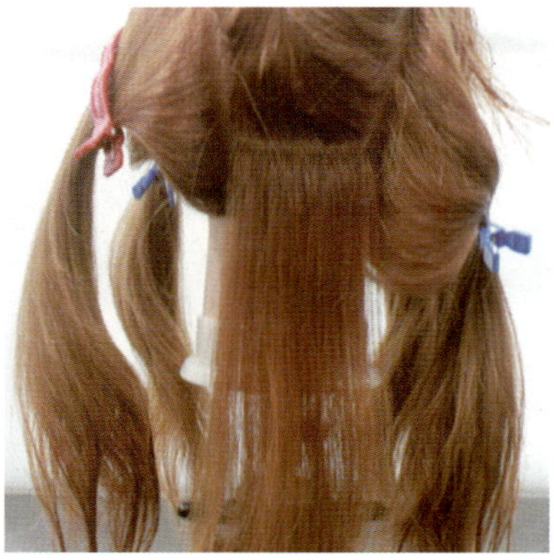
3. 수분을 약간 말리며 머리를 정리하는 느낌으로 스트레이트 한다.

4. 섹션을 정확히 탄 후 웨이브를 시작한다.

5. 웨이브 넣기 전 판넬이다.

6. 수분을 약간 말리며 머리를 정리하는 느낌으로 스트레이트 한다.

7. 롤을 머리의 끝부터 말기 시작한다.

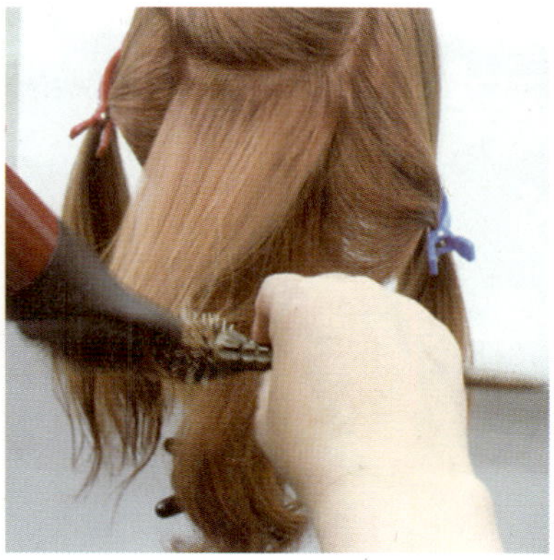

8. 바람을 주면서 말아 올라간다.

9. 롤과 이어져 있는 머리에 열을 주되, 롤을 살짝 밀면서 사선으로 열을 준다.

10. 사선으로 웨이브를 주고 있는 모습이다.

11. 롤을 반 바퀴 빼고 롤을 위쪽 사선으로 들어 올리며 바람을 준다.

12. 롤을 반 바퀴 빼면서 텐션을 풀고, 롤을 아래쪽 사선으로 하여 바람을 준다.

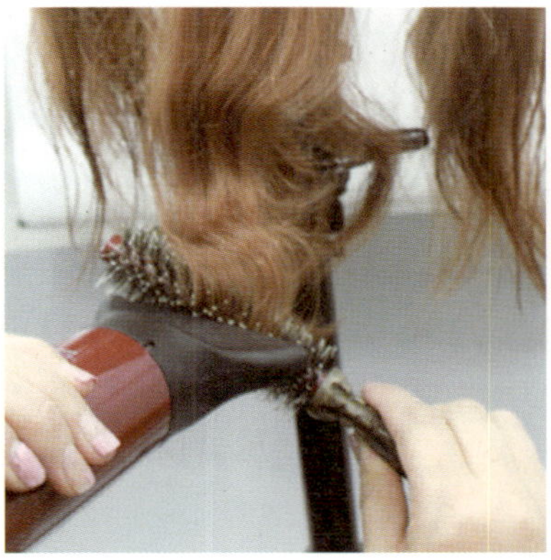

13. 다음 웨이브는 롤을 반 바퀴 풀면서 모발 끝까지 바람을 주며 뺀다.

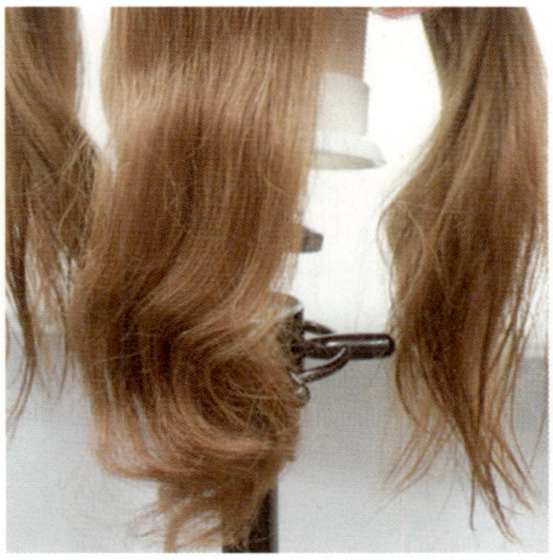

14. 완성된 S웨이브의 모습이다.

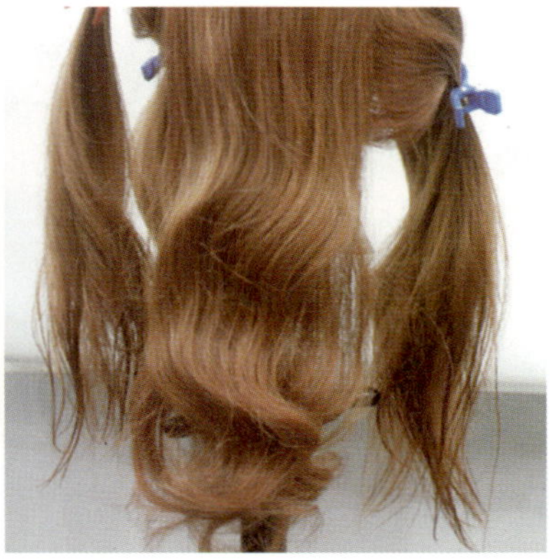

15. 완성된 S웨이브의 모습이다.

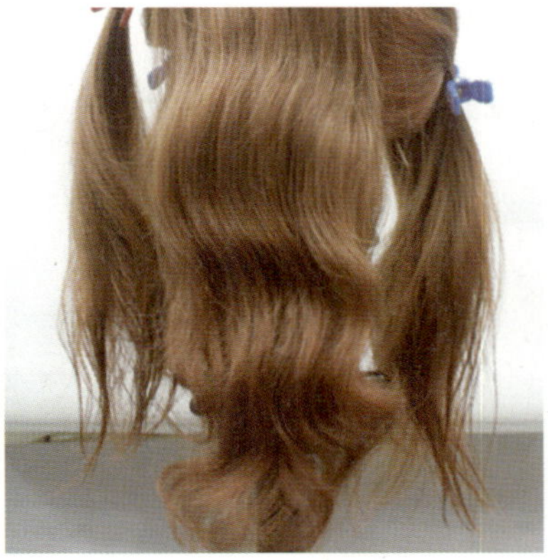

16. 완성된 S웨이브의 뒷모습이다.

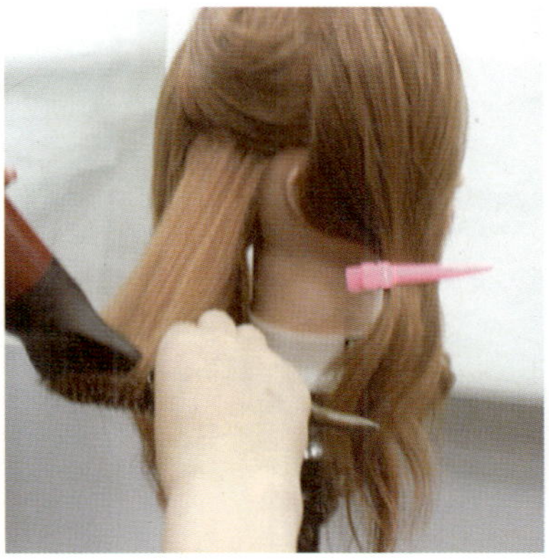

17. 뒷 사이드는 먼저 텐션을 정확히 타고 살짝 스트레이트하여 롤을 머리에 감는다.

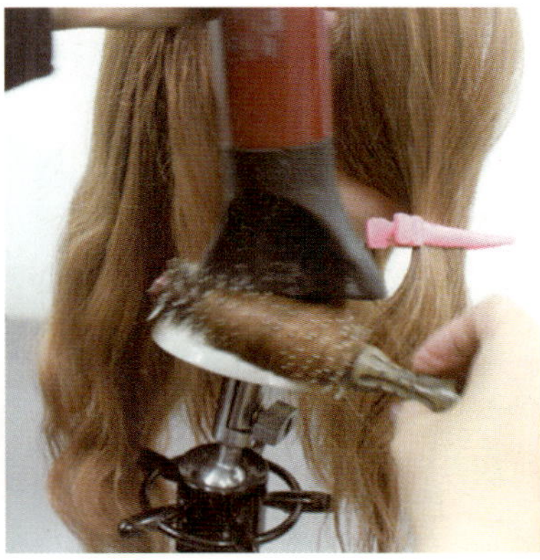

18. 롤을 사선으로 살짝 풀면서 바람을 준다.

19. 완성된 사이드 웨이브이다.

20. 반복 웨이브 한다.

21. 롤에 머리를 다시 감고 반 바퀴씩 풀면서 드라이 바람을 롤의 뒷부분에 준다.

22. 롤은 반드시 사선으로 하여 바람을 준다.

23. 롤을 반 바퀴 빼면서 롤의 뒷부분에 바람을 주며 텐션을 뺀다.

24. 완성된 웨이브 모습이다.

25. S웨이브는 각도를 높이지 않고 스트레이트 한다.

26. 롤을 머리에 감은 후 열을 주고 식히지 않은 상태에서 롤을 사선으로 하여 윗부분에 바람을 준다.

27. 롤을 반 바퀴 풀고 열을 준 후에 다시 반 바퀴를 풀 때에 롤의 방향을 반대 사선으로 한다.

28. 옆 사이드는 각도를 살리지 않고 스트레이트로 살짝 편다.

29. 살짝 편 후에 롤에 머리를 감는다.

30. 감았다가 롤을 살짝 풀면서 텐션을 뺀다.

31. 롤을 반 바퀴씩 빼면서 열을 준다.

32. 다음 판넬도 각도 없이 편다.

33. 모발 끝에서부터 머리를 롤에 말기 시작한다.

34. 롤에 머리를 다 만 후에 충분히 열을 주고 롤의 약간 윗부분에 바람을 준다.

35. 롤에 감겨진 머리를 반 바퀴 빼고 바람을 롤 윗부분에 준다.

36. 반복하며 모발 끝까지 바람을 준다.

37. 앞머리도 끝에서부터 웨이브를 만다.

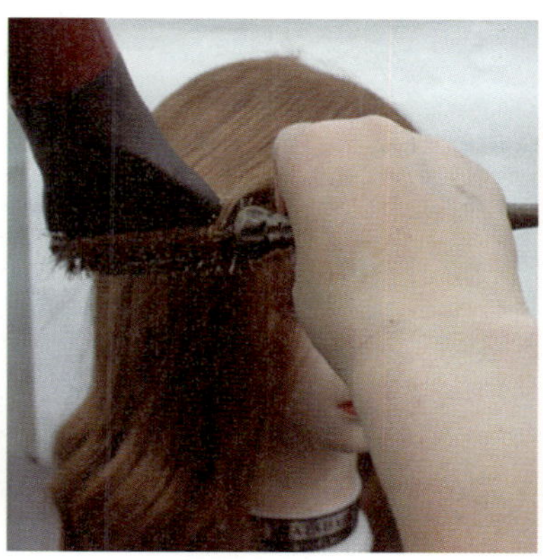

38. 웨이브를 다 말은 후 한 단계 위에서 릿지를 주기 시작한다.

39. 롤을 사선으로 하여 바람을 준다.

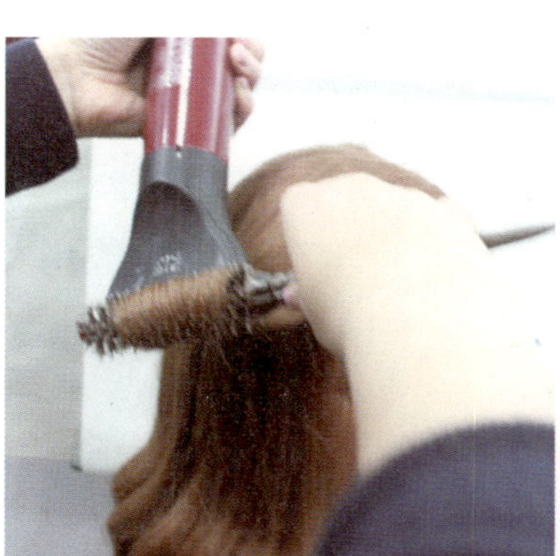

40. 반 바퀴 빼면서 롤 위쪽에 바람을 준다.

41. 롤을 반 바퀴 빼면서 텐션을 머리쪽으로 민다.

42. 바람을 주는 위치는 롤의 릿지 부분이 아닌 롤 위쪽임을 주의한다.

43. 모발 끝까지 놓치지 말고 반복 작업한다.

44. 롤에 집중적으로 바람을 준다.

45. S웨이브는 각도를 주지 않아야 더 깨끗하게 릿지가 살아난다.

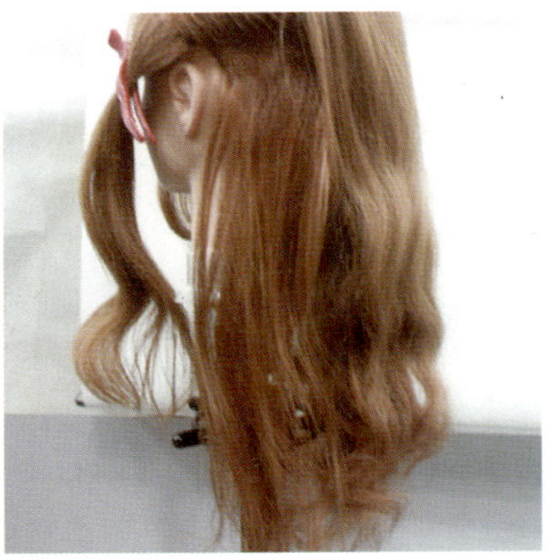

46. 뒤 사이드도 섹션이 중요하다.

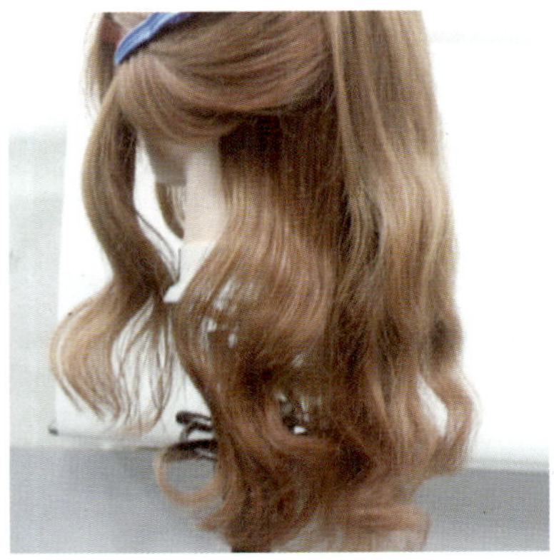

47. 완성된 모습이다.

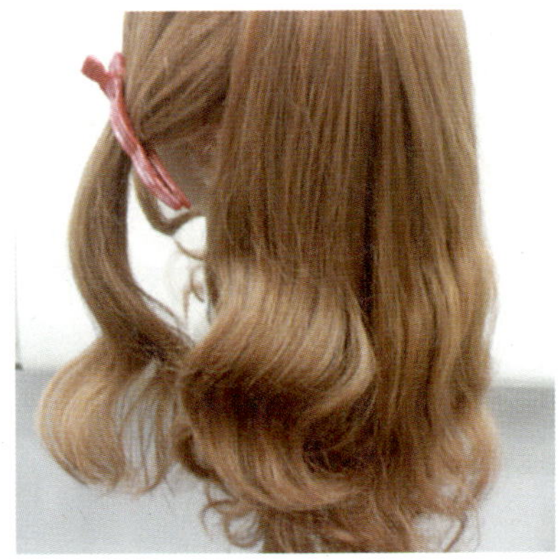

48. 웨이브 릿지가 뒷머리의 흐름과 같도록 한다.

49. 사이드도 섹션에 유의하여 스트레이트한다.

50. 모발 끝에서 말기 시작한다.

51. 프린지 사이드는 각도를 죽인 후 뒷머리 웨이브 흐름과 맞춘다.

52. 프린지 앞머리는 따로 웨이브를 한 계단 위에서부터 시작한다.

53. 머리를 모발 끝에서부터 말기 시작한다.

54. 머리를 만 후 바람을 주고 롤을 반 바퀴 뺀다.

55. 옆머리는 웨이브를 뒷머리보다 한 계단 위에서 시작한다.

56. 완성된 앞모습이다.

57. 완성된 옆모습이다.

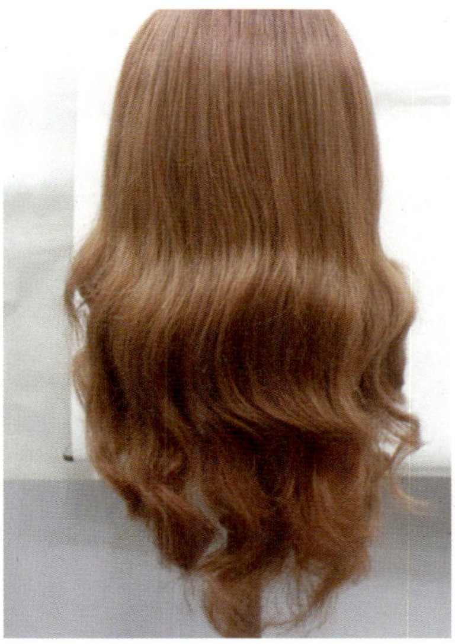

58. 전체적인 웨이브 선을 맞추는 것이 중요하다.

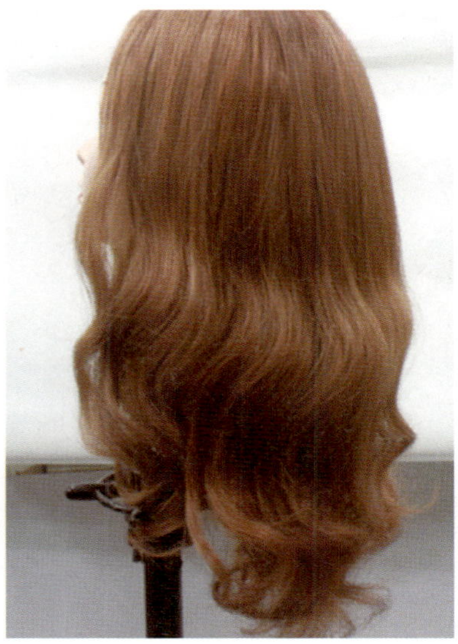

59. 완성된 옆모습이다.

60. 완성된 S웨이브 모습이다.

61. 빗질 후 앞모습이다.

62. 빗질 후 옆모습이다.

롱 S컬-지그재그

Blow Dry

Chapter 5

블로우 드라이 스타일

1. 쇼트 스타일

1) 펴기 스타일

머쉬룸 스타일로 귀여움과 발랄함을 강조한 스타일이다.
볼륨을 과하지 않게 표현하여 단정하고 깔끔한 스타일을 연출한다.

(1) 사용도구

블로우 드라이 시술도구, 롤 브러쉬(소), 핀셋 1개, 에센스, 왁스, 스프레이, 분무기

(2) 시술순서

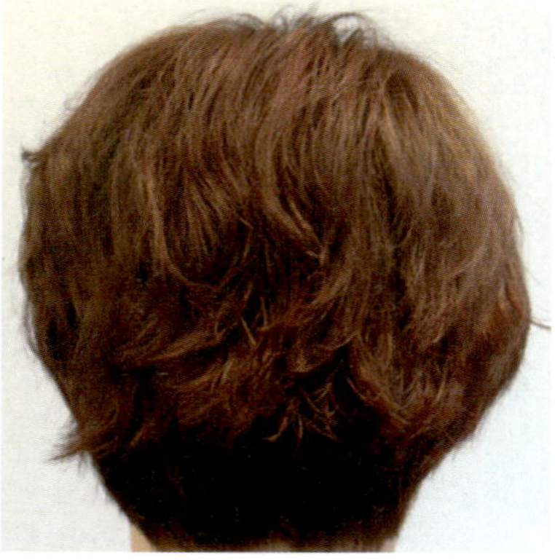

1. 시술 전 모습이다.

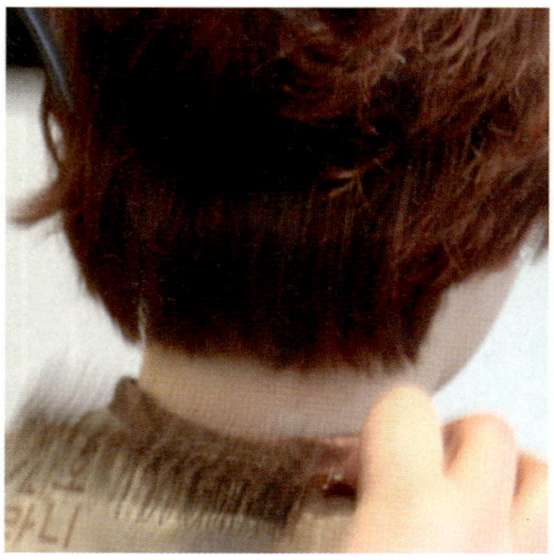

2. 벡 포인트부터 시작한다.

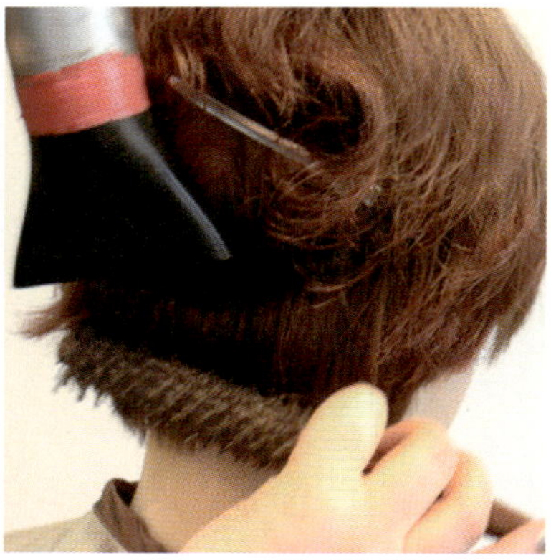

3. 열과 바람으로 모발 끝을 정리하고, 뜨지 않게 브러쉬로 눌러준다.

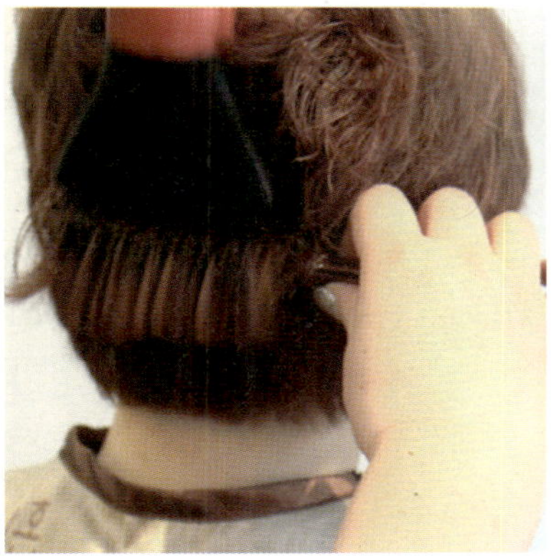

4. 볼륨 없이 매끈하게 시술한다.

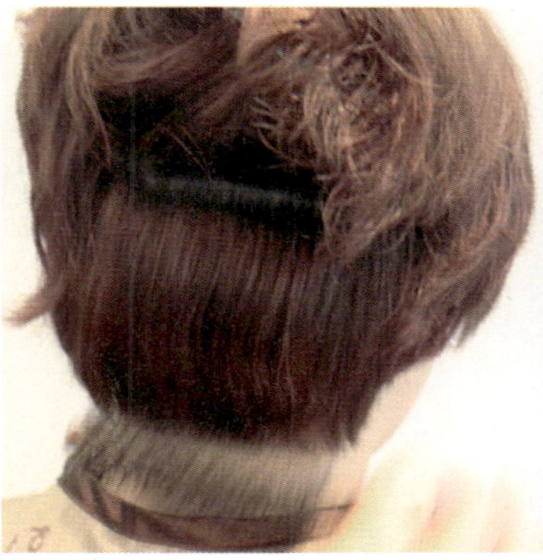

5. 시술 후의 모습이다.

6. 다음 섹션 시작한다.

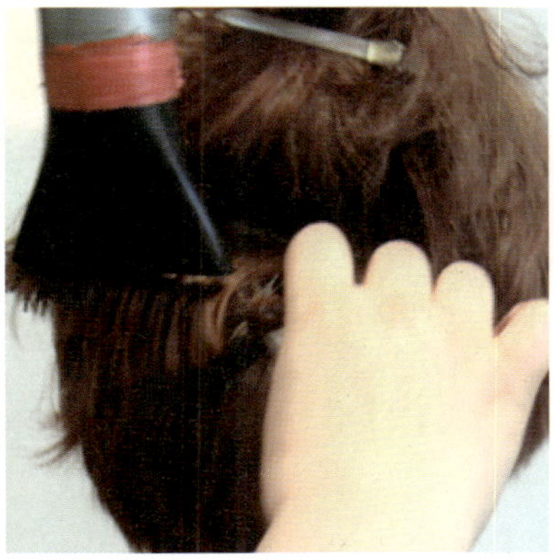

7. 볼륨을 조금 주면서 모발을 편다.

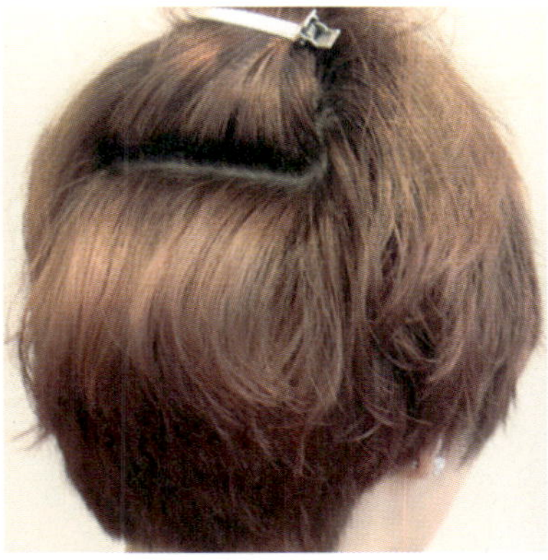

8. 모발 끝을 정리한다.

9. 볼륨 90도로 들어서 시술한다.

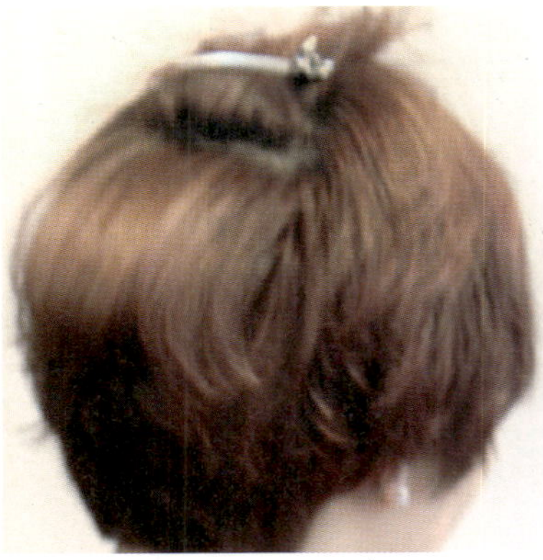

10. 시술 후의 모습이다.

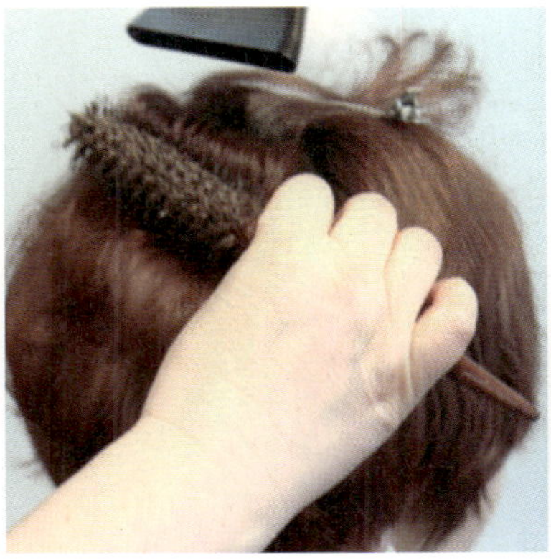

11. 다음 섹션을 드라이한다.

12. 탑 부분 시술 시 볼륨을 최대로 하여 시술한다.

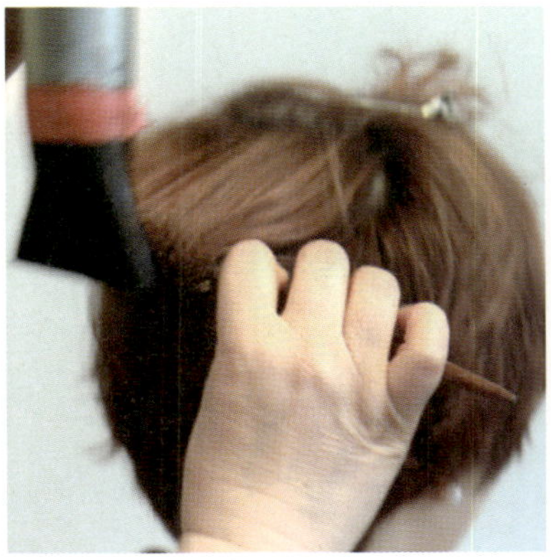

13. 모발 끝을 정리한다.

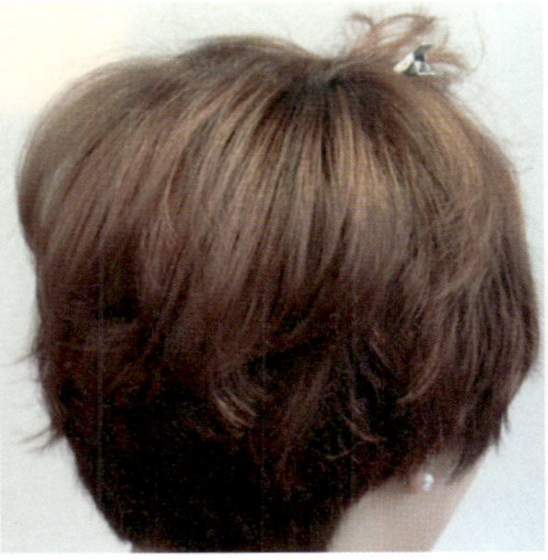

14. 시술 후의 모습이다.

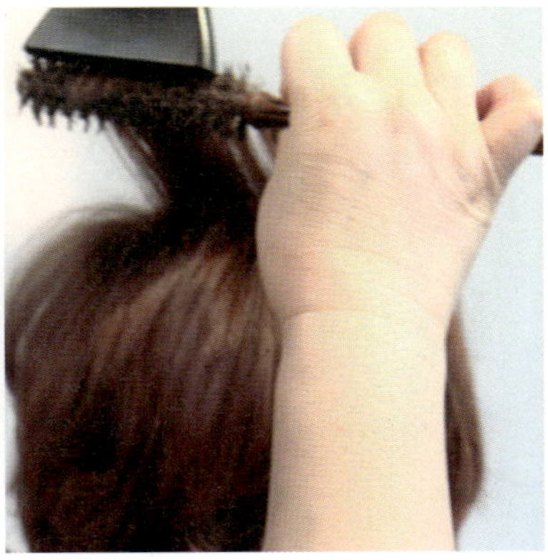

15. 탑 부분도 드라이 시술한다.

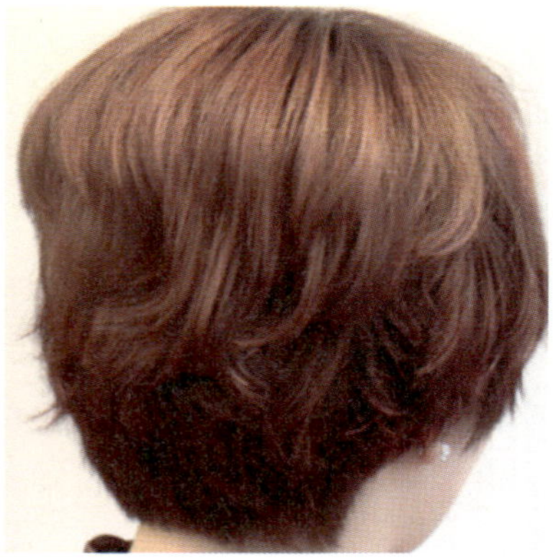
16. 가운데 완성된 모습이다.

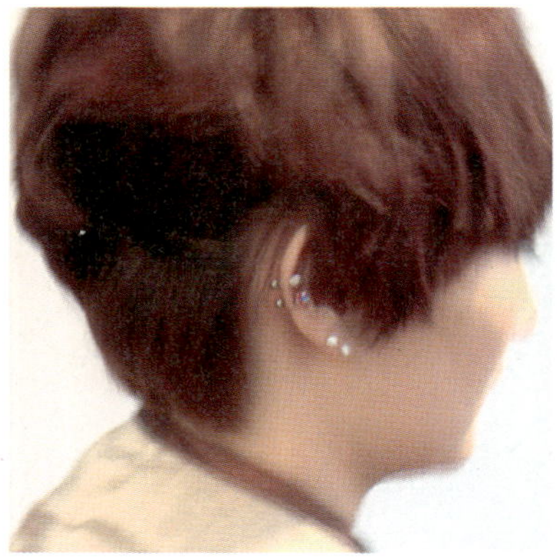
17. 네이프 사이드를 시술한다.

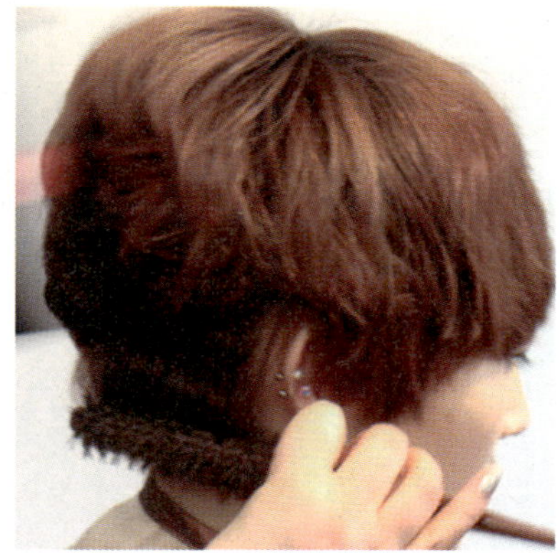
18. 뿌리를 눌러준다.

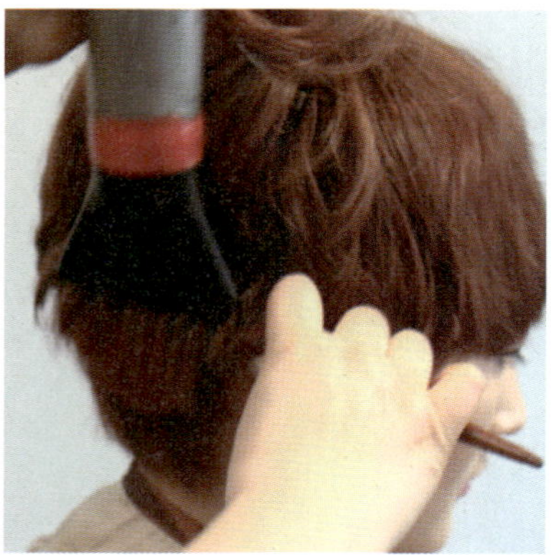
19. 다음 섹션을 시술한다.

20. 같은 방법으로 시술한다.

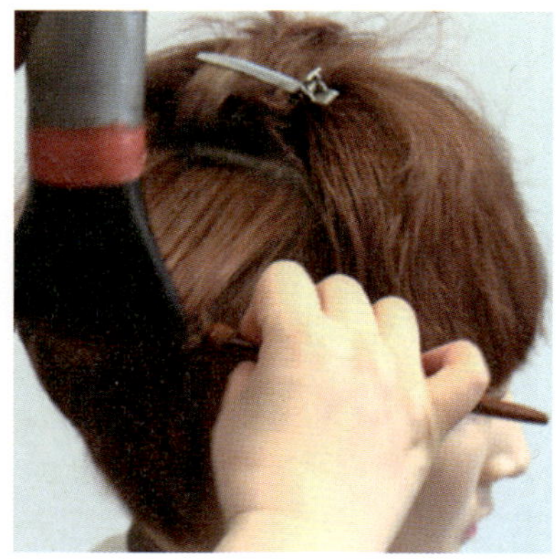
21. 다음 섹션을 시술한다.

22. 다음 섹션을 시술한다.

23. 시술 후의 모습이다.

24. 탑 부분을 시술한다.

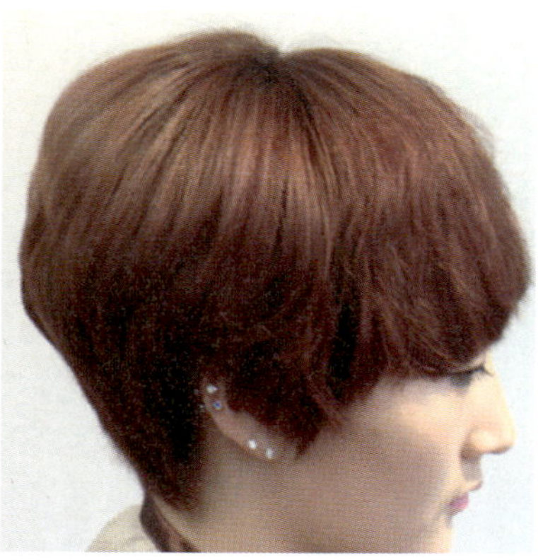
25. 완성된 백 사이드의 모습이다.

26. 옆머리를 시술한다.

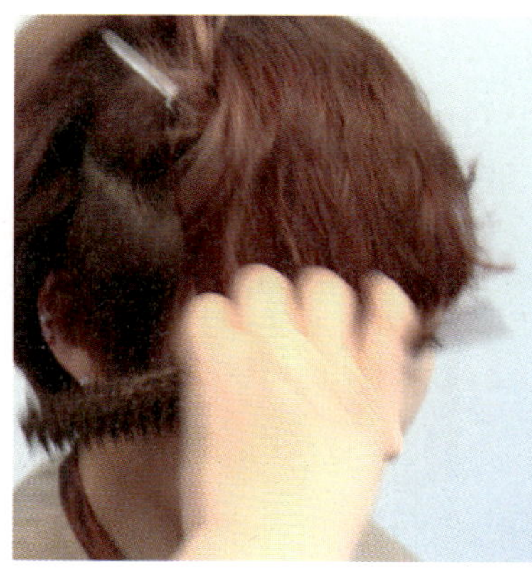
27. 구레나룻을 눌러 뜨지 않게 한다.

28. 볼륨 없이 펴준다.

29. 시술 후 모습이다.

30. 뿌리를 잡아준다.

31. 프론트 사이드를 연결한다.

32. 끝까지 모발을 편다.

33. 앞머리를 연결하여 펴준다.

34. 시술 후의 모습이다.

35. 마지막 섹션 시술 후의 모습이다.

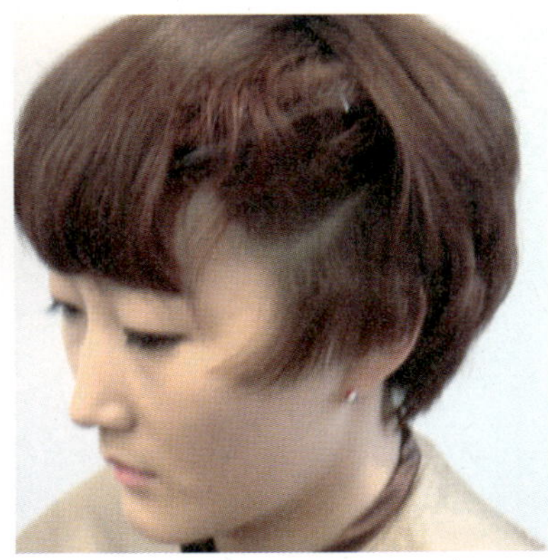

36. 왼쪽도 시술 한다.

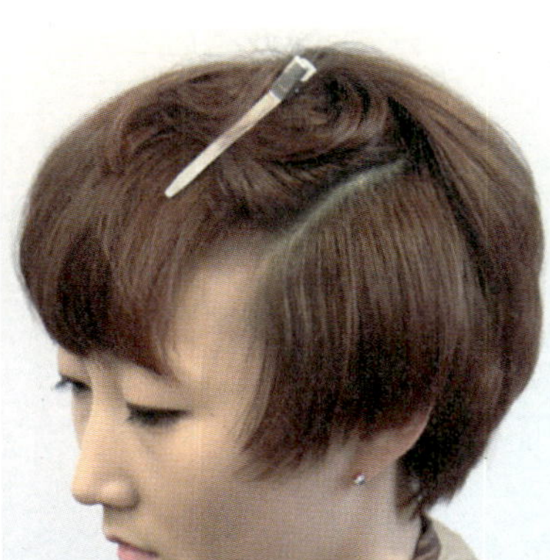

37. 오른쪽과 같은 방법으로 시술한다.

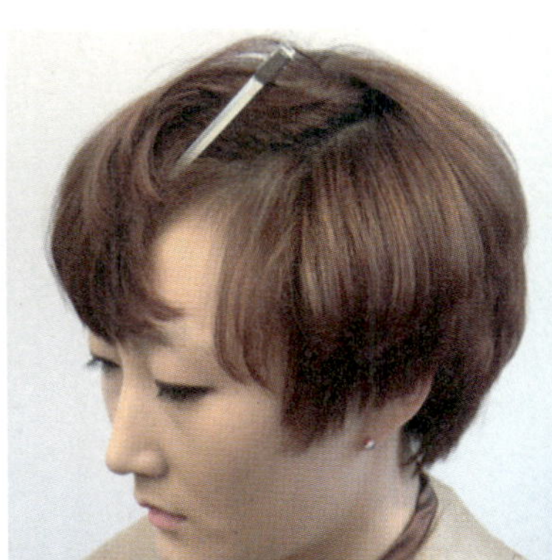

38. 다음 섹션을 연결하여 시술한다.

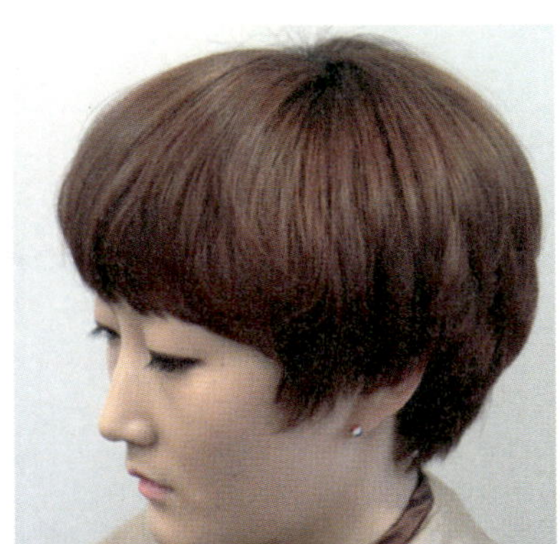

39. 시술 후의 모습이다.

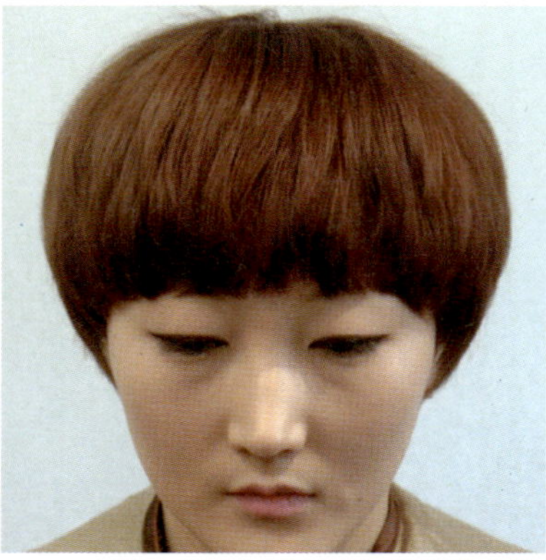

40. 완성된 앞모습이다.

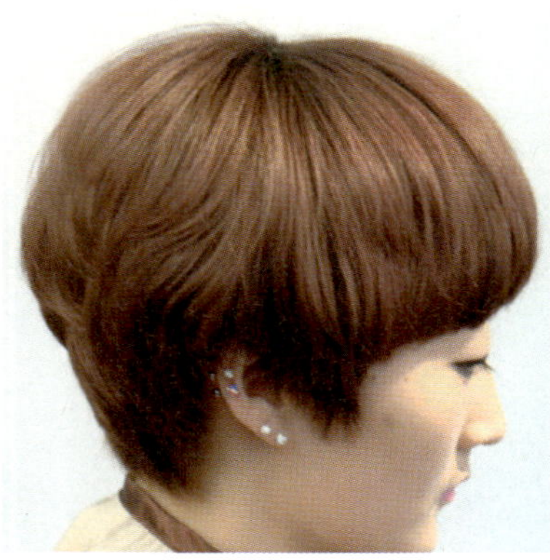

41. 완성된 옆모습이다.

42. 완성된 옆모습이다.

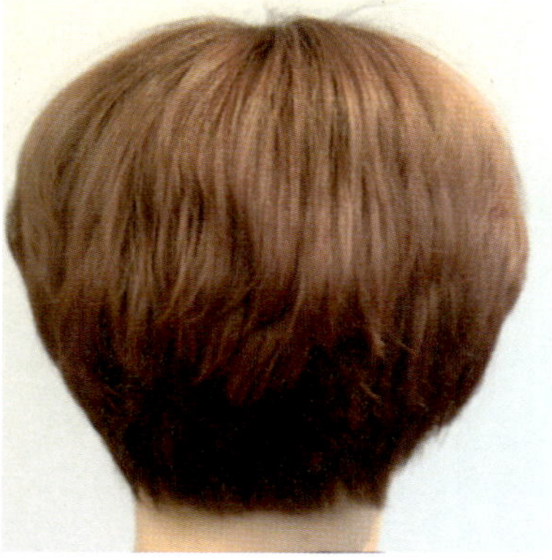

43. 완성된 뒷모습이다.

쇼트-펴기 스타일

2) 웨이브 스타일

자연스러운 컬을 형성하여 발랄함과 경쾌함을 표현하고, 큐티하고 사랑스러운 느낌으로 짧은 머리지만 여성스러움을 느끼게 하여 디자인의 다양성을 보여주는 스타일이다.

(1) 사용도구

블로우 드라이 시술 도구, 롤 브러쉬 1개(소), 핀셋 1개, 스프레이

(2) 시술순서

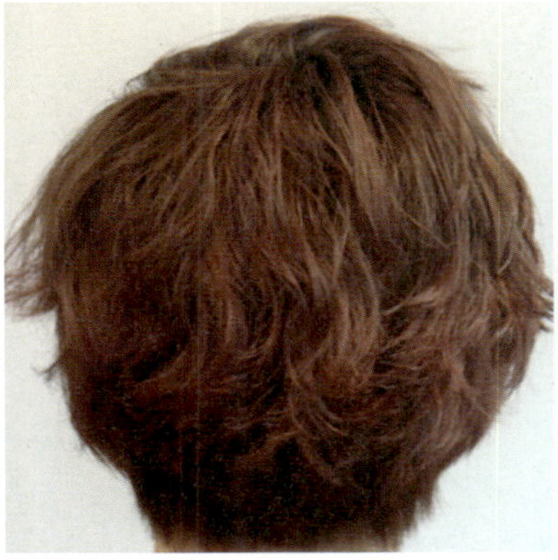

1. 가벼운 웨이브에 수분을 살짝 뿌려준다.

2. 옆 모습 네이프이다.

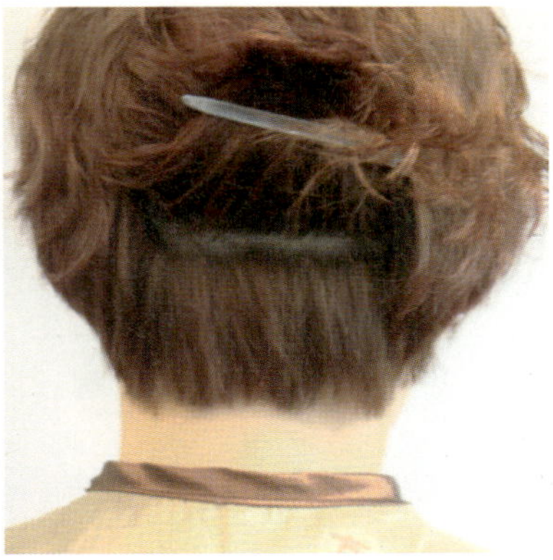

3. 네이프부터 섹션을 가른다.

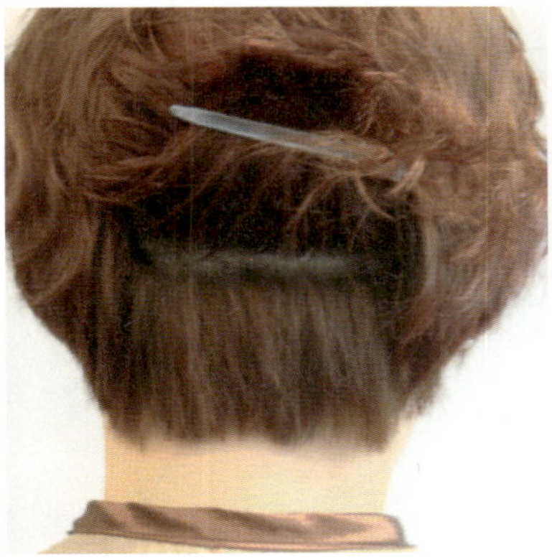

4. 핀셋으로 고정한다.

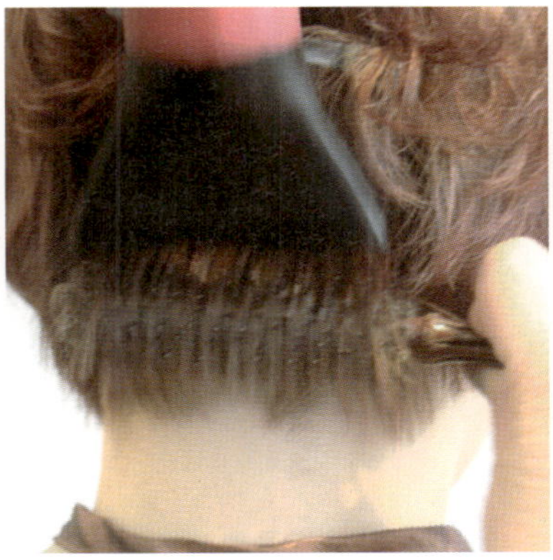

5. 작은 롤 브러쉬로 모발을 감는다.

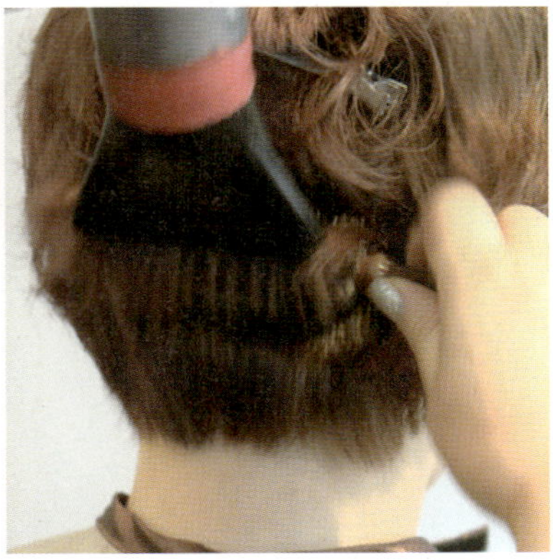

6. 윗머리에 드라이 열을 가하여 C컬을 형성한다.

7. 끝 모발을 정리한다.

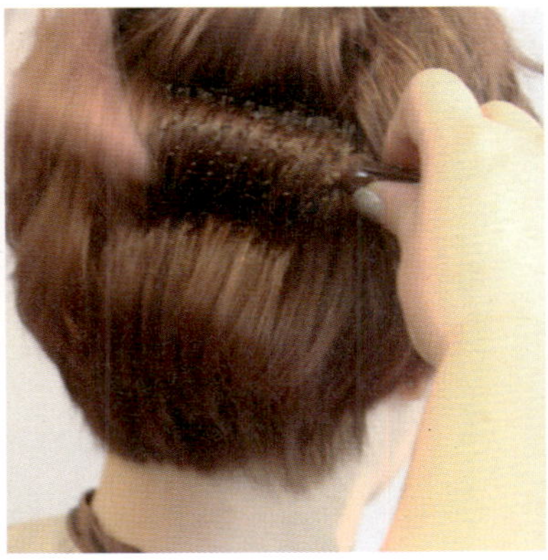

8. 가로 섹션으로 모발을 브러쉬에 감는다.

9. 같은 방법으로 위 모발에 C컬을 형성한다.

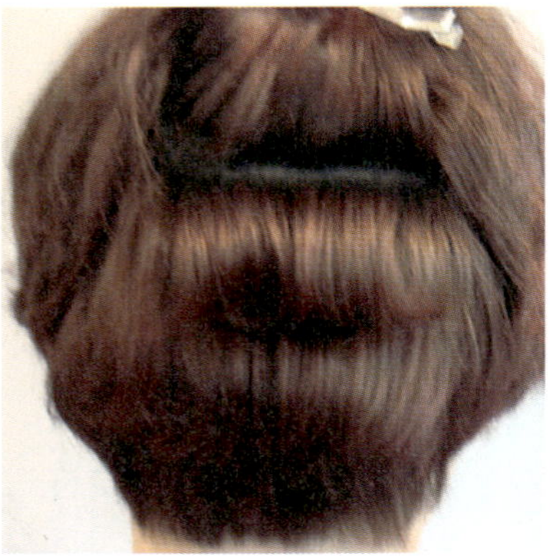

10. 컬 형태의 모습이다.

11. 같은 방법으로 강한 컬을 형성한다.

12. 컬 형태의 모습이다.

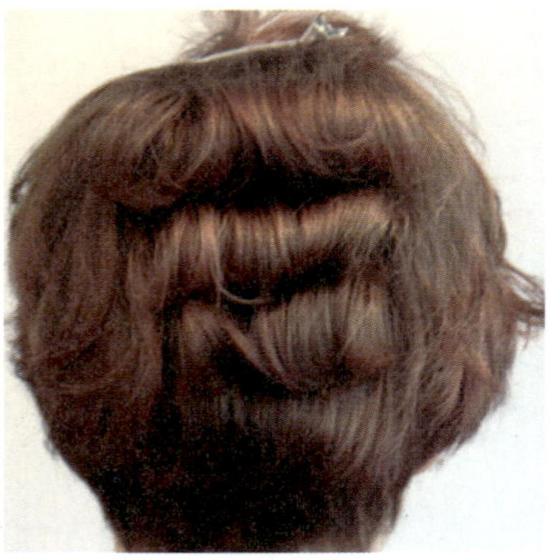

13. 더 강한 컬을 형성한다.

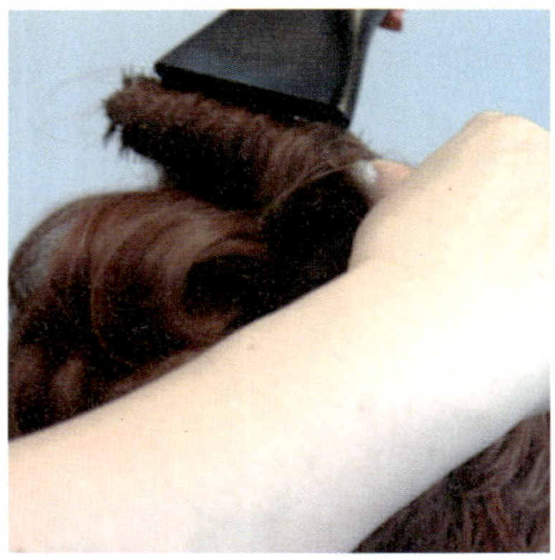

14. 탑 부분의 뿌리 각도를 올려서 강한 컬을 형성한다.

15. 완성된 컬의 모습이다.

16. 네이프 사이드부터 시작한다.

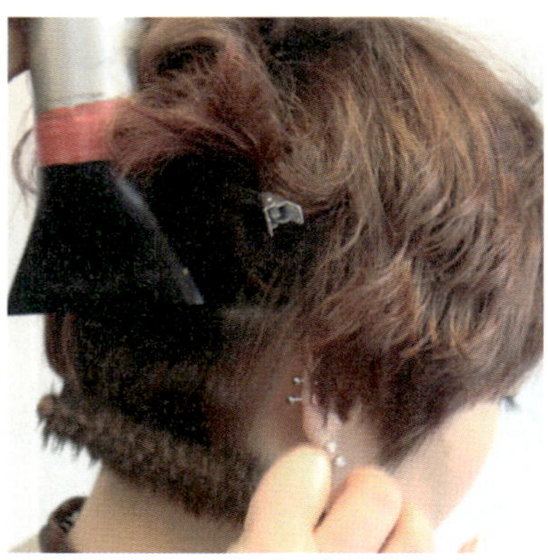

17. 살짝 열을 가해 모발 끝을 정리한다.

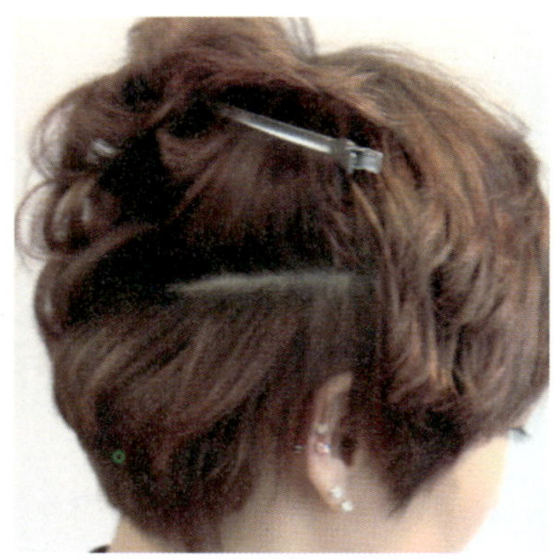

18. 두상이 둥근 것을 생각하여 15° 사선 섹션을 나눈다.

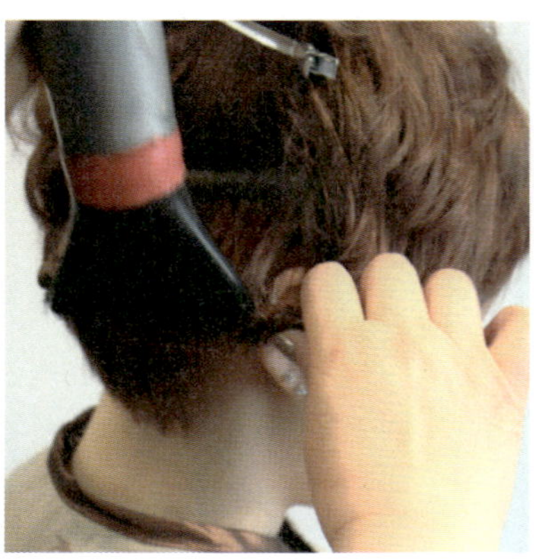

19. C컬을 형성한다.

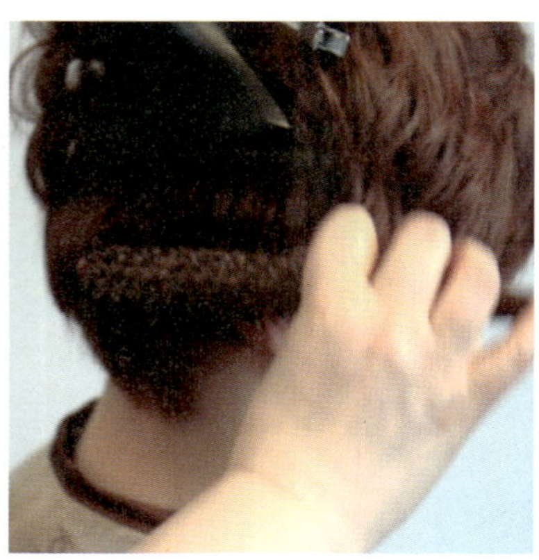

20. 모발 끝을 정리한다.

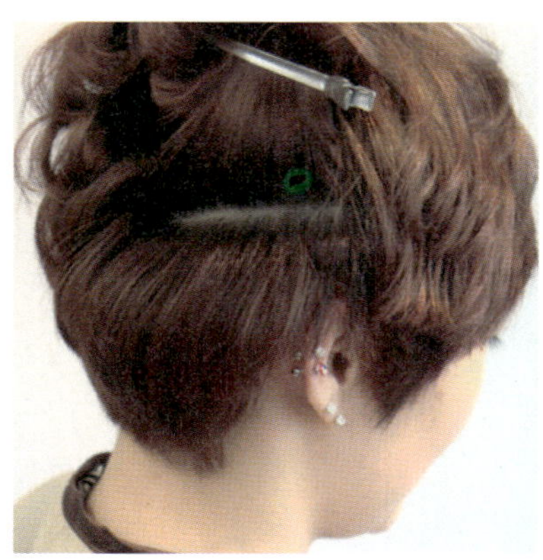

21. C컬을 형성한다.

22. 다음 모발을 브러쉬에 감아 열을 가한다.

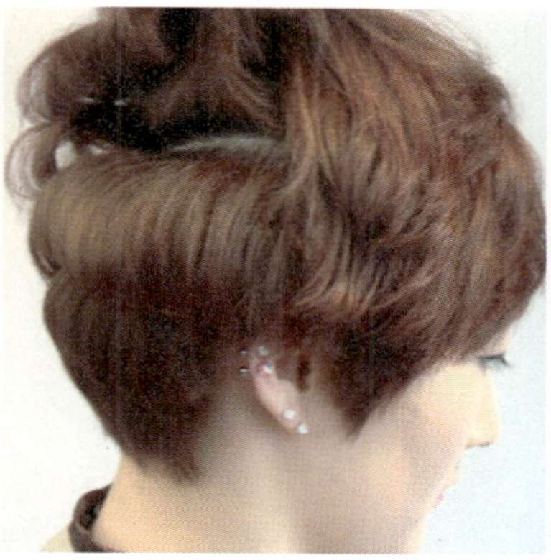
23. 완성된 컬의 모습이다.

24. 각도를 올려 모발을 감는다.

25. 열을 가해 O컬을 형성한다.

26. 완성된 컬의 모습이다.

27. 90° 각도로 모발을 올려 컬을 형성한다.

28. 오른쪽 컬을 완성한다.

29. 왼쪽 모발을 시술한다.

30. 모발 끝을 정리한다.

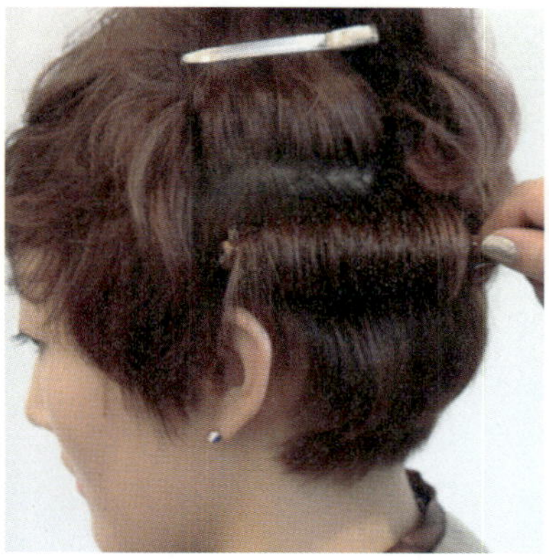
31. 오른쪽과 같은 방법으로 시술한다.

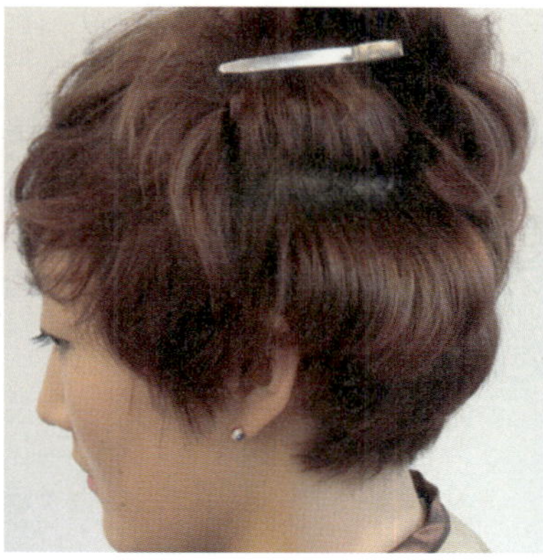
32. 완성된 컬의 모습이다.

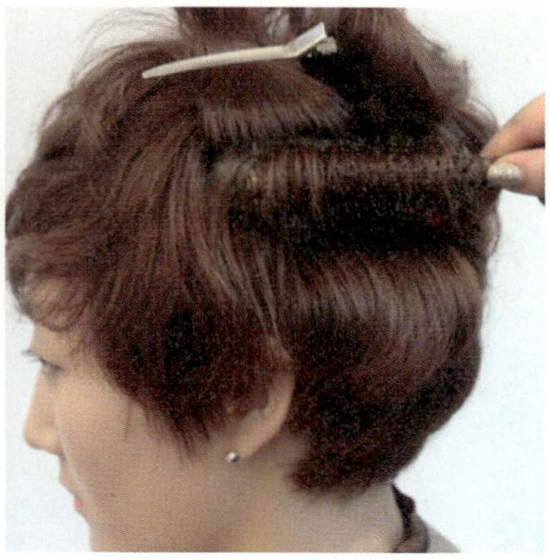
33. 같은 방법으로 시술한다.

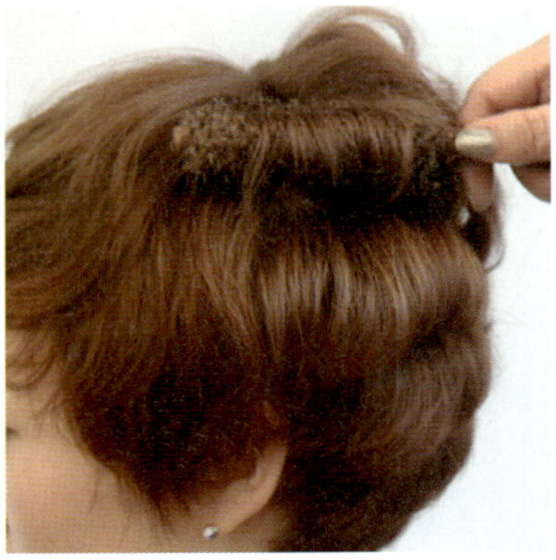

34. 각도를 올려 같은 방법으로 한다.

35. 컬 완성 뒤 옆모습 완성 모습이다.

36. 뜨기 쉬운 옆머리는 브러쉬로 살짝 눌러준다.

37. 끝 모발은 얼굴쪽으로 방향감을 준다.

38. 끝 모발에 릿지감을 살짝 준다.

39. 뿌리의 볼륨 끝을 살짝 정리한다.

40. 뿌리에 볼륨을 살짝 준다.

41. 얼굴쪽으로 방향성을 준다.

42. 모발 끝을 바람으로 정리한다.

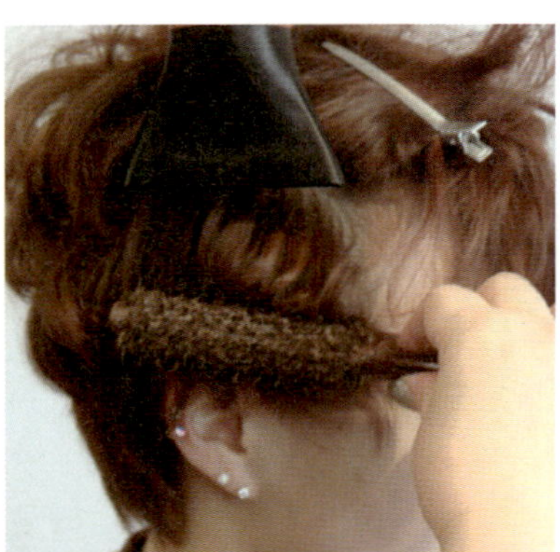

43. 한 번 더 방향성을 만든다.

44. 뿌리 릿지감을 형성한다.

45. C컬을 형성한다.

46. 프론트 사이드 모발을 가른다.

47. 모발 끝에만 바람을 준다.

48. 천천히 모선을 정리한다.

49. 사이드와 연결한다.

50. 끝 모발에 방향성을 준다.

51. 프론트 섹션을 나눈다.

52. 끝 모발의 방향을 정리한다.

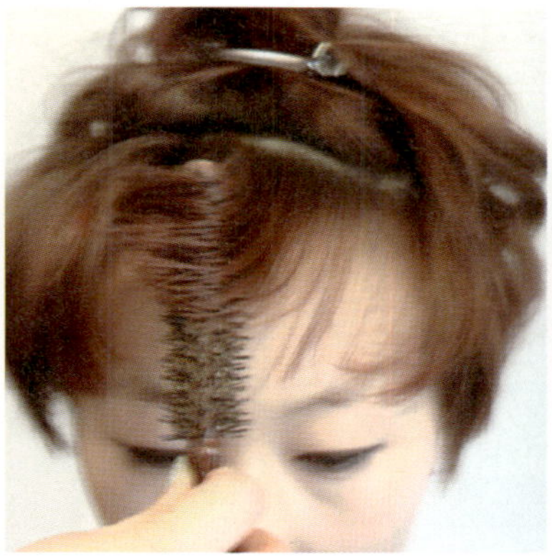

53. 살짝 옆으로 연결한다.

54. 다시 한 번 연결한다.

55. 천천히 옆으로 방향감을 준다.

56. 옆머리와 연결한다.

57. 끝 모발을 정리한다.

58. 앞머리 섹션을 나눈다.

59. 두상의 둥근 면을 고려하여 섹션한다.

60. 강한 컬을 형성한다.

61. 사선으로 섹션 연결한다.

62. 연결하여 컬을 만든다.

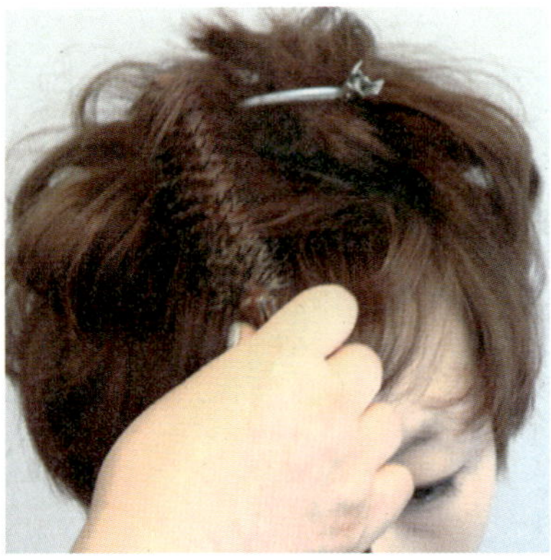

63. 연결하여 시술한다.

64. 방향성을 준다.

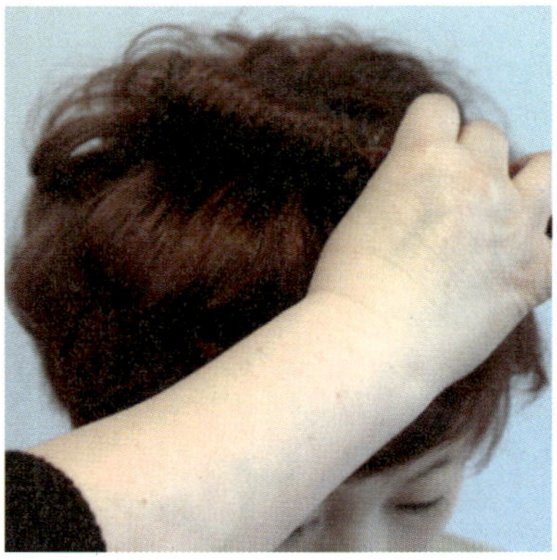

65. 연결 컬을 형성한다.

66. 강한 컬을 형성한다.

67. 연결하여 강한 컬을 형성한다.

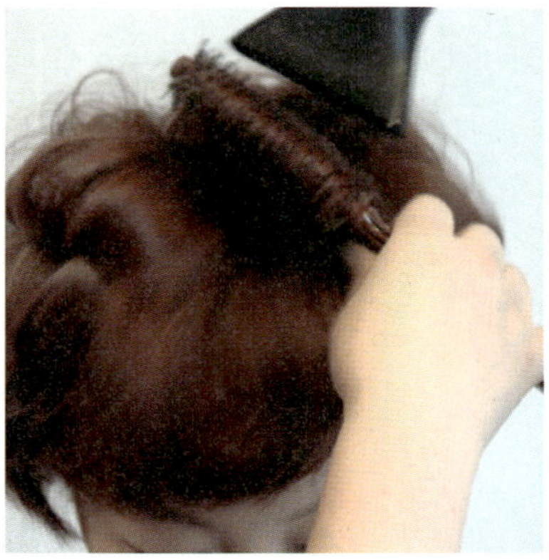

68. 컬을 형성한다.

69. 완성된 컬의 모습이다.

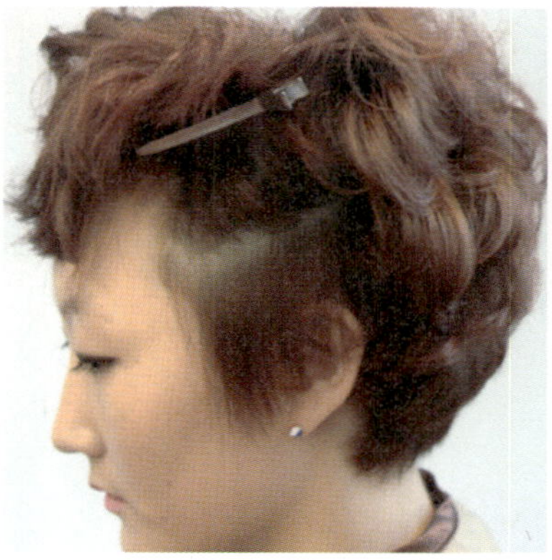
70. 왼쪽 부분을 시작한다.

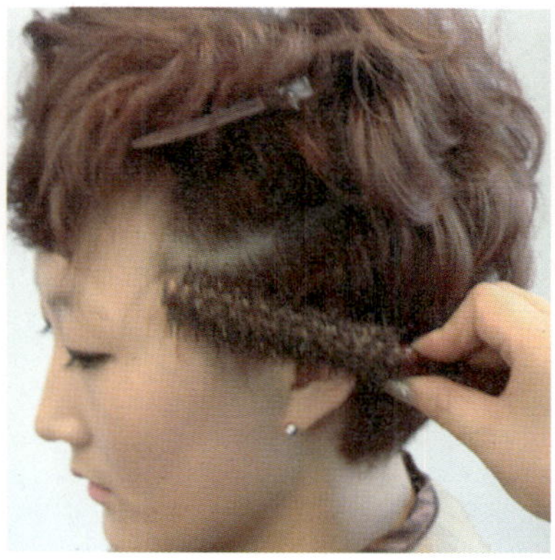
71. 오른쪽과 같은 방법으로 시술한다.

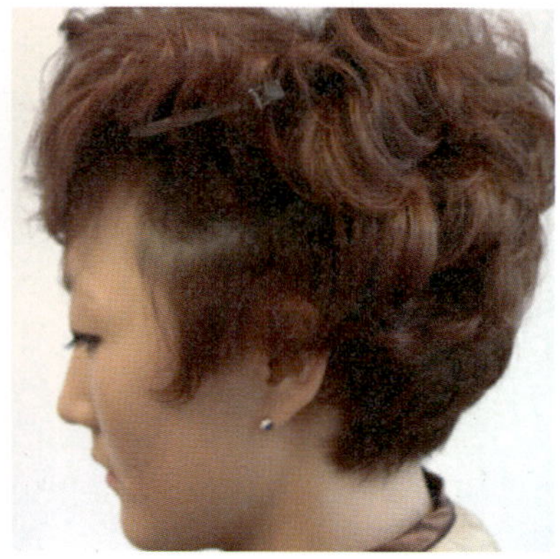
72. 시술 후 모습이다.

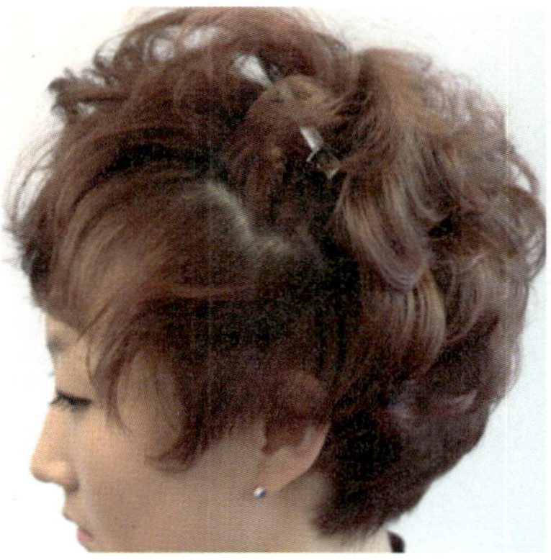
73. 프론트 머리를 연결한다.

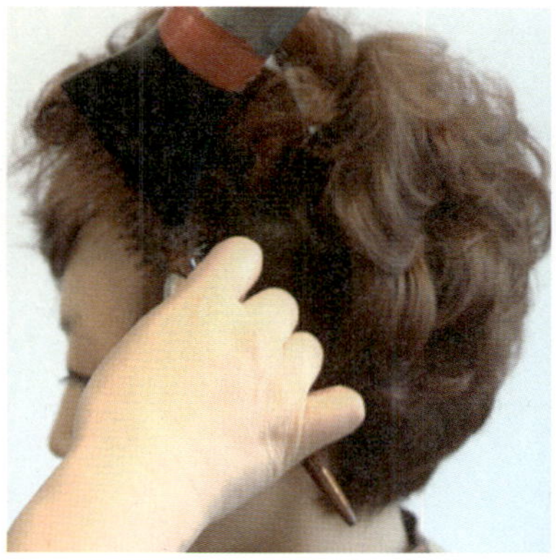
74. 끝 모발을 정리한다.

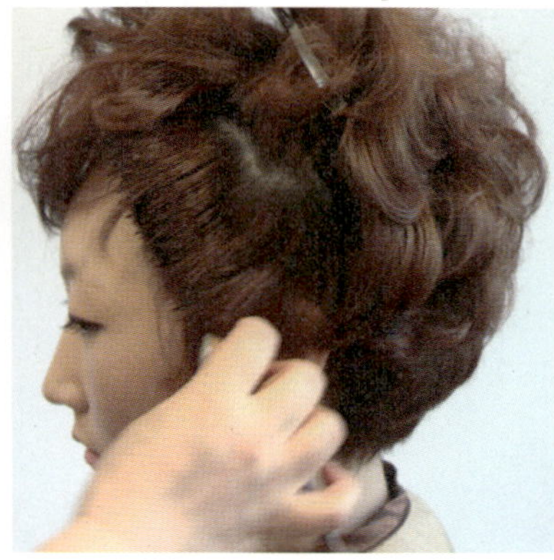
75. 끝까지 연결한다.

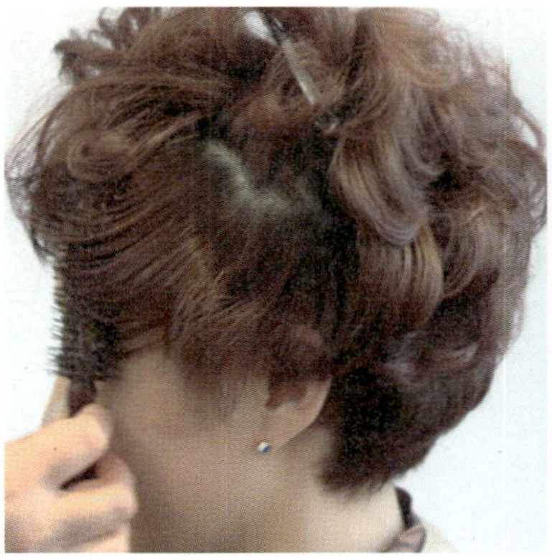
76. 방향성을 준다.

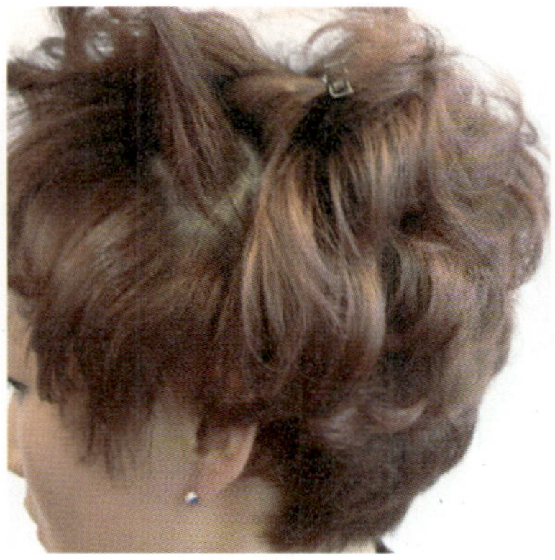
77. 가르마를 만들지 말고 연결한다.

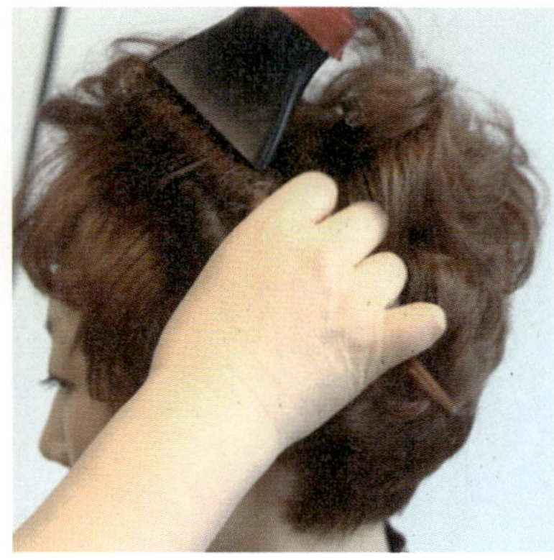
78. C컬로 연결한다.

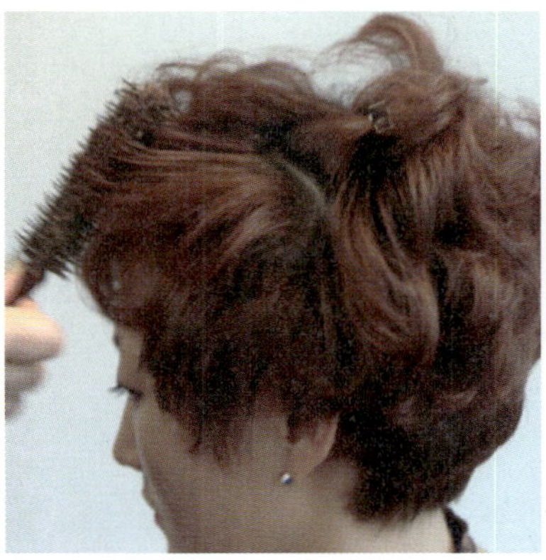
79. 방향을 준다.

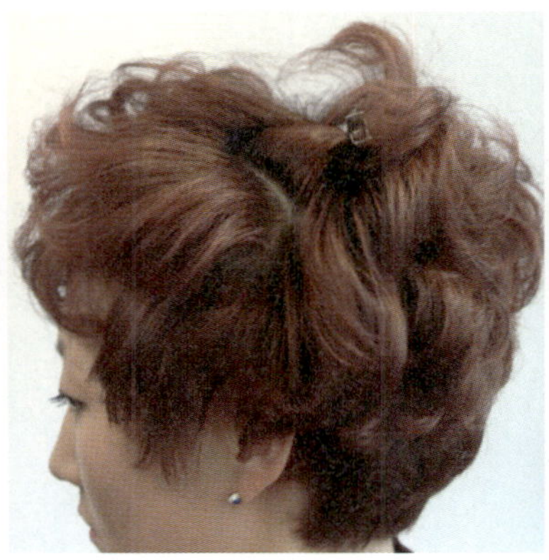
80. 뿌리 볼륨에 포인트를 준다.

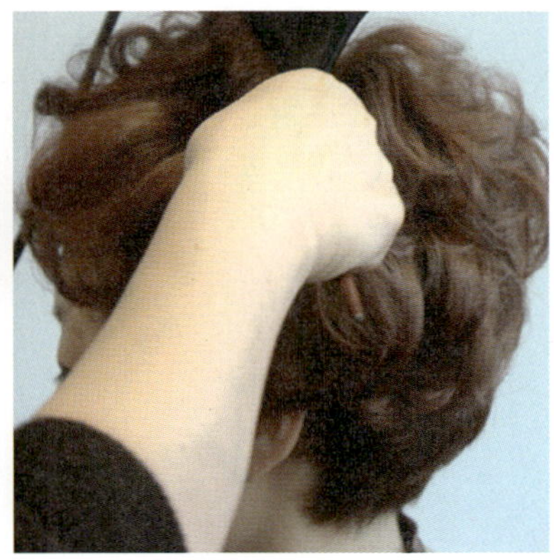
81. 탑 부분에 볼륨을 형성한다.

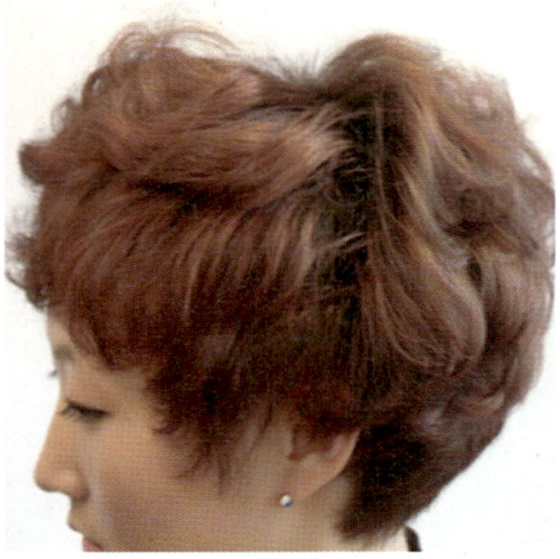

82. 완성된 옆모습이다.

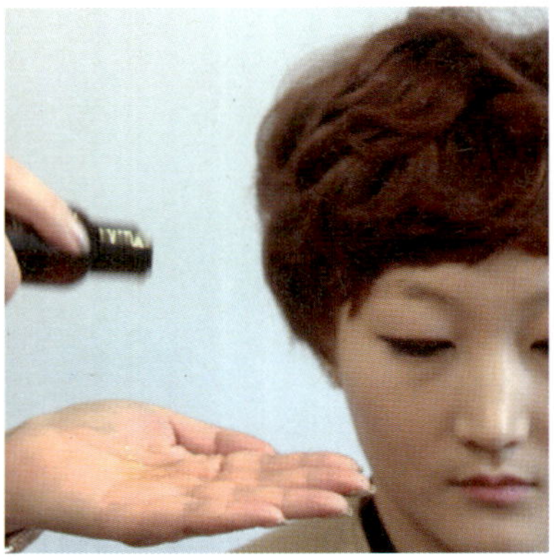

83. 에센스로 마무리한다. 모질에 따라 왁스 사용도 가능하다.

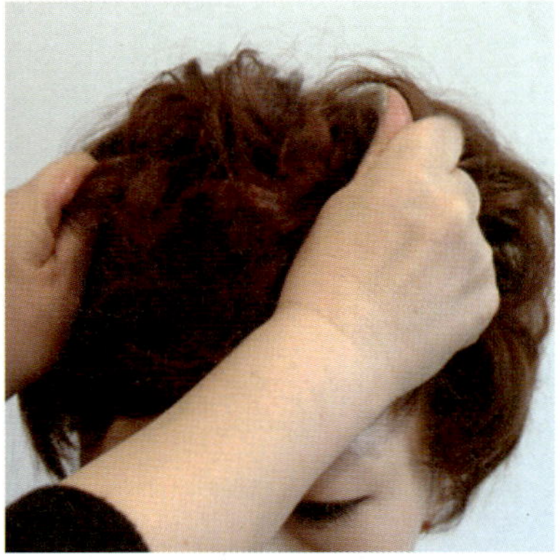

84. 끝 모발을 손가락으로 디자인한다. 컬감을 만들어 준다.

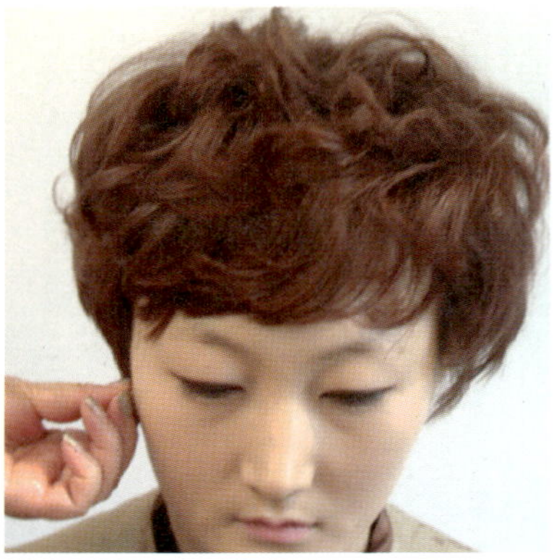

85. 구레나룻은 뜨지 않게 방향성을 준다.

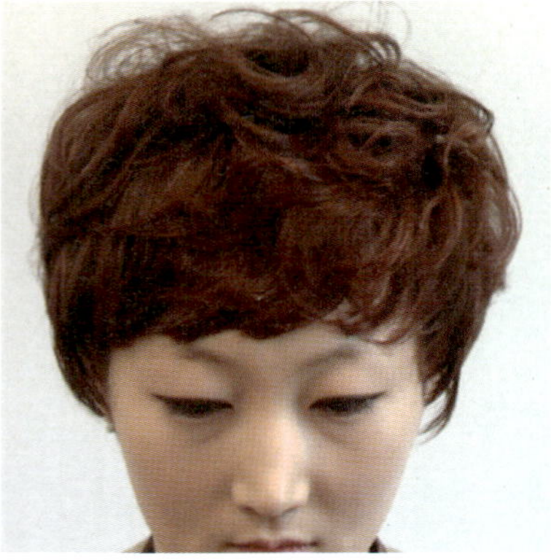

86. 완성된 앞모습이다.

87. 완성된 왼쪽 옆모습이다.

88. 완성된 오른쪽 옆모습이다.

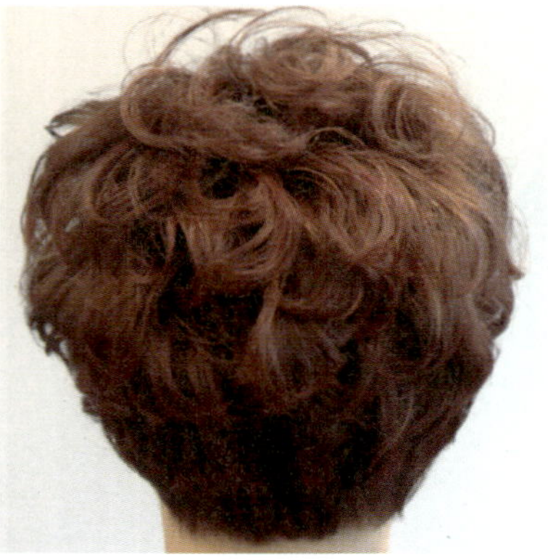

89. 완성된 뒷모습이다. 적당한 컬의 표현이 중요하다.

쇼트-웨이브

2. 미듐 스타일

1) C컬 스타일

요즘 트렌드인 뻗침 머리와 내추럴한 웨이브를 표현해 보았다.
적당한 볼륨을 주어 얼굴형의 단점을 보완하고 단발의 단순함을 좀 더 율동감 있게 디자인한다.

(1) 사용도구

블로우 드라이 시술도구, 롤 브러쉬(소, 중), 핀셋 4개, 에센스, 스프레이, 분무기

(2) 시술순서

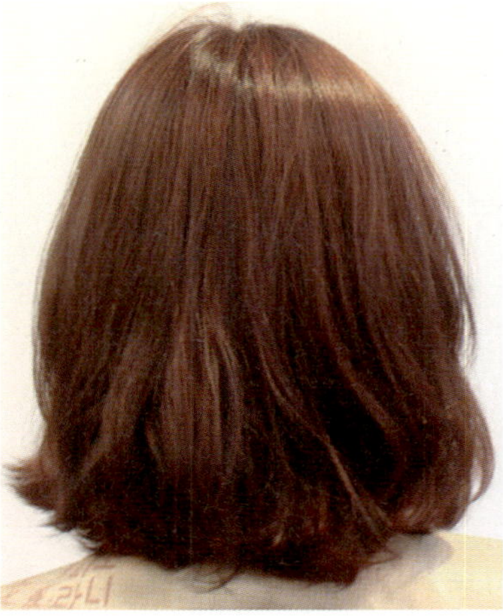

1. 시술 전 모습이다.

2. 모발의 양을 적절히 나누어 4등분으로 나눈다.

3. 백 포인트부터 모발을 아래에서부터 브러쉬에 감는다.

4. 드라이를 모발 끝에서 바깥말음한다.

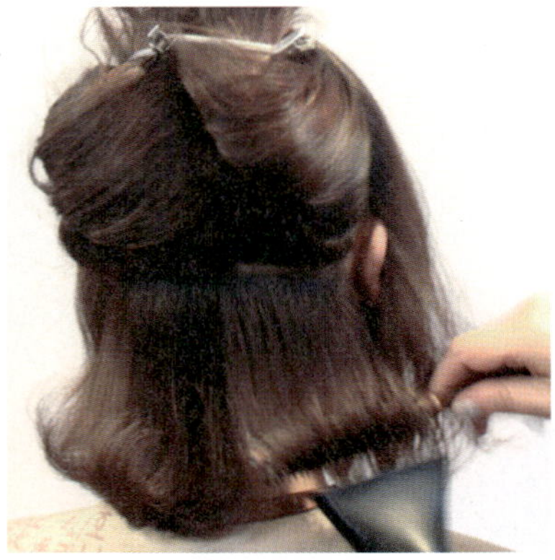

5. 옆 라인과 연결한다.

6. 다음 모발 섹션을 나눈다.

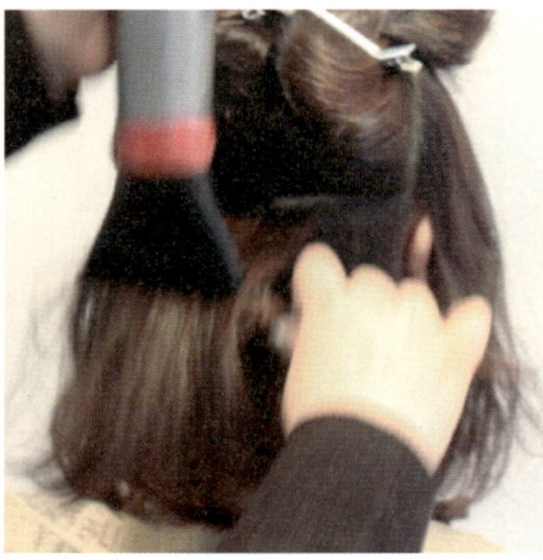

7. 뿌리 부분을 펴준다.

8. 모발 끝 부분은 같은 방법으로 시술한다.

9. 다음 모발 섹션을 나눈다.

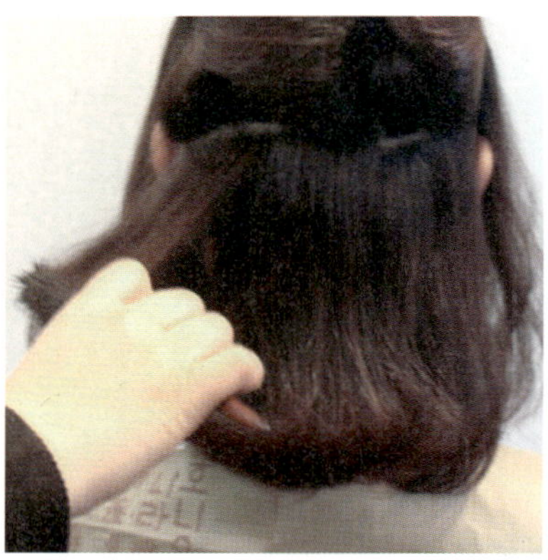

10. 옆 라인 연결 시술한다.

11. 옆 라인 연결하여 시술한다.

12. 다음 모발 섹션을 나눈다.

13. 탑 부분 모발부터 가볍게 컬을 만든다.

14. 뒤집어서 열을 준다.

15. 내추럴 웨이브를 형성한다.

16. 옆 라인 연결 시술한다.

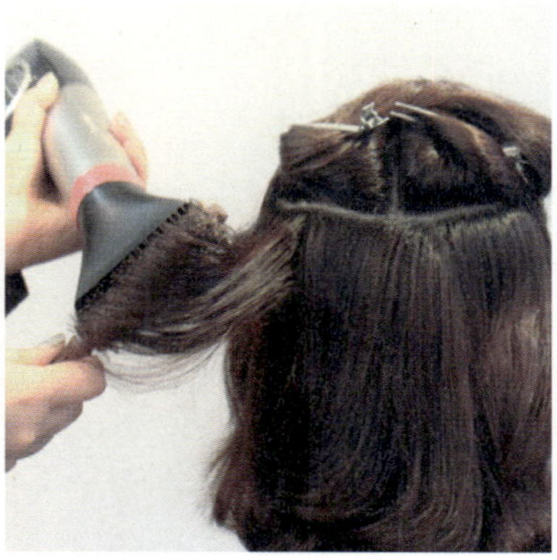
17. 옆 라인 연결 시술한다.

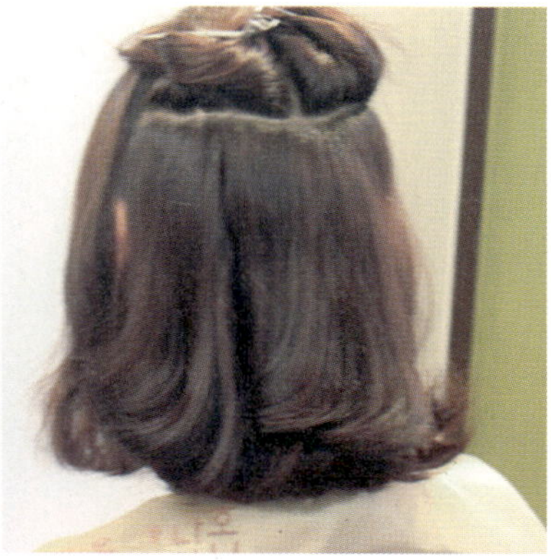
18. 연결 시술된 모습이다.

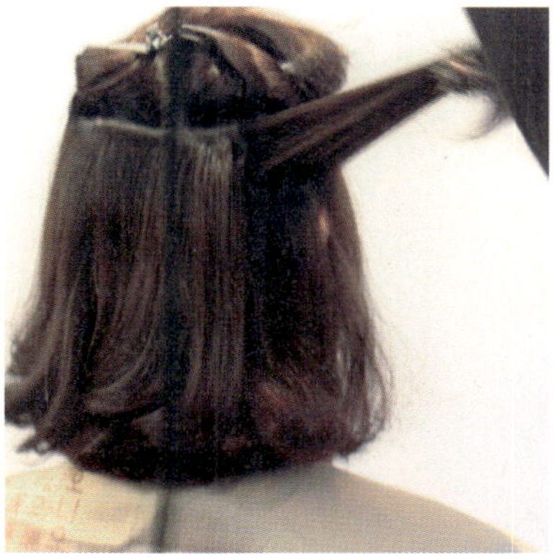
19. 반대편도 연결 시술한다.

20. 연결 시술된 상태이다.

21. 뿌리 볼륨을 형성한다.

22. 뒤집어 열을 주어 컬 형성력을 높인다.

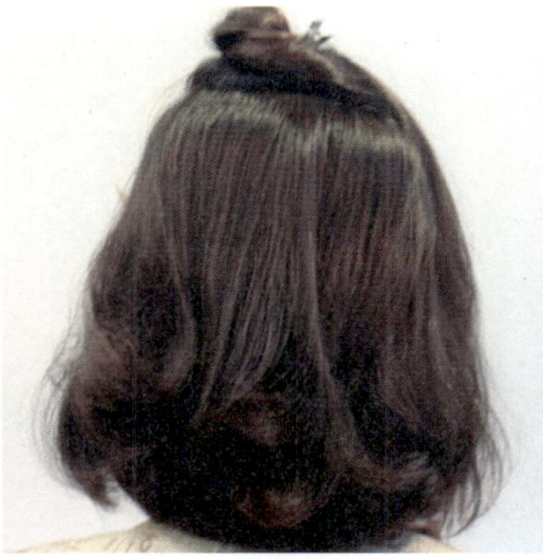
23. 연결 시술된 상태이다.

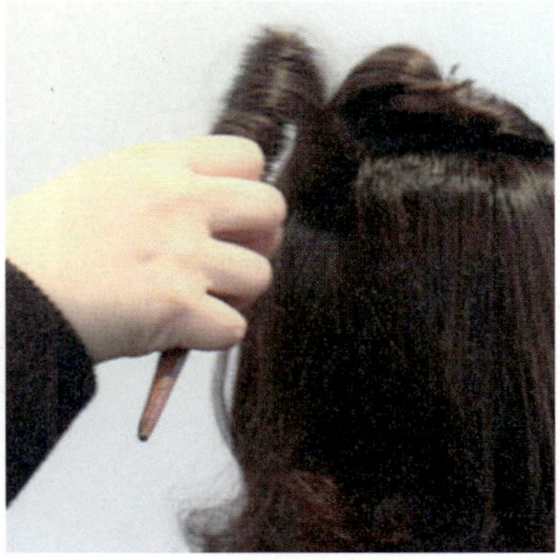
24. 연결 시술한다.

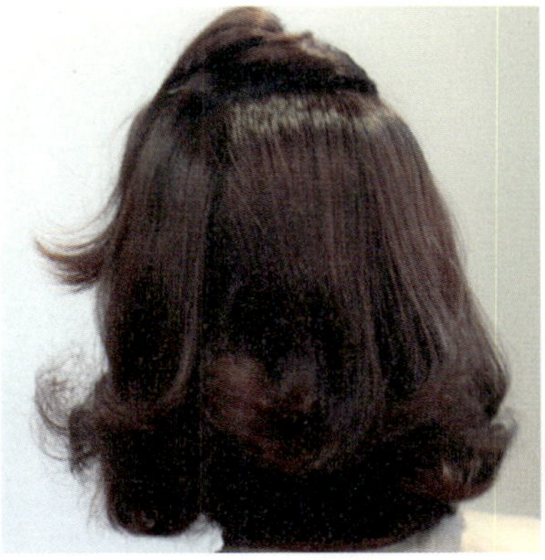
25. 연결하여 웨이브를 형성한다.

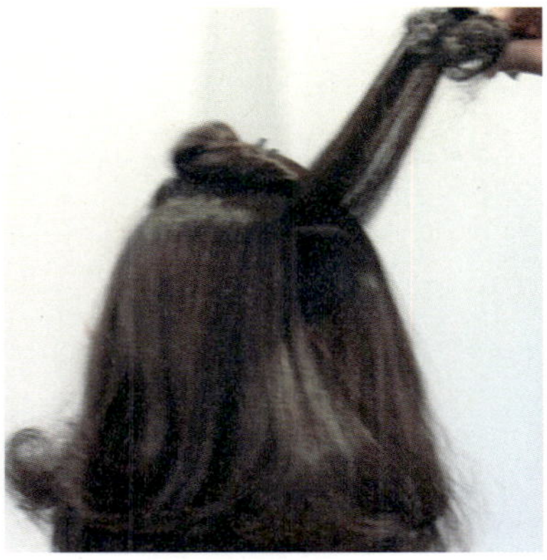
26. 연결 시술한다.

27. 연결 시술한다.

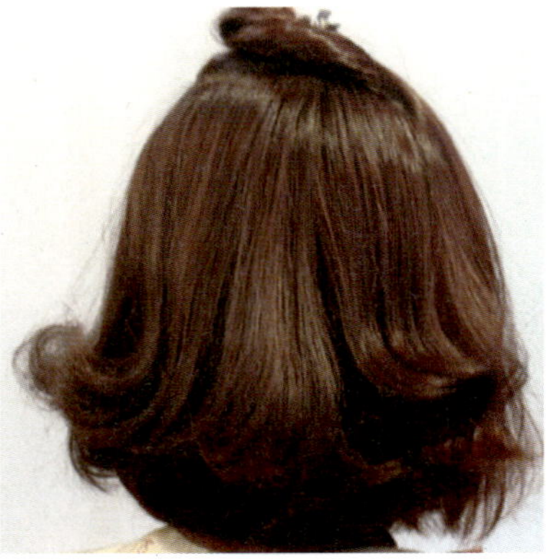
28. 연결 시술된 상태이다.

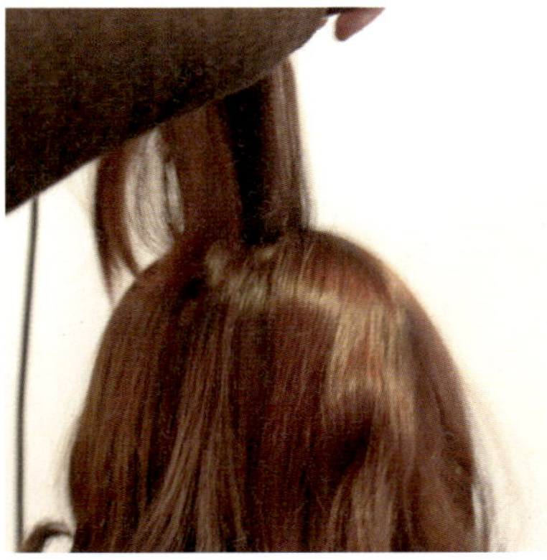
29. 탑 부분에 볼륨감을 만든다.

30. 웨이브를 형성한다.

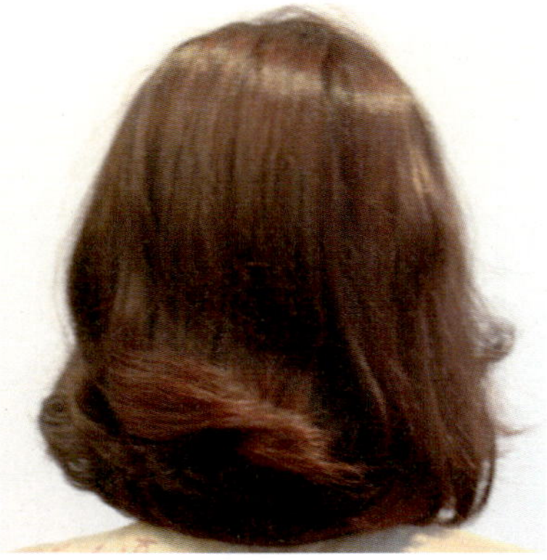
31. 방향감을 만든다.

32. 연결 시술한다.

33. 연결 시술한다.

34. 완성된 웨이브의 상태이다.

35. 탑 부분 연결 시술한다.

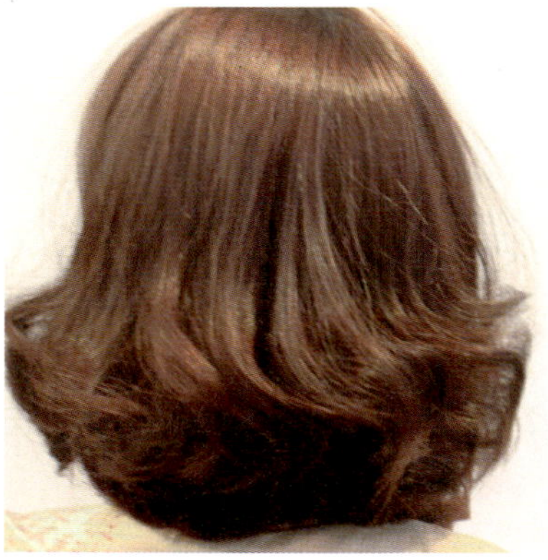
36. 완성된 뒷모습이다.

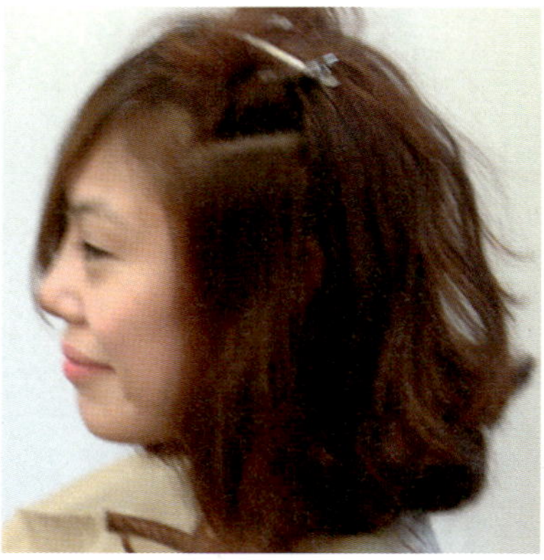
37. 왼쪽 옆머리를 시술한다.

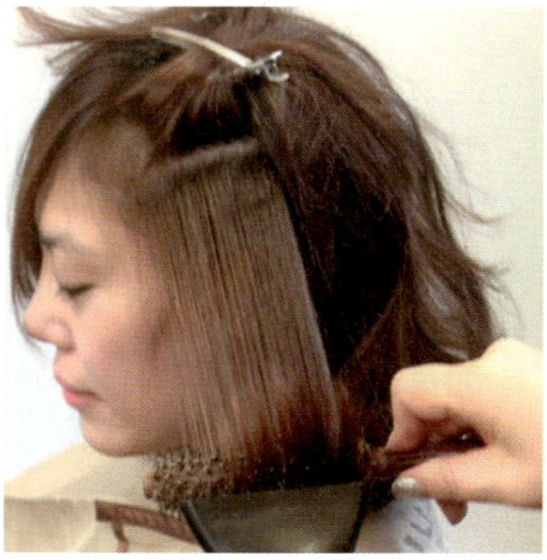
38. 바깥말음 한다.

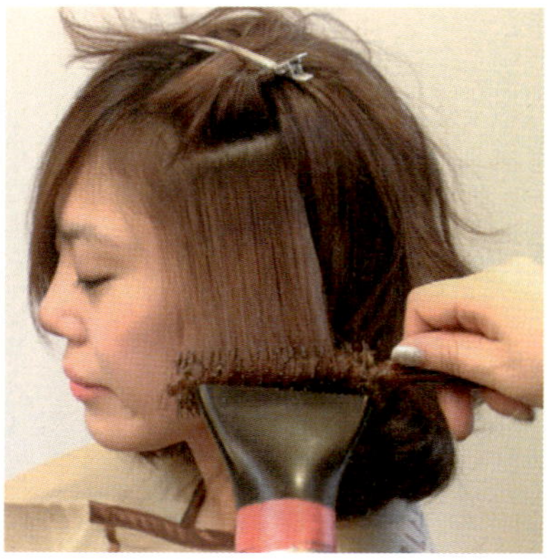
39. 뻗침머리로 표현한다.

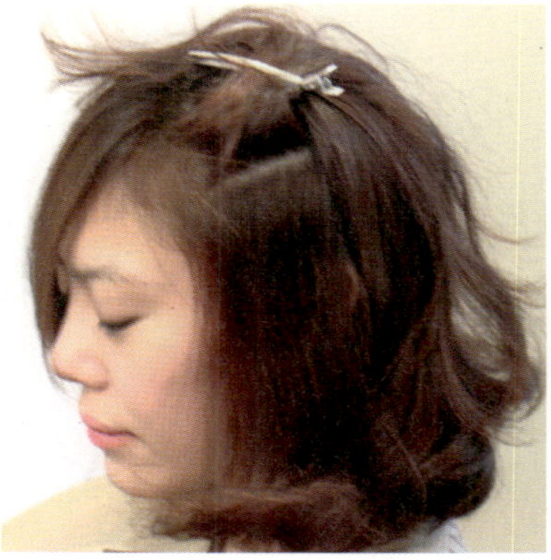
40. 모발에 길이감이 있어 탄력을 준다.

41. 뿌리부분에 볼륨을 준다.

42. 바깥말음으로 디자인한다.

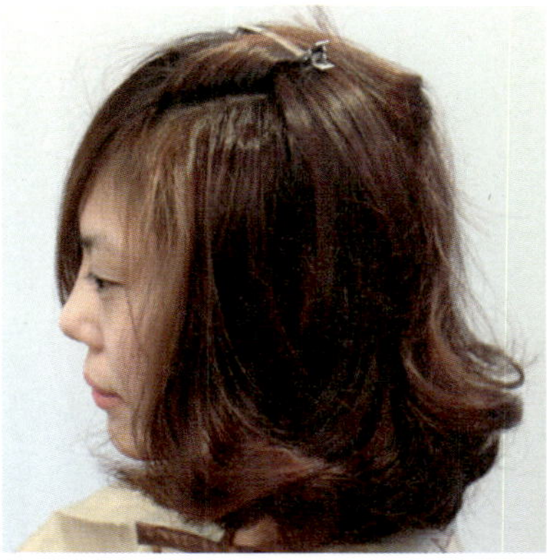
43. 컬이 형성된 상태이다.

44. 연결 시술한다.

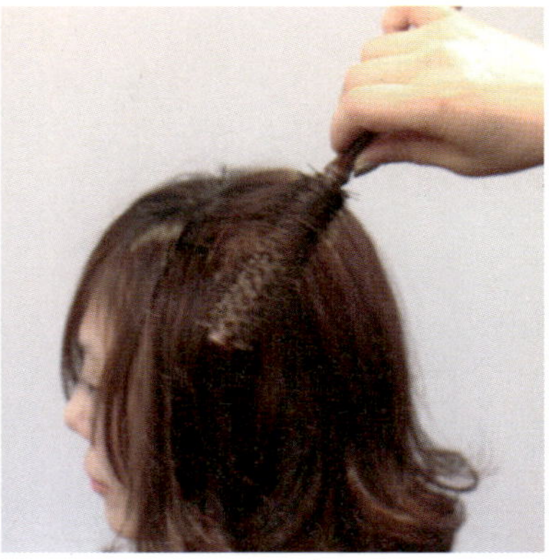
45. 연결 시술한다.

46. 컬이 완성된 상태이다.

47. 사이드 프론트 머리를 시술한다.

48. 바깥 방향으로 넘긴다.

49. 완성된 옆머리 모습이다.

50. 오른쪽 부분을 시술한다.

51. 같은 방법으로 시술한다.

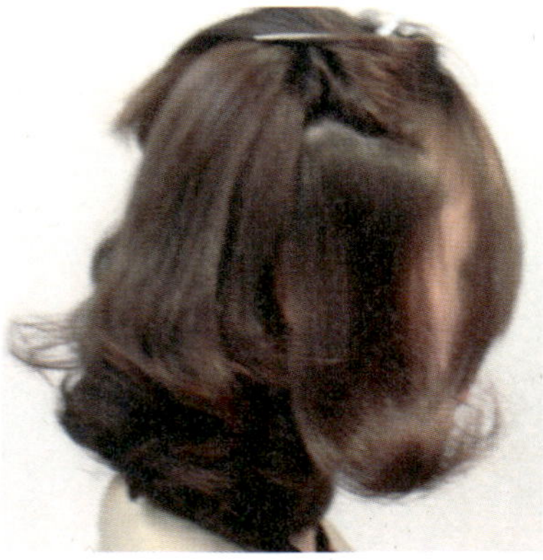
52. 뻗침 머리 상태이다.

53. 웨이브를 형성한다.

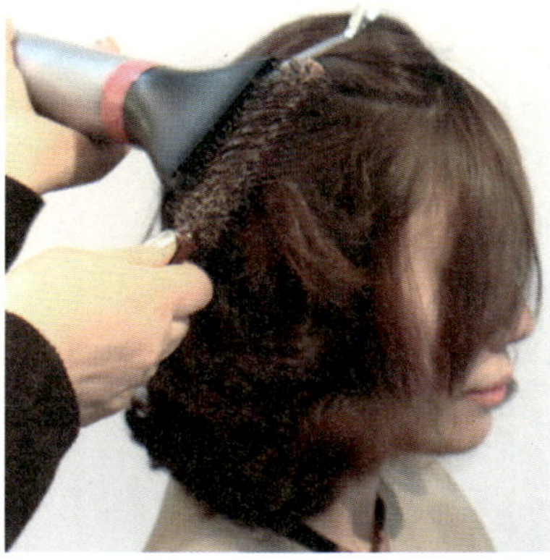
54. 뒤집어서 열을 준다.

55. 컬이 완성된 모습이다.

56. 연결 시술한다.

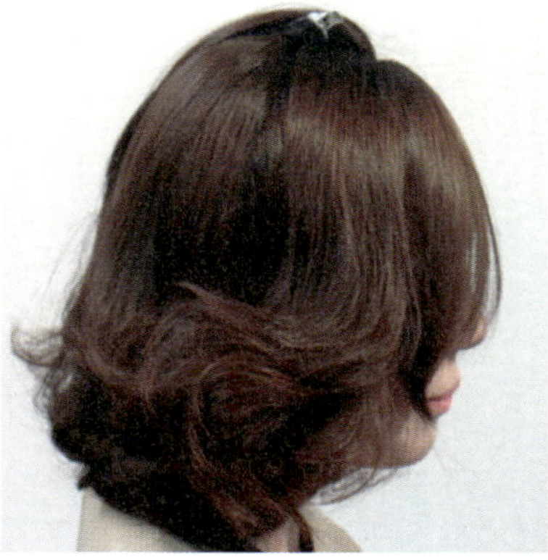
57. 완성된 컬의 모습이다.

58. 연결 시술한다.

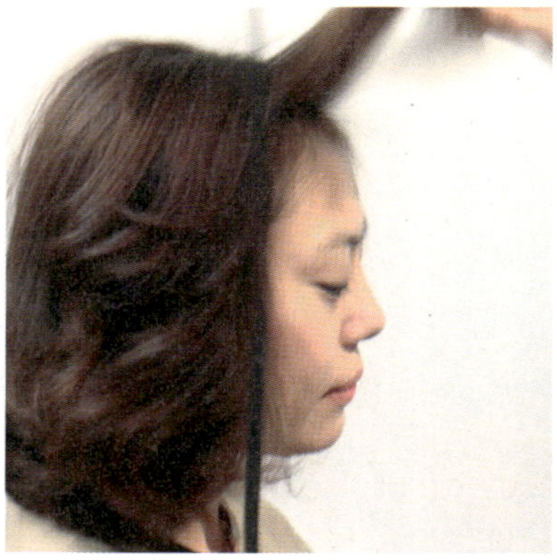
59. 앞머리는 C컬한다.

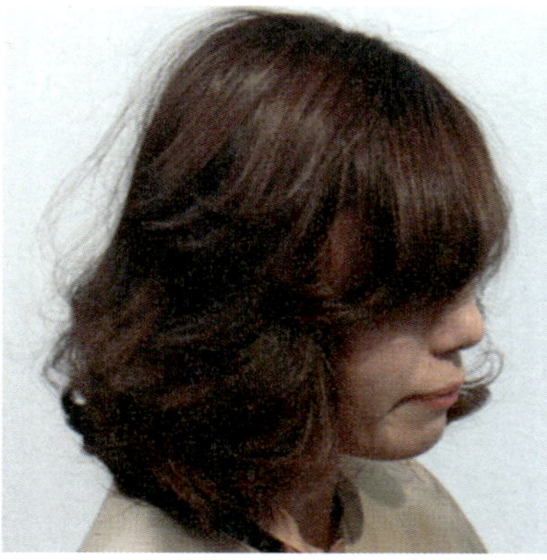
60. 앞머리 살짝 옆으로 방향성을 준다.

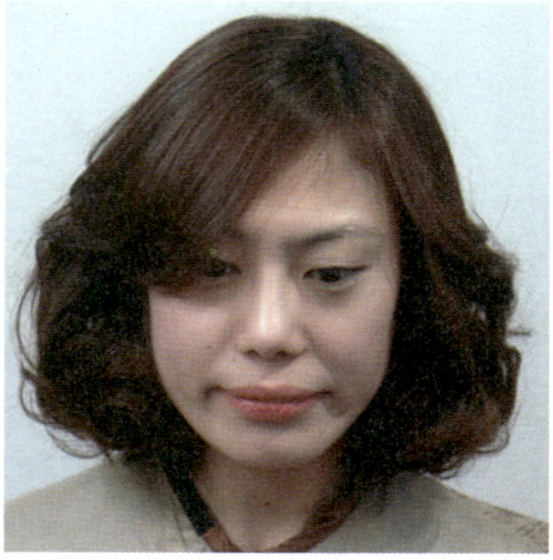
61. 완성된 앞모습이다.

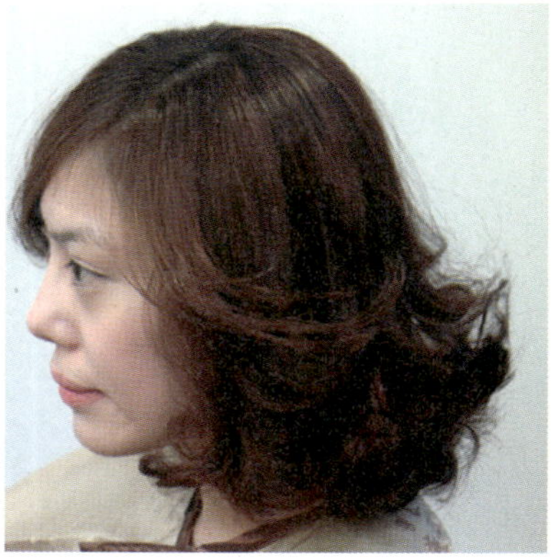
62. 완성된 왼쪽 옆모습이다.

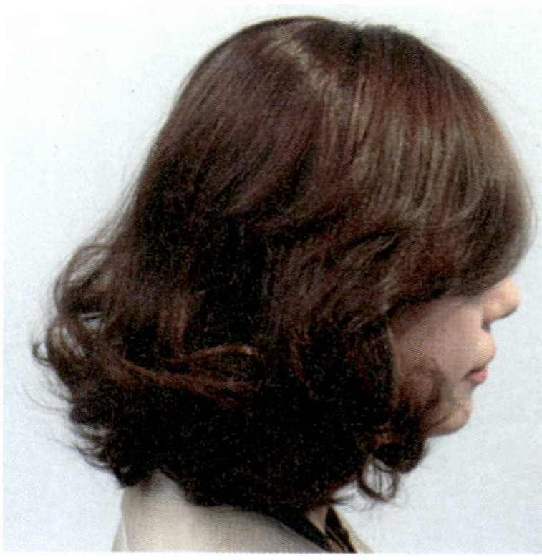
63. 완성된 오른쪽 옆모습이다.

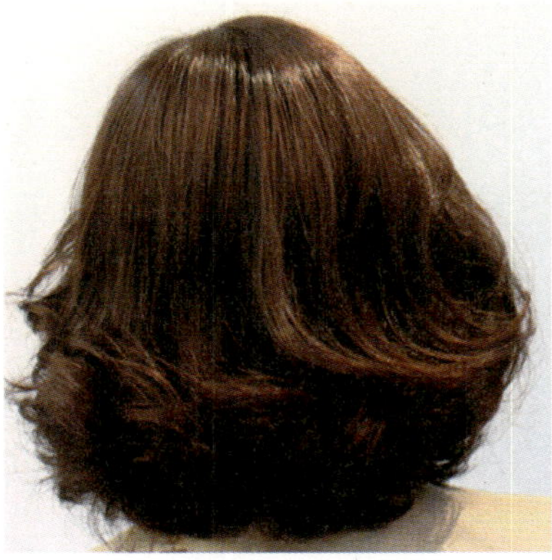

64. 완성된 뒷모습이다.

미듐-C컬 스타일

2) 웨이브 스타일

어중간한 모발 길이에 적절한 디자인으로 모발 끝에만 만들어지는 웨이브의 단점을 보완하고 모발 뿌리까지 가능한 웨이브를 형성하여 좀 더 화려하고 섹시한 분위기를 연출한다.

(1) 사용도구

블로우 드라이 시술도구, 롤 브러쉬(소), 핀셋 4개, 에센스, 분무기, 스프레이

(2) 시술순서

① 모발에 물을 분무한다.
② 사이드 섹션하여 핀셋 고정한다.
③ 백 포인트부터 컬을 만든다.

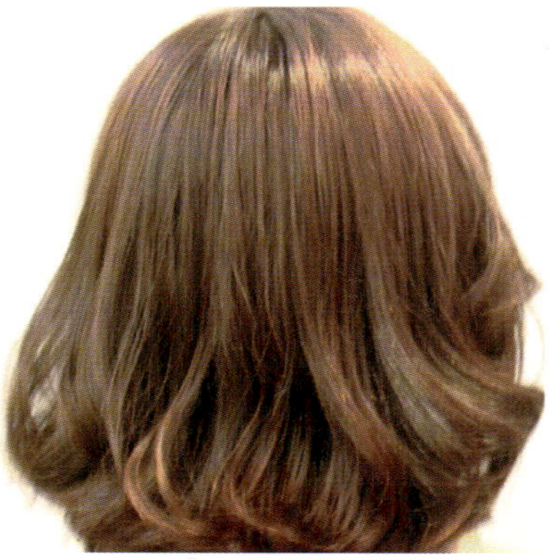

1. 시술 전 모습이다.

2. 백 포인트 섹션을 나눈다.

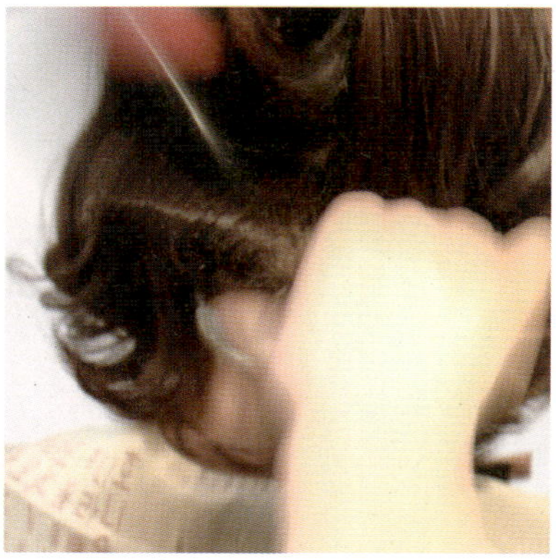

3. 컬을 만든다.

4. 뒤집어 열을 준다.

5. 컬이 형성된 상태이다.

6. 계속 컬을 형성한다.

7. 컬이 형성된 상태이다.

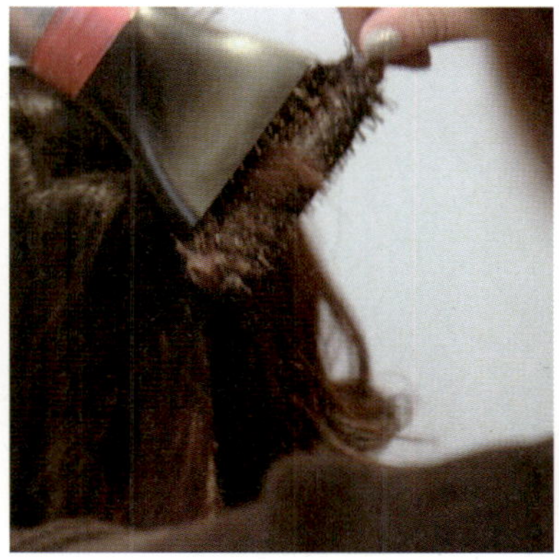

8. 연결 시술한다.

9. 연결 시술한다.

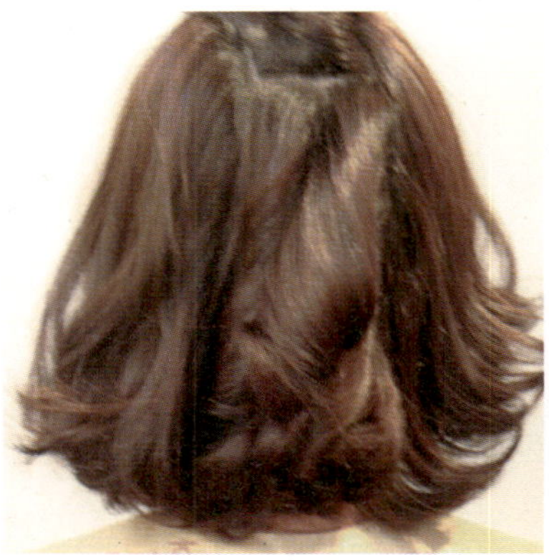

10. 연결 시술한다.

11. 연결 시술한다.

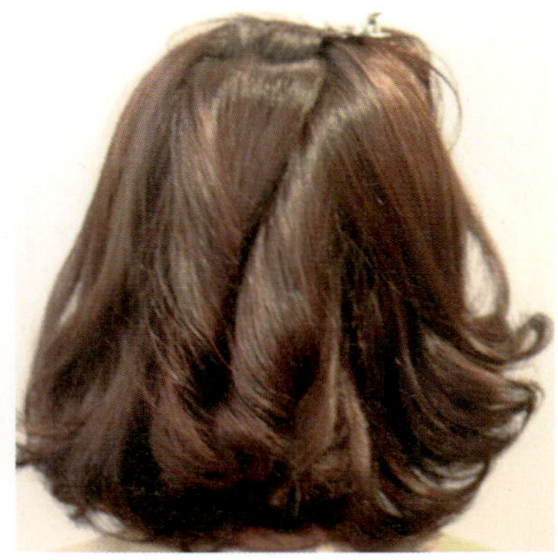

12. 연결 시술된 상태이다.

13. 탑 부분은 모발의 양을 적게 잡는다.

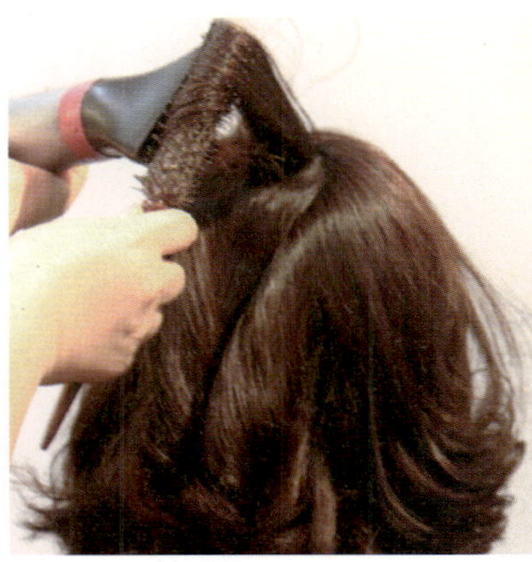

14. 컬을 강하게 만든다.

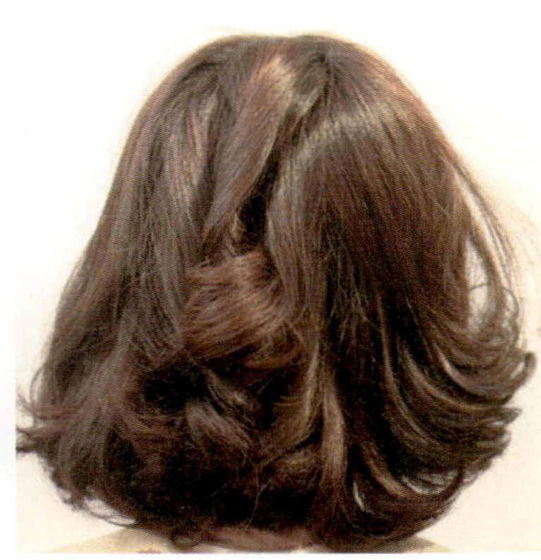

15. 컬이 형성된 상태이다.

16. 계속 연결 시술한다.

17. 반대편 연결 시술한다.

18. 연결 시술한다.

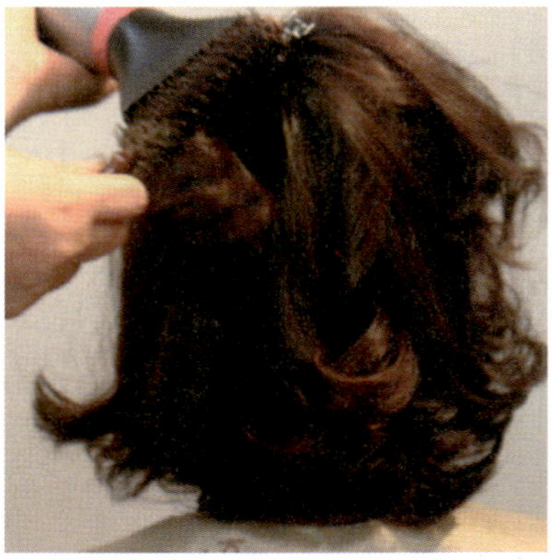
19. 뒤집어 열을 준다.

20. 열에 의해 컬의 탄력도가 결정된다.

21. 길이감이 늘어지지 않게 컬을 형성한다.

22. 연결 시술한다.

23. 연결 시술된 상태이다.

24. 탑 부분에 컬 형성 시술한다.

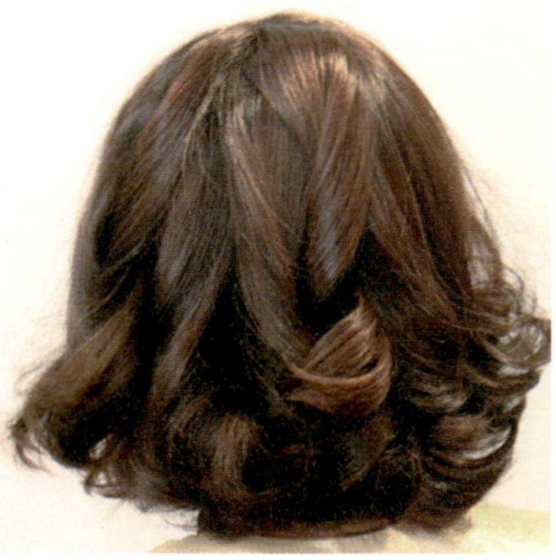
25. 컬 형태 모습이다.

26. 연결 시술한다.

27. 컬 형태 모습이다.

28. 옆머리 안말음으로 컬을 형성한다.

29. 다음 섹션도 연결 시술한다.

30. 위쪽 O컬은 더 강하게 시술한다.

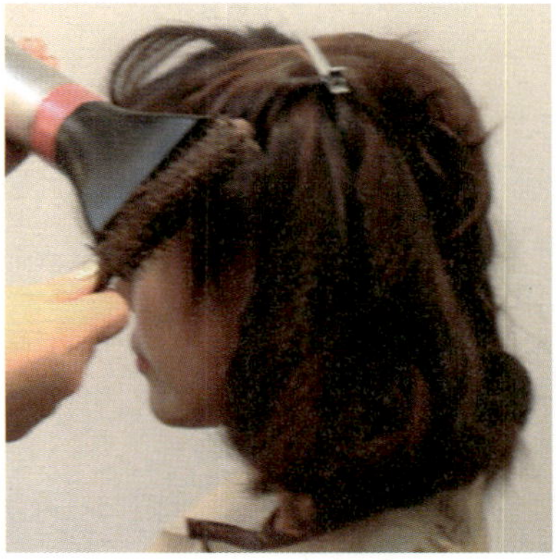

31. 왼쪽 옆머리에 안말음 컬을 형성한다.

32. 연결 시술한다.

33. 완성된 상태이다.

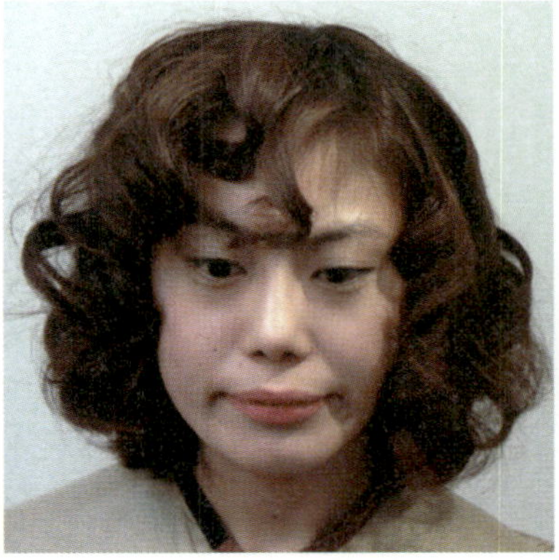

34. 완성된 앞모습이다.

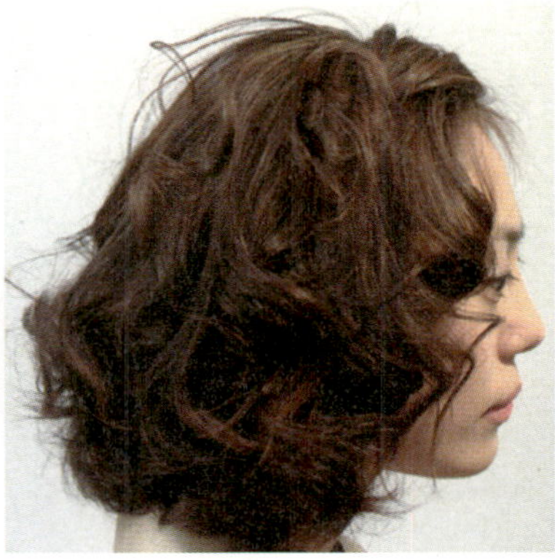

35. 완성된 왼쪽 옆모습이다.

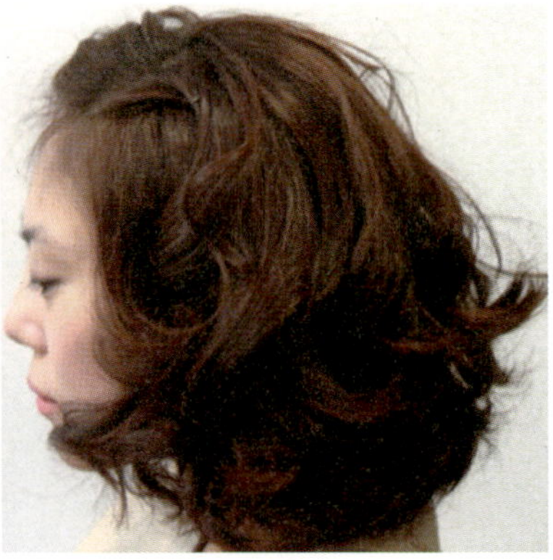

36. 완성된 오른쪽 옆모습이다.

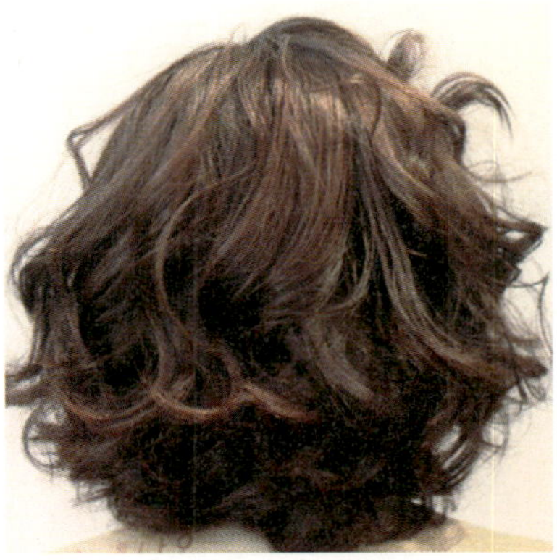

37. 완성된 뒷모습이다.

미듐-웨이브 스타일

3. 롱 스타일

1) C컬 스타일

모발 길이의 3분의 1은 펴고 나머지 부분은 C컬을 만든다.
차분하고 매끈한 모발 표현으로 20대 여성들이 선호하는 디자인이다.
유행을 타지 않으며 청순한 느낌으로 깔끔하게 정리한다.

(1) 사용도구

블로우 드라이 시술도구, 드라이, 분무기, 브러쉬, 핀셋, 에센스

(2) 시술순서

1. 시술 전 모습이다.

2. 옆 머리를 핀셋으로 고정한다.

3. 네이프부터 시술한다.

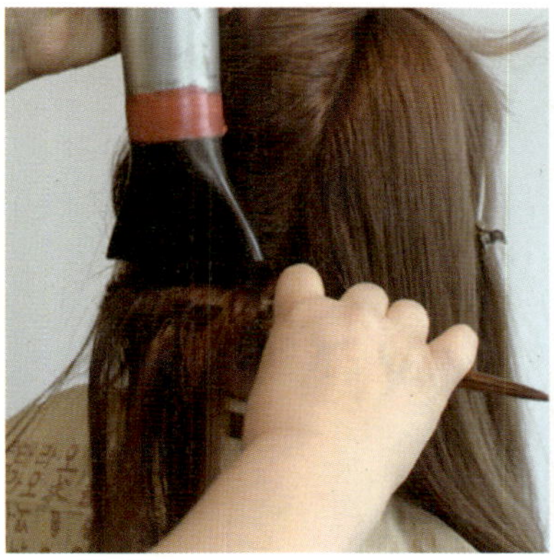
4. 브러쉬를 이용해 펴준다.

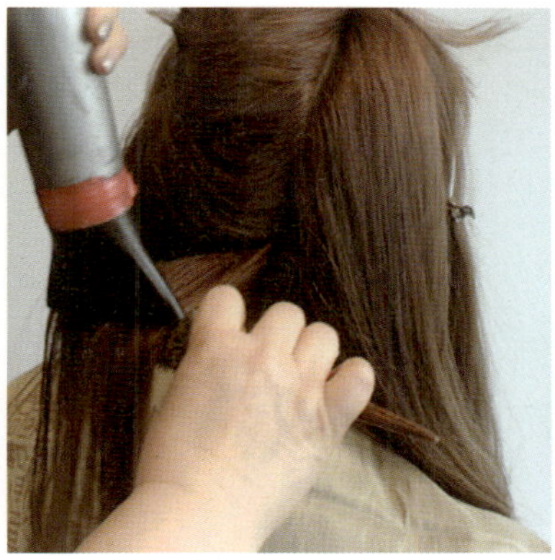
5. 열과 바람으로 모발을 편다.

6. 끝 부분의 모발을 브러쉬에 감는다.

7. C컬을 형성한 모습이다.

8. 다음 섹션을 시술한다.

9. 중간 볼륨을 살리기 위해 각도를 높인다.

10. 같은 방법으로 시술한다.

11. 컬이 완성된 모습이다.

12. 연결 시술한다.

13. 연결 시술한다.

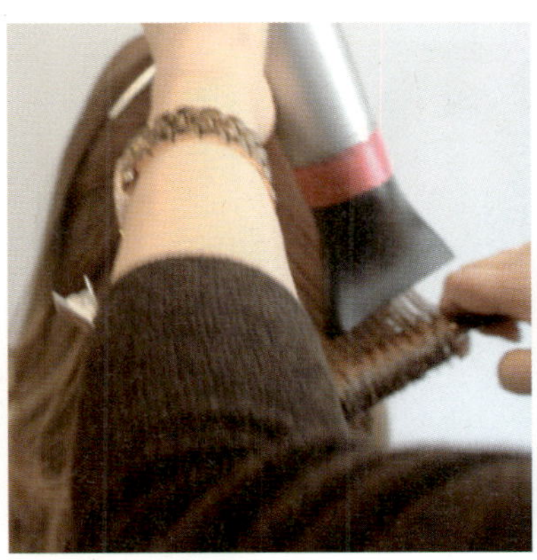
14. 연결 시술한다.

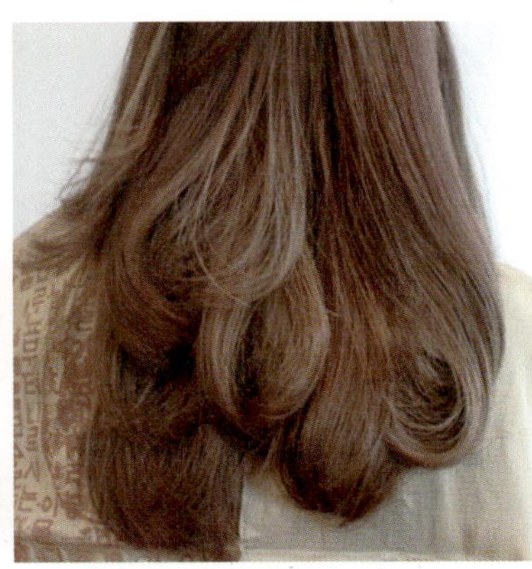
15. 컬이 완성된 모습이다.

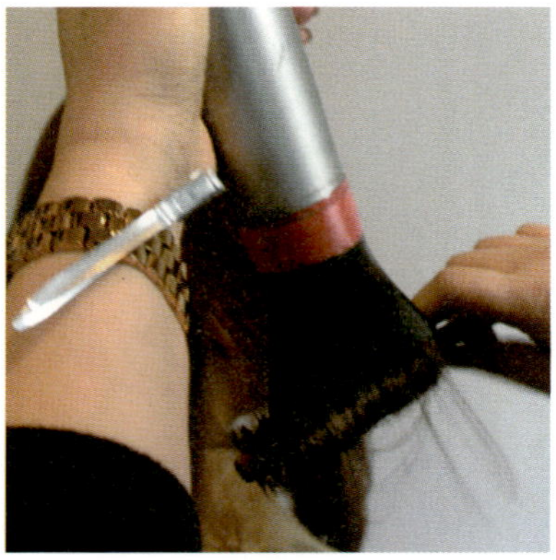

16. 모발 끝에 탄력과 윤기를 주기 위해 열을 골고루 가한다.

17. C컬을 형성한 모습이다.

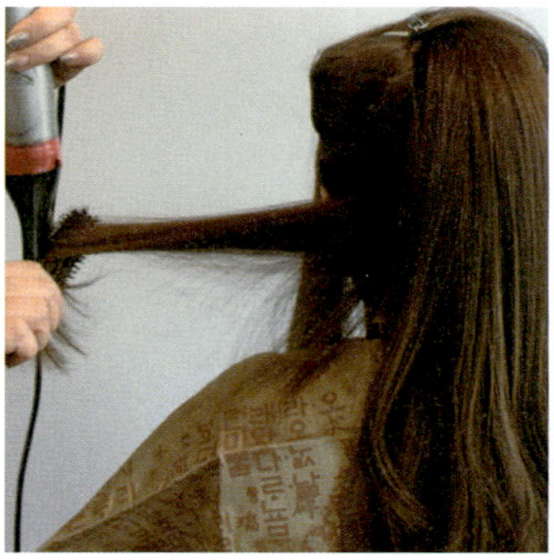

18. 왼쪽 머리를 시술한다.

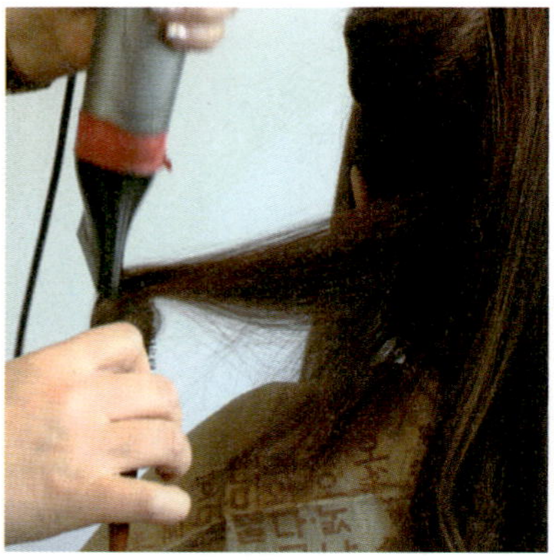

19. 컬의 방향을 얼굴쪽으로 향하게 만든다.

20. 컬이 완성된 모습이다.

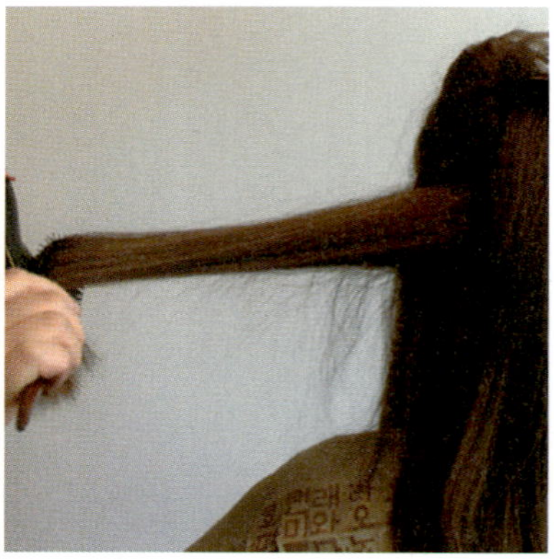

21. 다음 섹션을 시술한다.

22. 컬이 형성된 상태이다.

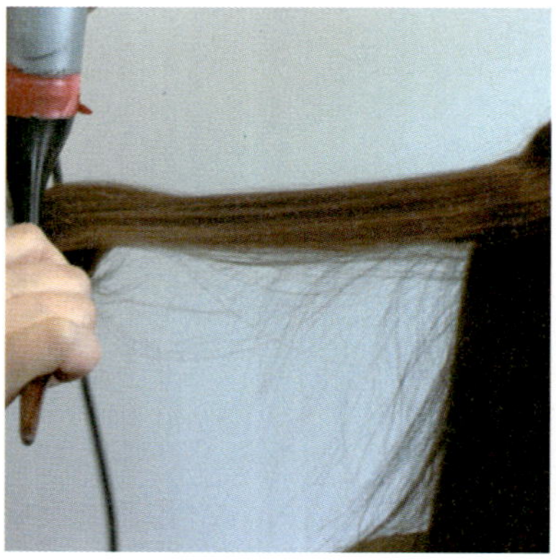

23. 다음 섹션을 시술한다.

24. 컬이 형성된 모습이다.

25. 볼륨을 주기 위해 각도를 높인다.

26. 모발의 텐션을 유지한다.

27. 모발 끝을 감아 탄력을 유지한다.

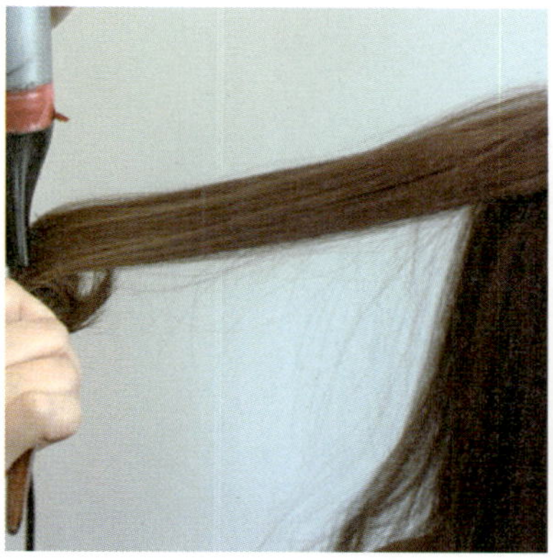

28. 매끈하게 모선까지 정리한다.

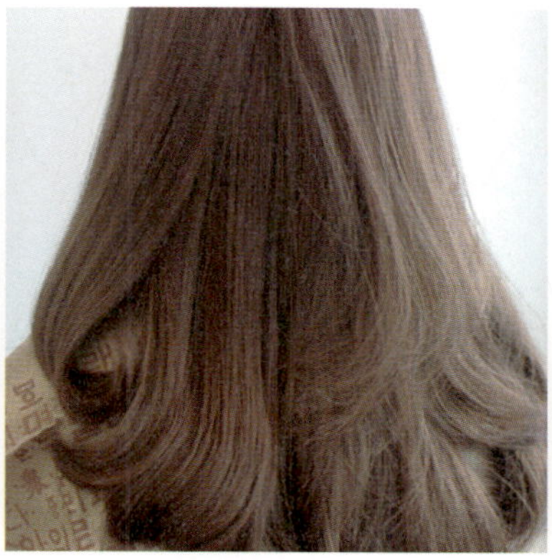

29. 컬이 완성된 모습이다.

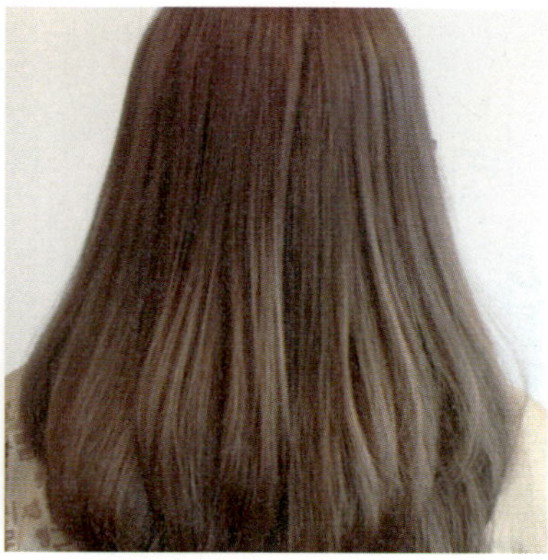

30. 완성된 뒷모습이다.

31. 옆 모발에 수분을 뿌린다.

32. 15° 사선으로 각도를 높이지 말고 모류를 고려한다.

33. 가지런히 편다.

34. 모발 끝 정리를 위해 브러쉬에 감는다.

35. 열을 준다.

36. 얼굴 방향으로 컬을 잡아준다.

37. 다음 섹션을 시술한다.

38. 모발 끝을 정리한다.

39. 탄력을 위해 뒤집어 열을 준다.

40. 다음 섹션을 시술한다.

41. 컬이 완성된 상태이다.

42. 탑 부분에 볼륨을 준다.

43. 중간 볼륨을 만든다.

44. 모발 끝을 정리한다.

45. 연결 시술한다.

46. 컬이 완성된 모습이다.

47. 프론트 사이드 모발은 앞머리 디자인을 생각한다.

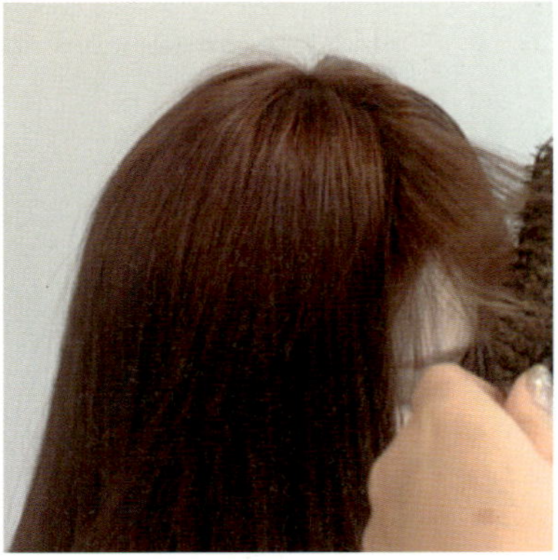

48. 바깥말음으로 방향을 잡는다.

49. 브러쉬를 이용하여 모발의 끝 정리를 바깥으로 한다.

50. 완성된 옆모습이다.

51. 오른쪽 옆머리를 시작한다.

52. 왼쪽과 같은 방향으로 시술한다.

53. 모발의 끝 부분에 열을 주면서 시술한다.

54. 얼굴 방향으로 잡아준다.

55. 다음 섹션도 같은 방법으로 시술한다.

56. 끝 모발 열을 주면서 정리를 위해 뒤집어 열을 준다.

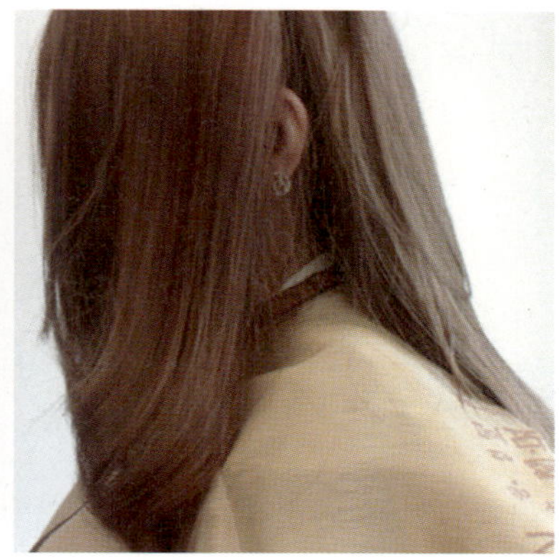

57. 컬이 완성된 상태이다.

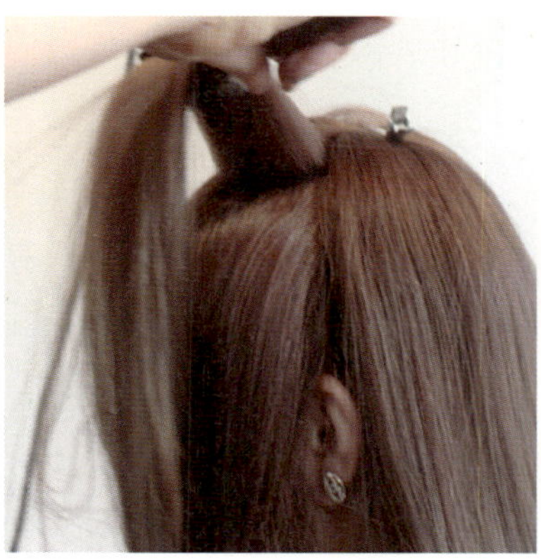

58. 볼륨을 위해 각도를 높인다.

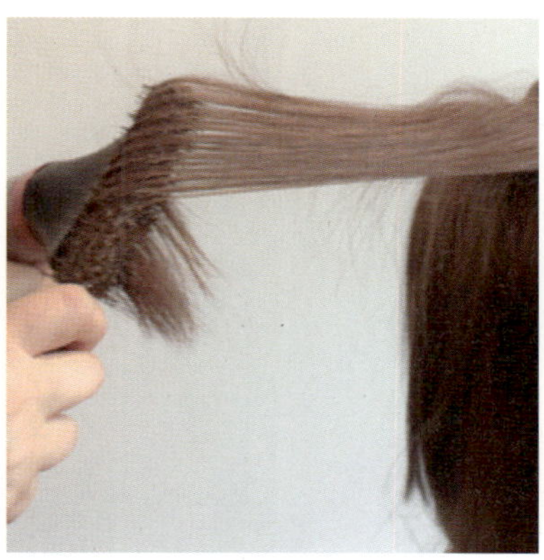

59. 모발 끝까지 시술한다.

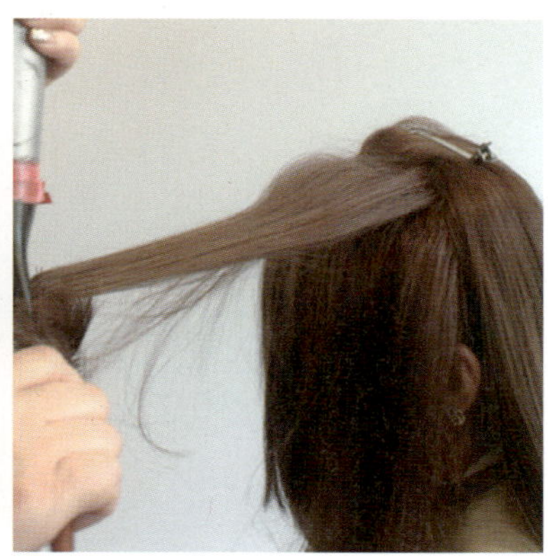

60. 연결 시술한다.

61. 컬이 형성된 모습이다.

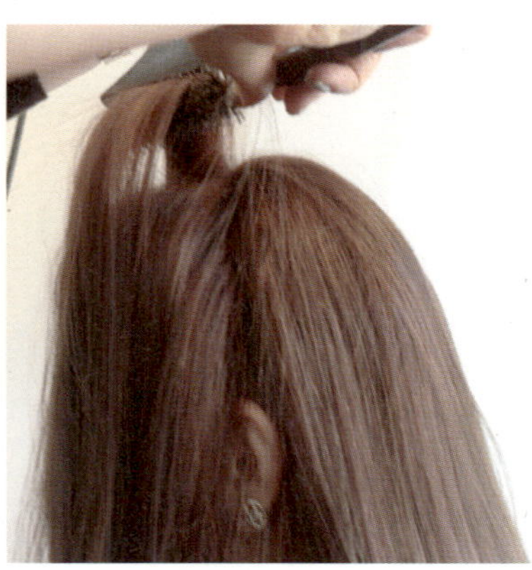

62. 각도를 잡아 볼륨을 형성한다.

63. 연결 시술한다.

64. 모발 끝을 정리한다.

65. 앞머리를 정리한다.

66. 길이를 고려하여 바깥말음한다.

67. 브러쉬로 방향을 잡는다.

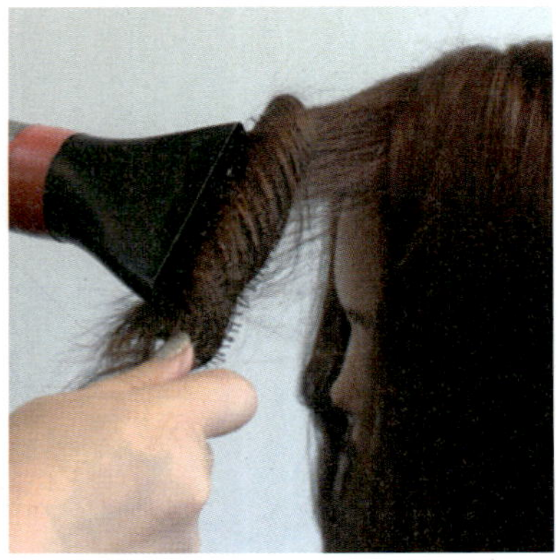

68. 탄력을 주기 위해 한 번 더 시술한다.

69. 완성된 모습이다.

70. 완성된 앞모습이다.

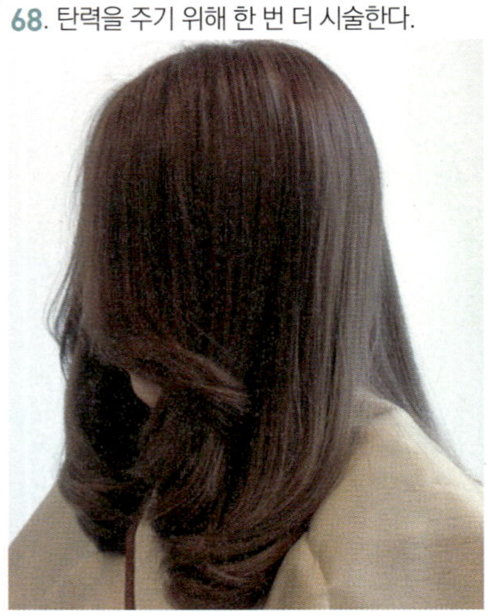

71. 완성된 옆모습이다.

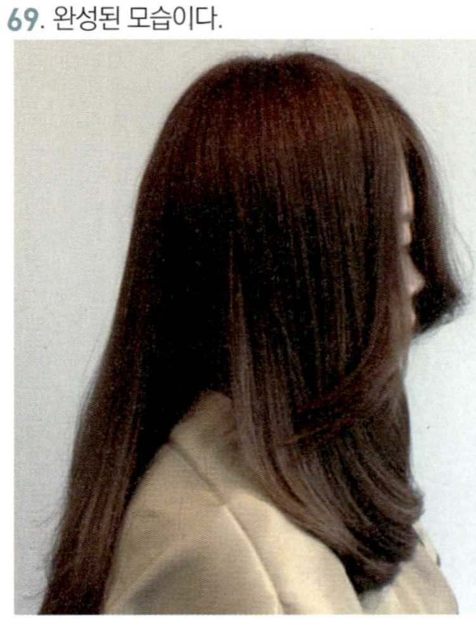

72. 완성된 옆모습이다.

73. 완성된 뒷모습이다.

롱-C컬

2) S 웨이브 스타일

릿지감을 살려 모발의 볼륨감을 주어 화려하고 섹시한 분위기 연출에 적절하다. 모량이 적은 모발도 웨이브와 볼륨으로 스타일의 완성도를 높일수 있다.

(1) 사용도구

블로우 드라이 시술도구

(2) 시술순서

1. 시술 전 모습이다.

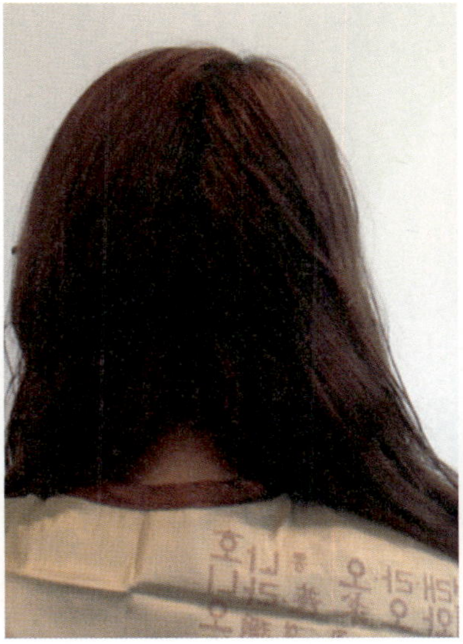

2. 정중선을 나눈다.

3. 네이프부터 시술한다.

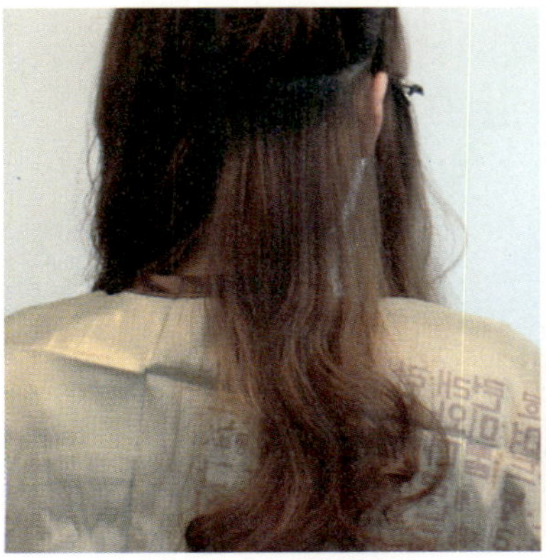

4. 수분을 분무하고 결 정리를 한다.

5. 모발의 양을 조절하여 시술을 한다.

6. 길이에 따라 펴는 길이를 정해 편다.

7. 모발 끝은 브러쉬에 감는다.

8. 끝 부분을 뒤집어 열을 준다.

9. 반 정도의 길이를 감아 올라간다.

10. 지그재그로 풀면서 릿지감을 만든다.

11. 끝까지 시술한다.

12. 컬 형태의 모습이다.

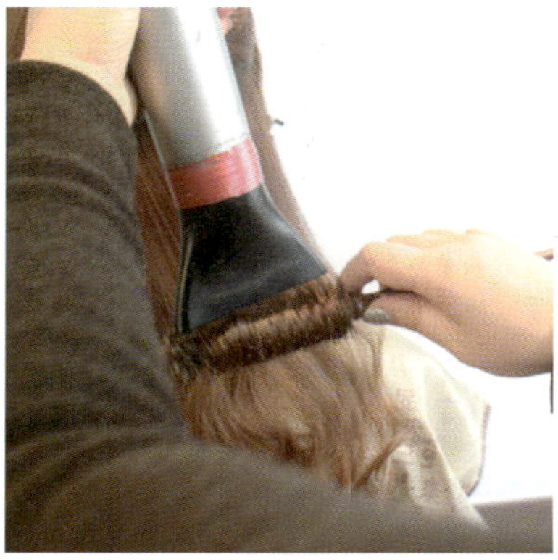

13. 같은 방법으로 시술한다.

14. 끝까지 시술한다.

15. 컬을 형성한 모습이다.

16. 연결 시술한다.

17. 컬 형태의 모습이다.

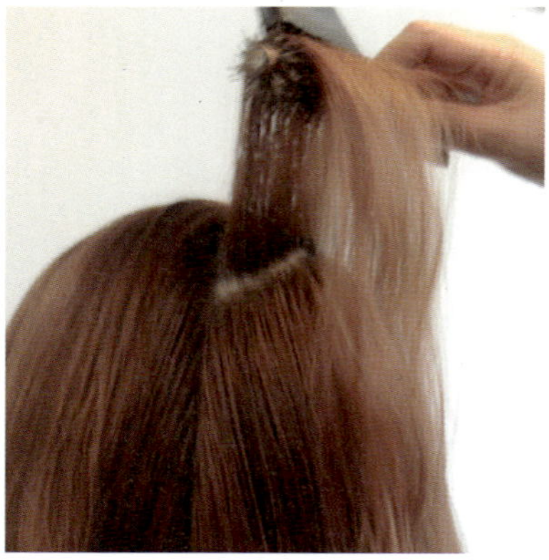

18. 탑 부분은 볼륨의 형성을 위해 각도를 높인다.

19. 끝을 정리한다.

20. 마지막 섹션을 시술한다.

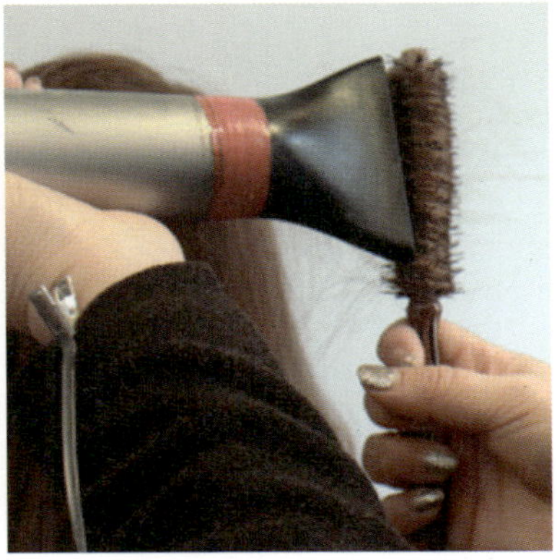
21. 텐션을 유지한다.

22. 열을 식혀 탄력을 준다.

23. 끝을 정리한다.

24. 컬이 완성된 모습이다.

25. 왼쪽을 시술한다.

26. 같은 방법으로 시술한다.

27. 컬 형태의 모습이다.

28. 탑 볼륨을 위해 각도를 올린다.

29. 텐션을 유지한다.

30. 뒤집어 열을 준다.

31. 감은 머리를 탄력 유지를 위해 천천히 풀어준다.

32. 끝 모발도 컬을 형성한다.

33. 컬이 완성된 뒷모습이다.

34. 옆 머리도 시술한다.

35. 15° 사선 섹션으로 잡는다.

36. 텐션을 유지하며 끝 모발을 감는다.

37. 열을 위해 뒤집어 바람을 준다.

38. 릿지를 만든다.

39. 지그재그로 풀어준다.

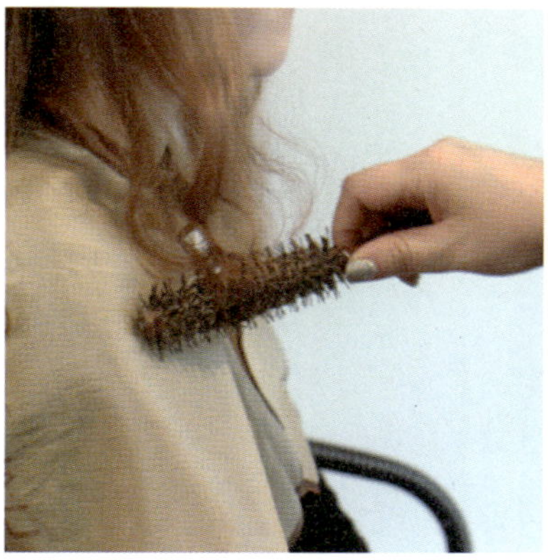

40. 모발 끝을 정리한다.

41. 컬 형태의 모습이다.

42. 연결 시술한다.

43. 컬 형태의 모습이다.

44. 뿌리 볼륨을 살린다.

45. 열을 가한다.

46. 다음 섹션에도 같은 방법으로 시술한다.

47. 연결 시술한다.

48. 연결 시술한다.

49. 완성된 옆머리의 모습이다.

50. 오른쪽 머리를 시술한다.

51. 같은 방법으로 시술한다.

52. 모발 끝을 정리한다.

53. 컬 형태의 모습이다.

54. 다음 섹션을 시술한다.

55. 연결 시술한다.

56. 연결 시술한다.

57. 탑의 볼륨을 위해 각도를 높인다.

58. 컬 형태의 모습이다.

59. 완성된 옆머리의 모습이다.

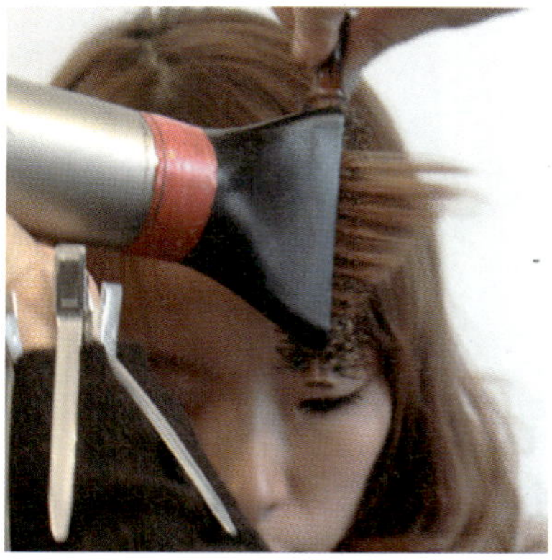
60. 앞머리 시술 방향감을 위해 옆으로 돌린다.

61. 브러쉬를 돌려 천천히 빼준다.

62. 완성된 앞머리의 모습이다.

63. 반대편 잔머리를 정리한다.

64. 옆으로 살짝 돌려 방향감을 준다.

65. 완성된 모습이다.

66. 형태의 안정감을 위해 스프레이로 살짝 고정한다.

67. 완성된 앞모습이다.

68. 완성된 옆모습이다.

69. 완성된 뒷모습이다.

70. 완성된 옆모습이다.

롱-S 웨이브

3) 바람머리 스타일

컬의 방향성을 전체적으로 바깥말음의 형태로 만든다.

컬의 형성이 안정감이 있고 적절한 볼륨감으로 우아한 느낌을 주며 롱 헤어에는 누구나 소화 가능한 디자인이다.

유행을 타지 않아 오랫동안 선호하는 디자인이다.

(1) 사용도구

블로우 드라이 시술도구

(2) 시술순서

1. 시술 전 모습이다.

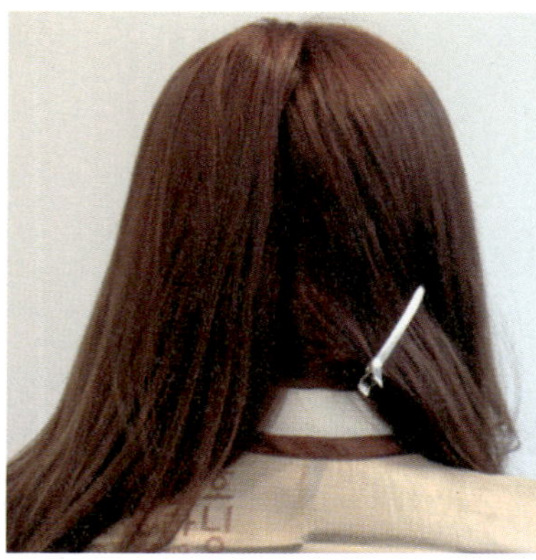

2. 정중선을 나눈다.

3. 네이프부터 시술한다.

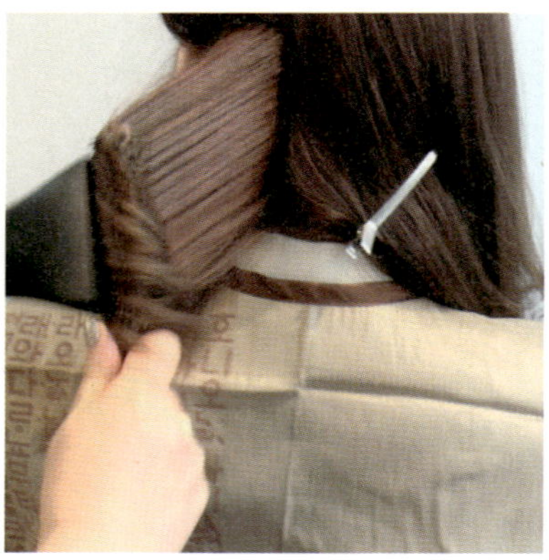

4. 세로로 머리를 감는다.

5. 모발의 뿌리부터 시술하면서 감는다.

6. 텐션을 주어 끝까지 당겨 감는다.

7. 천천히 풀어준다.

8. 컬 형태의 모습이다.

9. 연결 시술한다.

10. 같은 방법으로 시술한다.

11. 끝까지 시술한다.

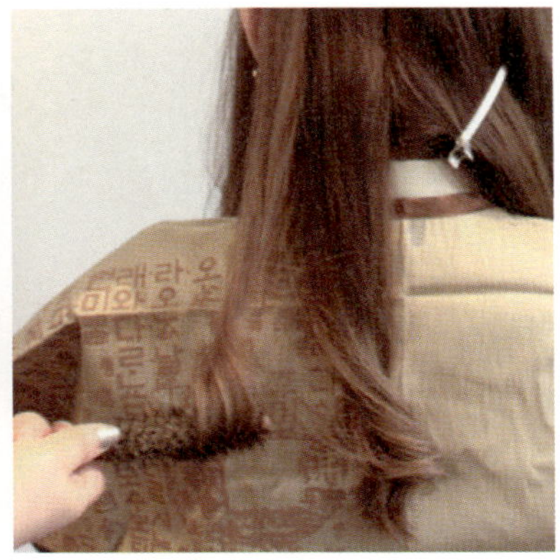

12. 모발을 풀 때 텐션을 유지한다.

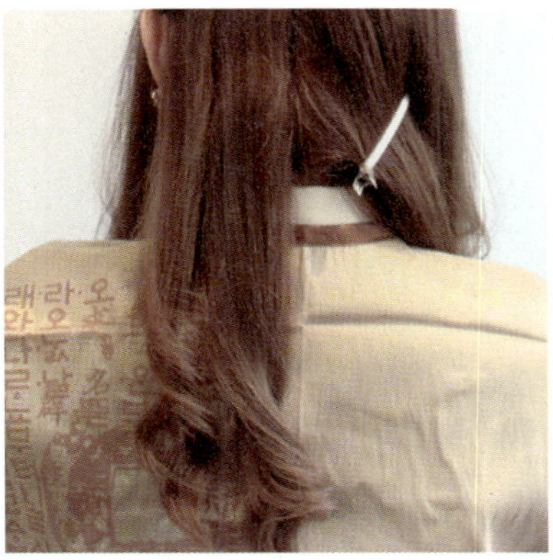

13. 컬 형태의 모습이다.

14. 두 번째 섹션을 시술한다.

15. 같은 방법으로 시술한다.

16. 끝 모발을 시술한다.

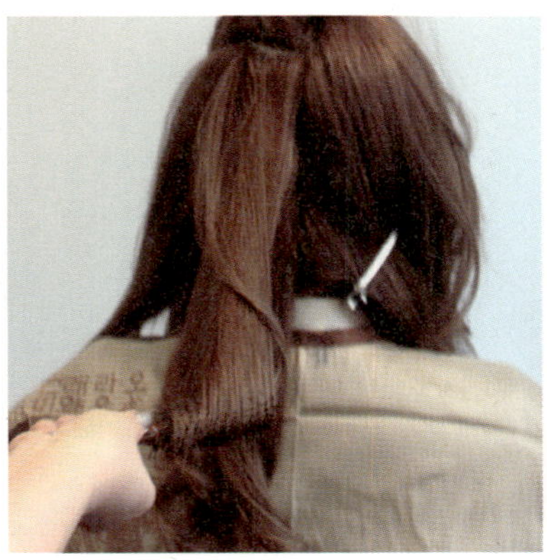

17. 같은 방법으로 시술한다.

18. 컬 형태의 모습이다.

19. 같은 방법으로 시술한다.

20. 끝 모발의 탄력을 위해 텐션을 준다.

21. 두 바퀴를 감는다.

22. 컬 형태의 모습이다.

23. 같은 방법으로 시술한다.

24. 연결 시술한다.

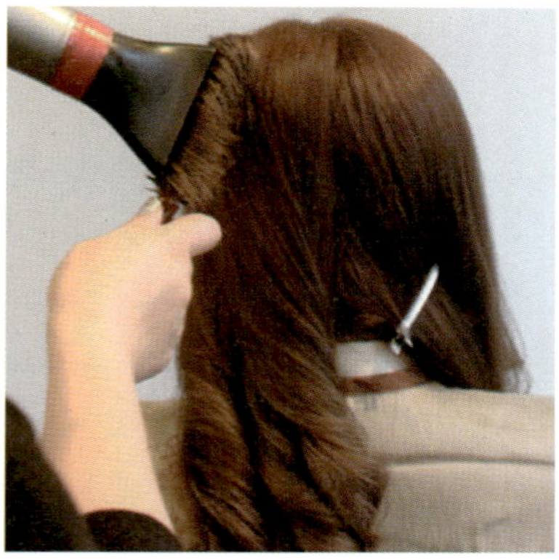

25. 다음 섹션을 시술한다.

26. 컬의 완성된 모습이다.

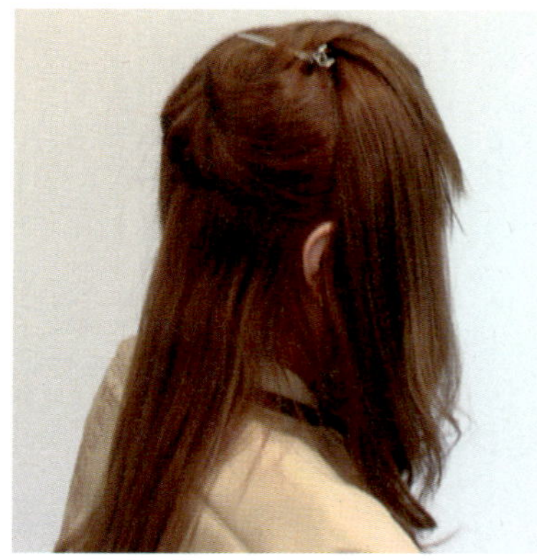

27. 오른쪽 네이프를 시술한다.

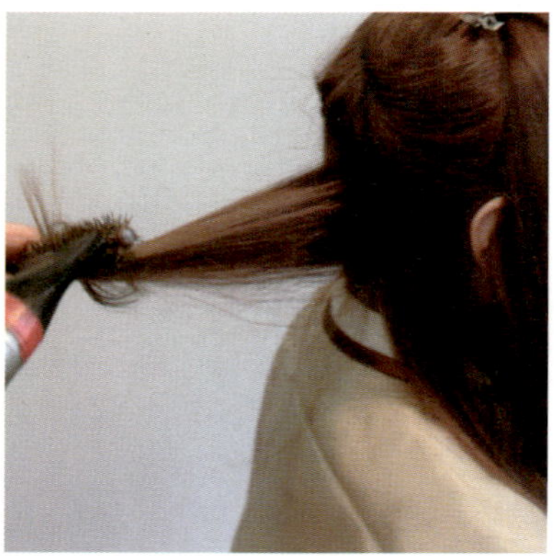

28. 같은 방법으로 시술한다.

29. 모발을 매끈하게 시술하기 위해 여러 번 브러싱한다.

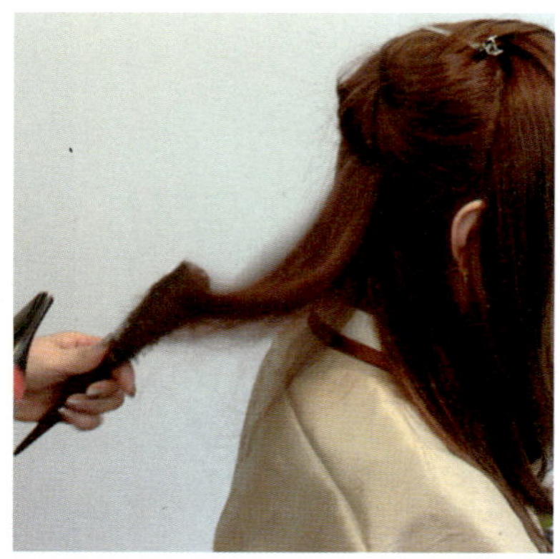

30. 끝 모발을 시술한다.

31. 다음 섹션을 시술한다.

32. 컬 형태의 모습이다.

33. 매끈하게 표현한 컬의 형태이다.

34. 다음 섹션을 시술한다.

35. 텐션을 준다.

36. 끝 모발의 컬 형성을 위해 두 바퀴 반 정도를 감아준다.

37. 다음 섹션을 시술한다.

38. 끝 모발을 시술한다.

39. 컬 형태의 모습이다.

40. 완성된 뒷모습이다.

41. 옆 모발에 수분을 분무하고 시술한다.

42. 바깥말음으로 방향감을 준다.

43. 탄력을 위해 다시 한 번 시술한다.

44. 윤기를 위해 모발 끝까지 열을 가한다.

45. 컬 형태의 모습이다.

46. 두 번째 섹션을 시술한다.

47. 같은 방법으로 시술한다.

48. 텐션을 준다.

49. 컬이 형성된 모습이다.

50. 같은 방법으로 시술한다.

51. 방향성을 준다.

52. 완성된 옆머리 컬의 모습이다.

53. 탑 포인트의 볼륨을 살리고 바깥말음으로 방향을 준다.

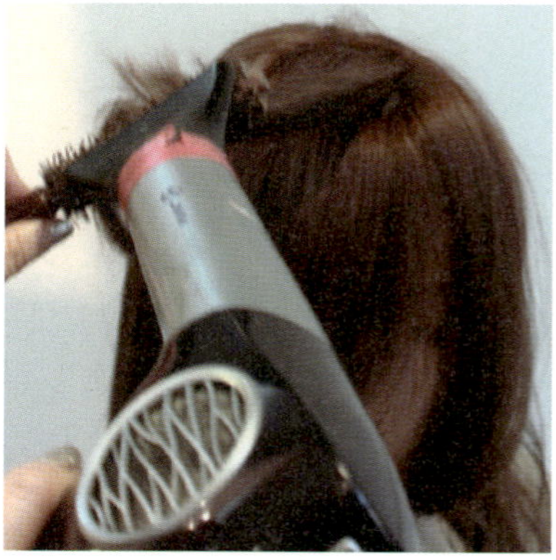
54. 끝 모발을 시술한다.

55. 끝 모발을 정리한다.

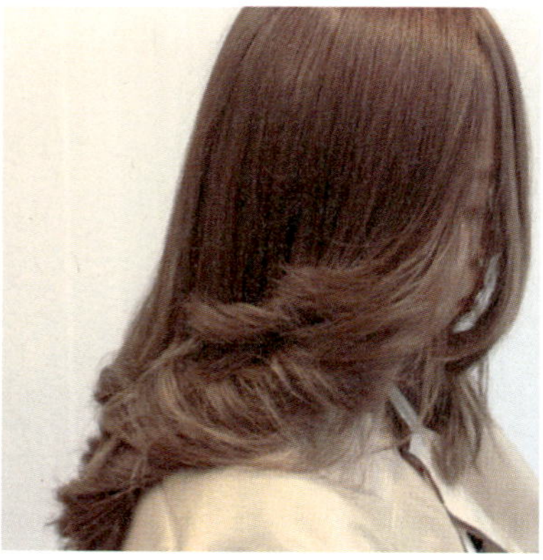
56. 완성된 옆머리 컬의 모습이다.

57. 앞머리에 수분을 분무한다.

58. 바깥말음으로 방향성을 준다.

59. 다시 한 번 시술한다.

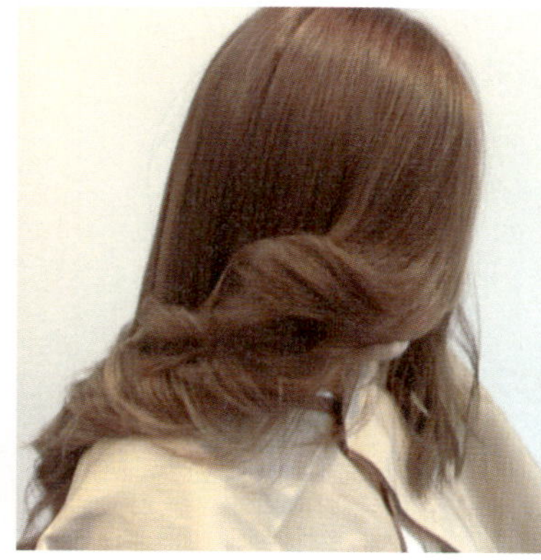

60. 앞머리 연결이 완성된 모습이다.

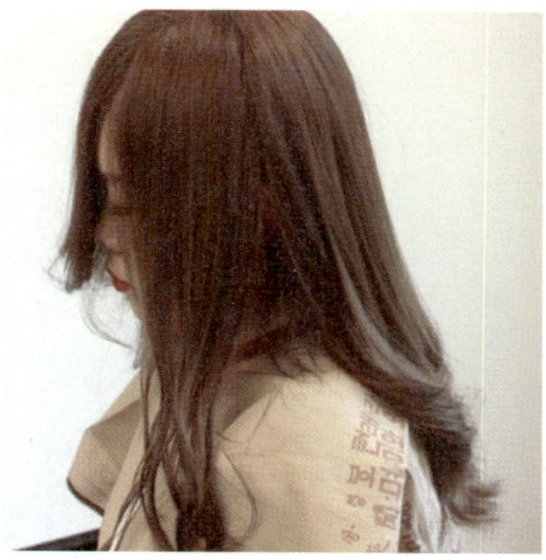

61. 왼쪽 머리에 수분 분무한다.

62. 같은 방법으로 시술한다.

63. 텐션을 주며 남은 열로 방향성을 유지한다.

64. 컬 형태의 모습이다.

65. 다음 섹션 시술 전에 수분을 분무한다.

66. 볼륨을 위해 각도를 높인다.

67. 컬 형태의 모습이다.

68. 남은 모발을 시술한다.

69. 방향성은 바깥말음으로 시술하여 형성한다.

70. 컬이 완성된 모습이다.

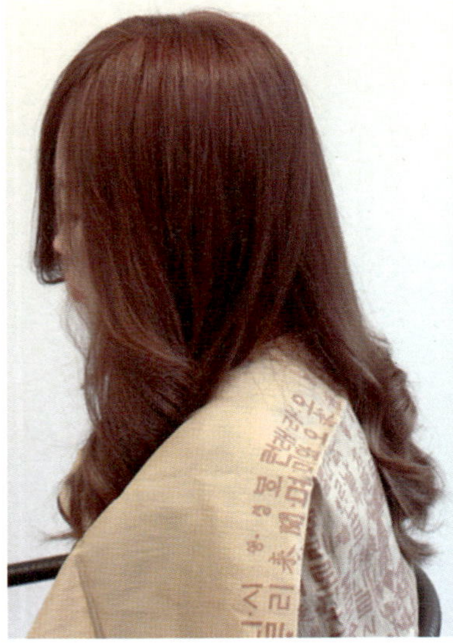

71. 완성된 옆머리의 모습이다.

72. 완성된 뒷모습이다.

73. 완성된 앞모습이다..

74. 에센스로 마무리한다.

75. 웨이브를 풀어 놓은 상태의 모습이다.

76. 앞머리와 연결된 옆머리의 완성 모습이다.

77. 완성된 옆모습이다.

78. 완성된 앞모습이다.

롱-바람머리

Blow Dry

Chapter 6

Man's 드라이

1. 클래식 드라이
2. 왼쪽 가르마 드라이
3. 맘보 드라이

1. 클래식 드라이

(1) 클래식 드라이란?

클래식 드라이란 일명 "올백" 스타일로 가르마 없이 모발을 세워 각진 스타일로 드라이하는 것을 말한다.

(2) 사용도구

블로우 드라이 시술 도구

(3) 시술순서

1. 시술 전 앞모습이다.

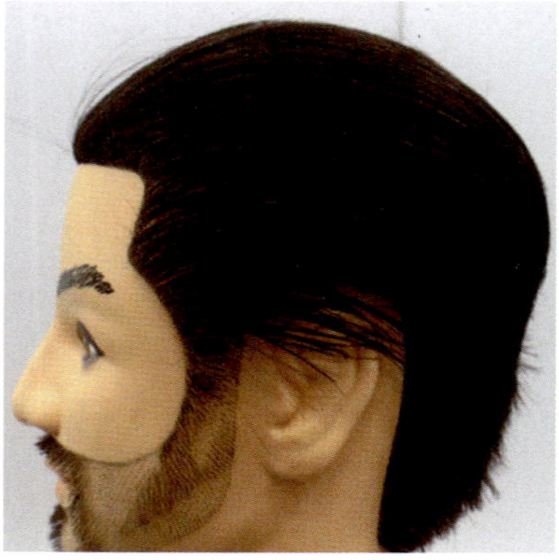
2. 시술 전 왼쪽 옆모습이다.

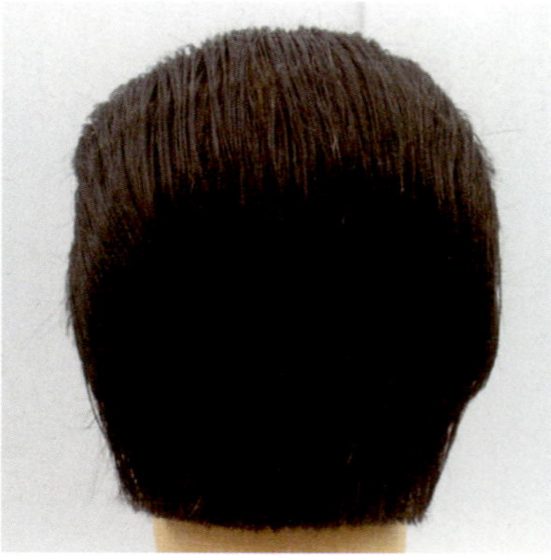
3. 시술 전 뒷모습이다.

4. 시술 전 오른쪽 옆모습이다.

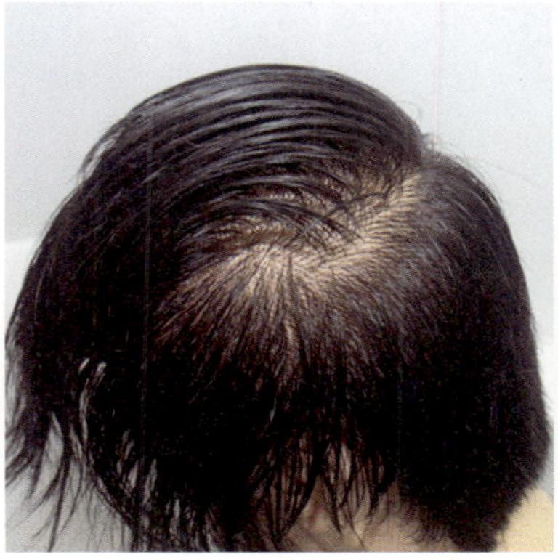

5. 각을 줄 위치에서 파팅한다.

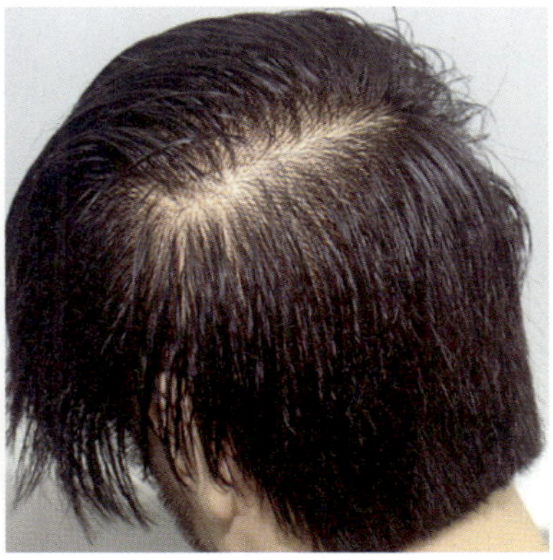

6. B.P에서 시작한다.

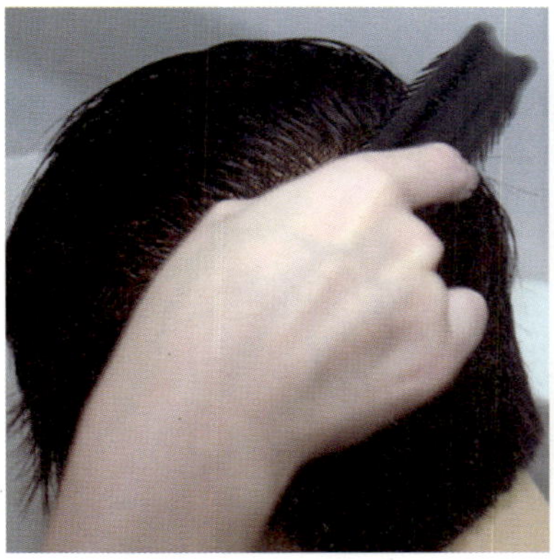

7. 뿌리 볼륨을 준다.

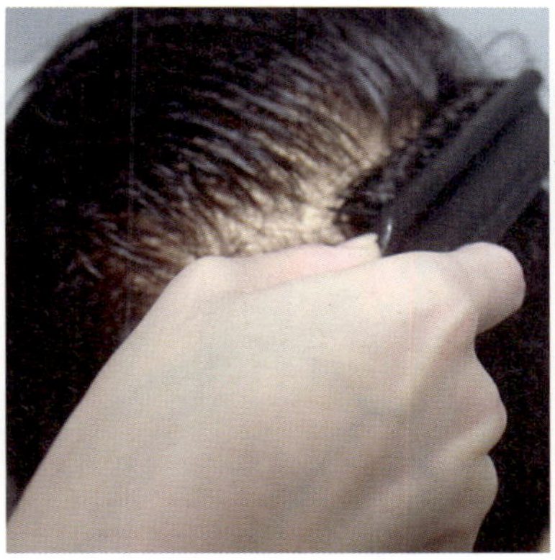

8. C라인을 만들어 덴맨 브러쉬를 오른쪽으로 1회전한다.

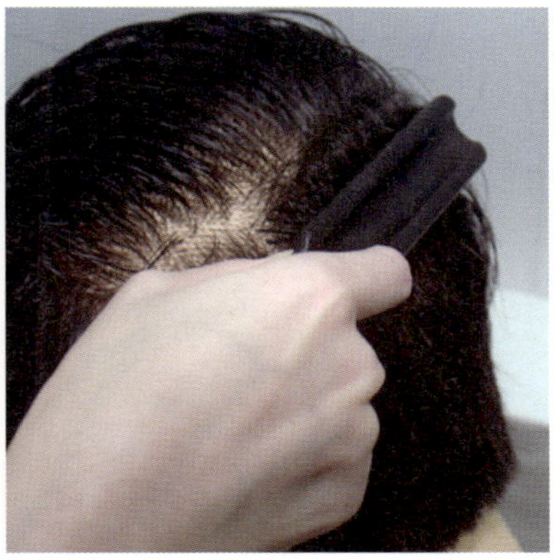

9. 왼쪽으로 1회전한다.

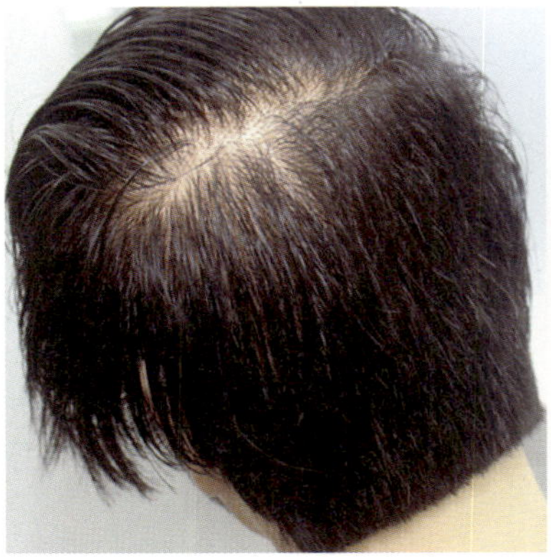

10. 드라이한 상태이다.

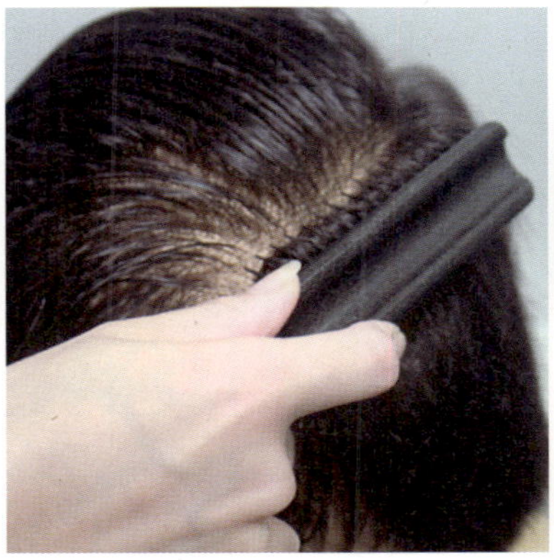

11. 덴맨 브러쉬를 제자리에서 수직으로 올린다.

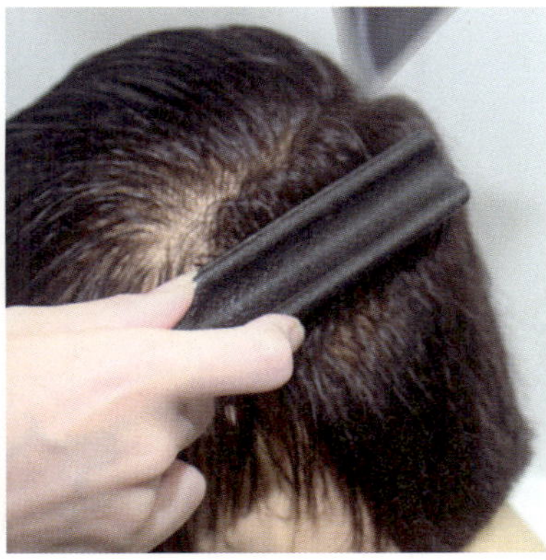

12. 고정할 부분에 열을 준다.

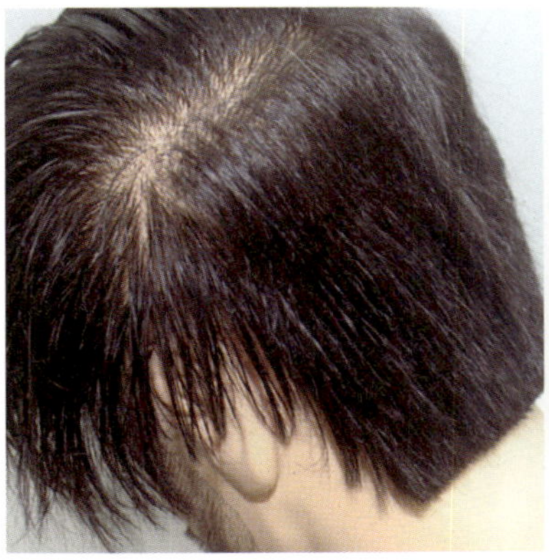

13. 볼륨을 준 상태이다.

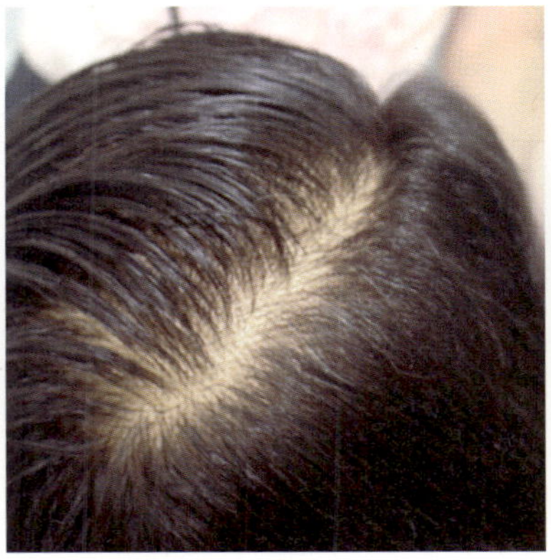

14. 뿌리 볼륨을 점차적으로 높게 해준다.

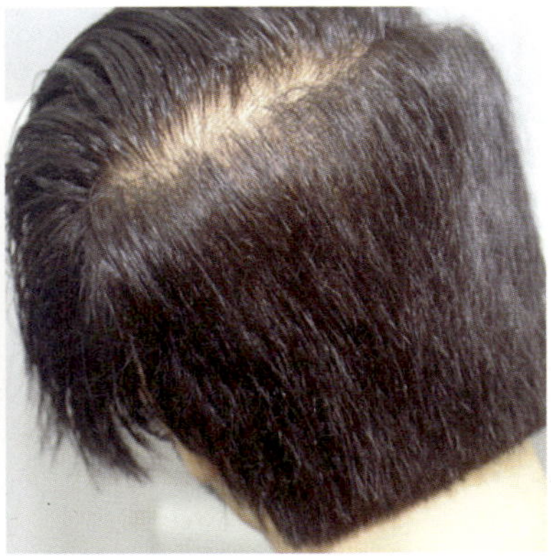

15. 볼륨을 준 상태이다.

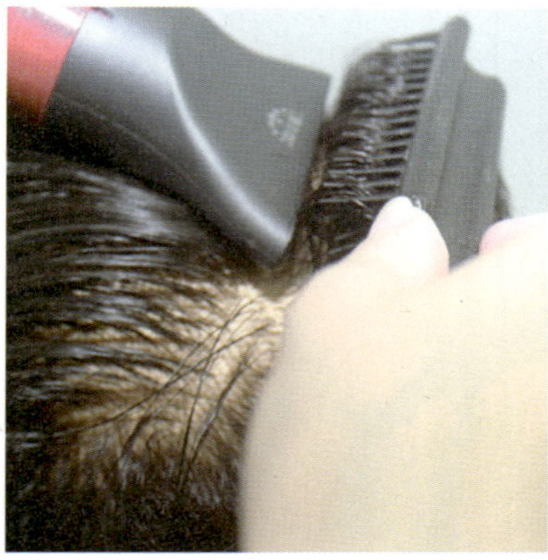

16. G.P로 올라 갈수록 온 베이스에서 오프 베이스로 진행한다.

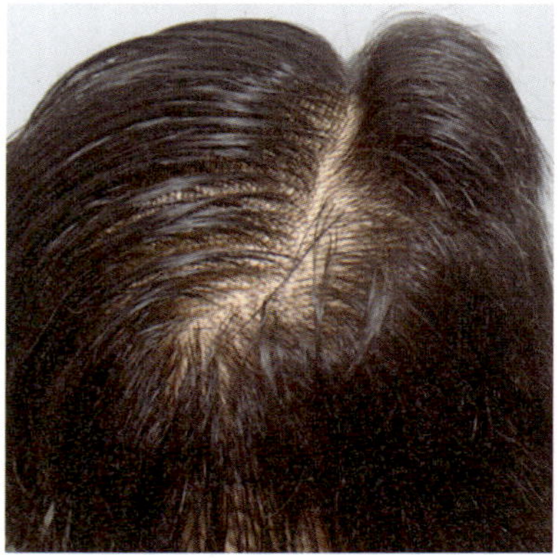

17. 볼륨을 준 상태이다.

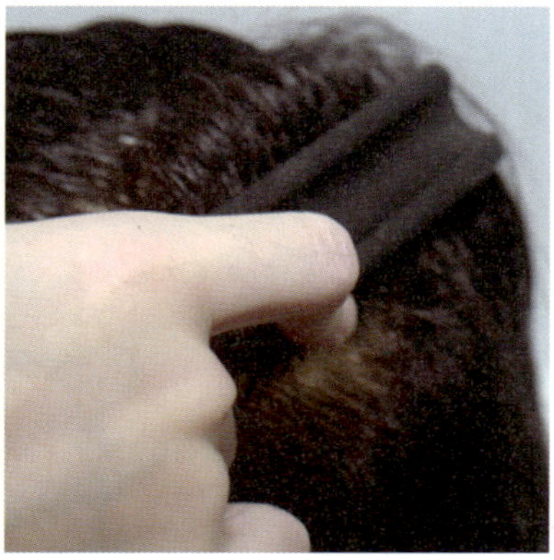

18. 볼륨 부분에 열을 주고 식히면서 모양을 만든다.

19. 백 사이드와 사이드 라인을 함께 잡고 뿌리에 열을 준다.

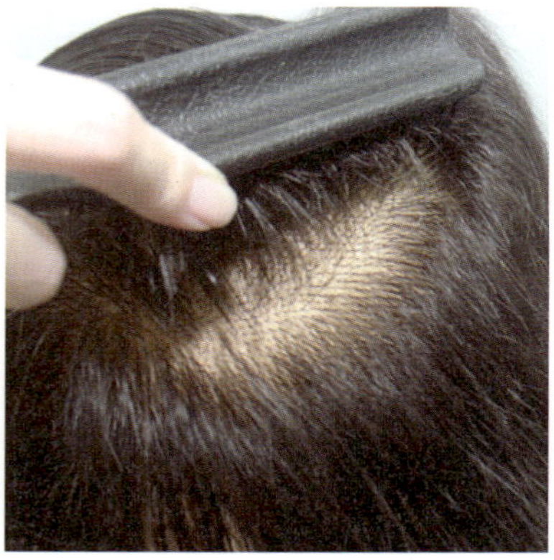

20. 볼륨 라인을 맞춘 후 열을 준다.

21. 라인 고정 후 밑에 볼륨과 같이 잡고 연결해준다.

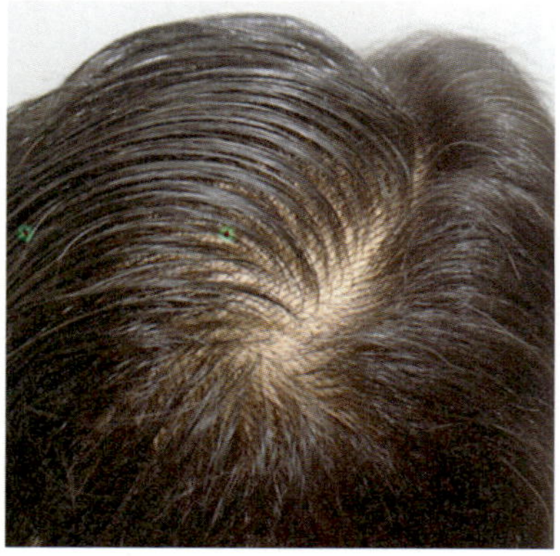

22. 볼륨을 연결한 상태이다.

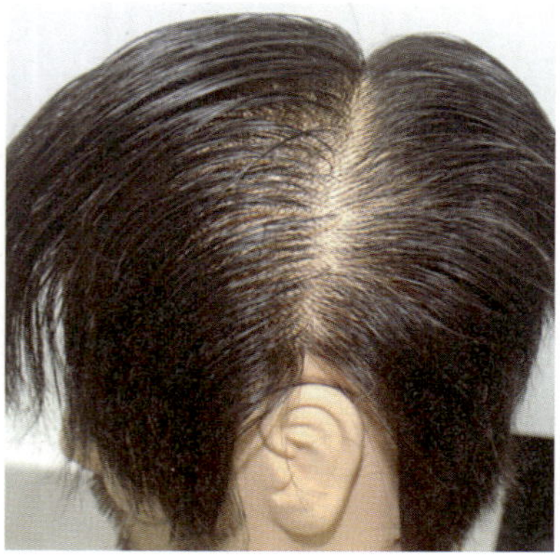

23. G.P 지점에 최고 볼륨을 형성한다.

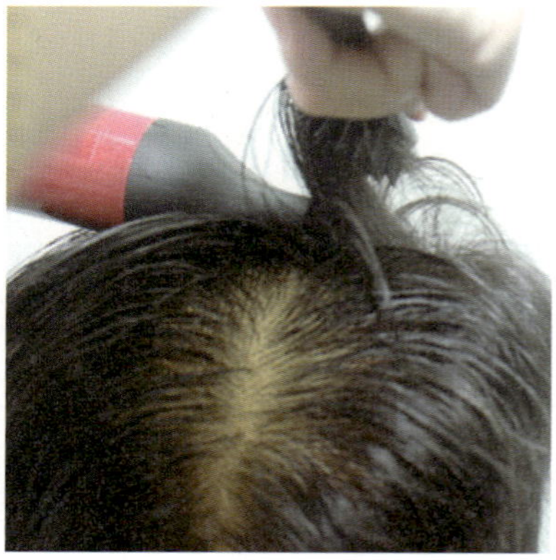

24. 최고 볼륨 부분의 뿌리에 120° 각도로 당긴 후 열을 준다.

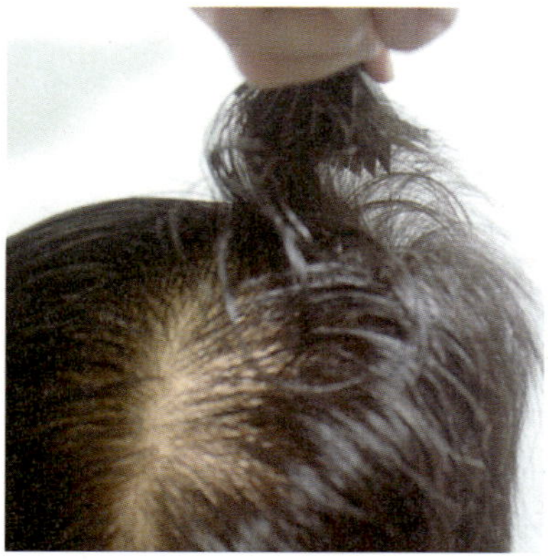

25. 뿌리 고정 후 높이 설정 부분에 열을 주고 식힌다.

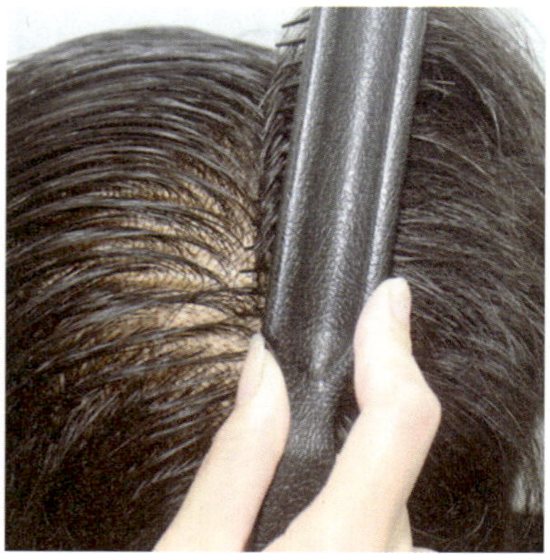

26. 앞전 패널과 같이 잡고 고정시킨다.

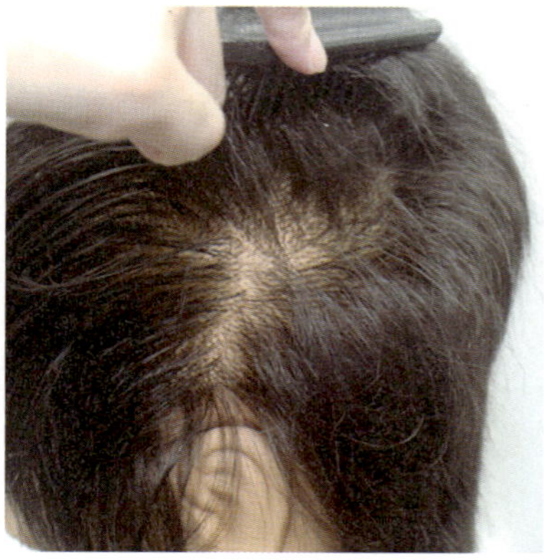

27. 최고 볼륨 코너 부분이 무너지지 않게 다시 잡아준다.

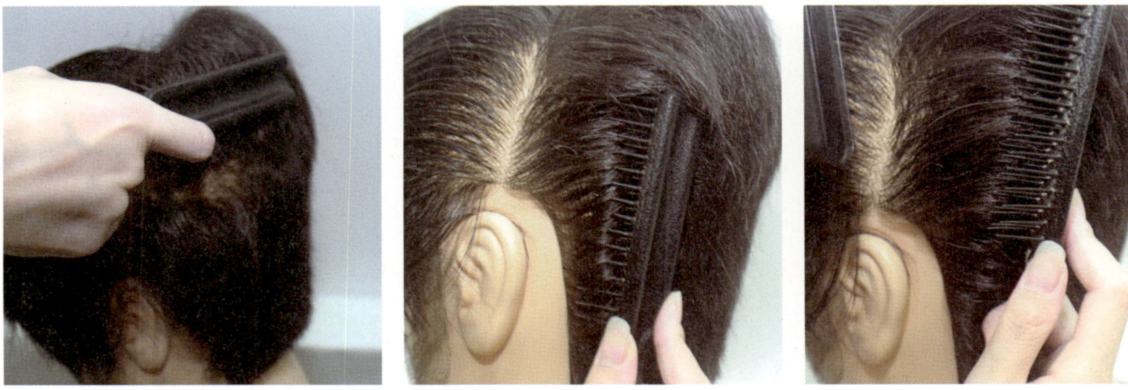

28~30. 왼쪽 사이드와 백 사이드를 볼륨 드라이하여 백 부분 스퀘어 라인을 만든다.

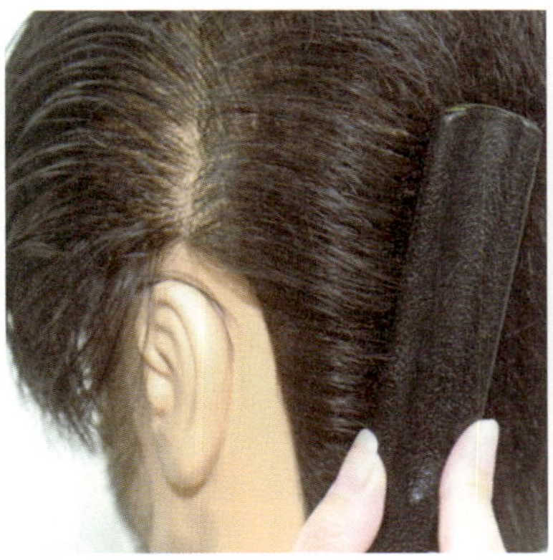

31. 각을 만들어 준다.

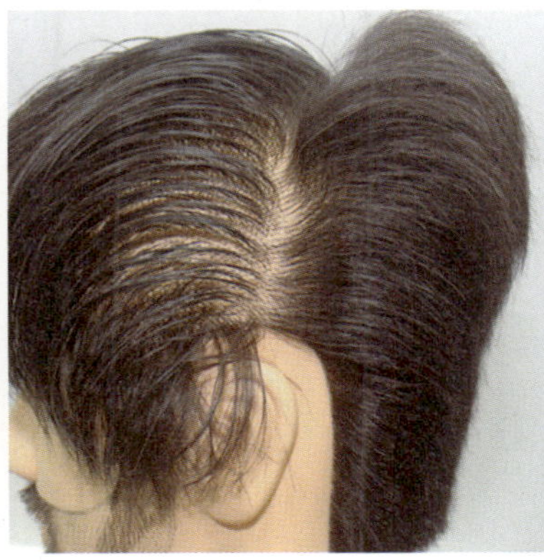

32. 옆에서 본 모습이다.

33. 반대편을 시작한다.

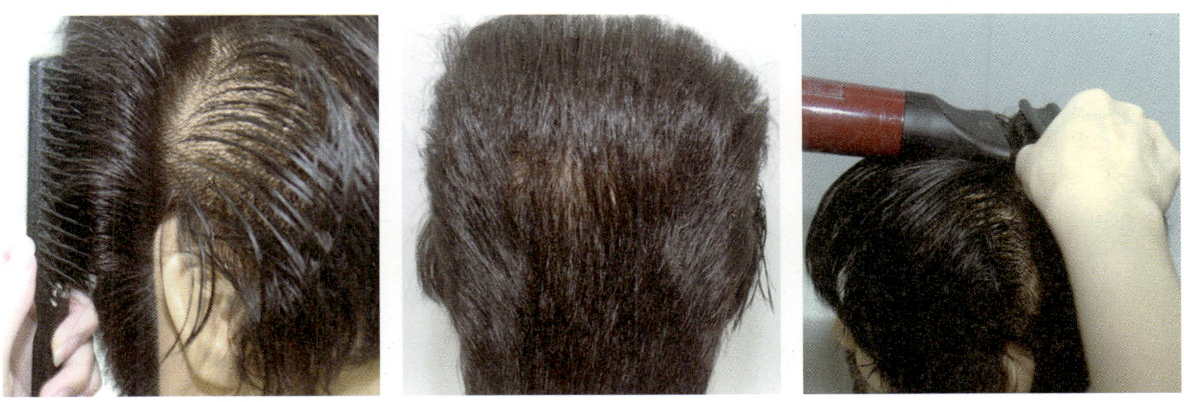

34~36. 오른쪽 부분도 왼쪽과 같은 방법으로 드라이한다.

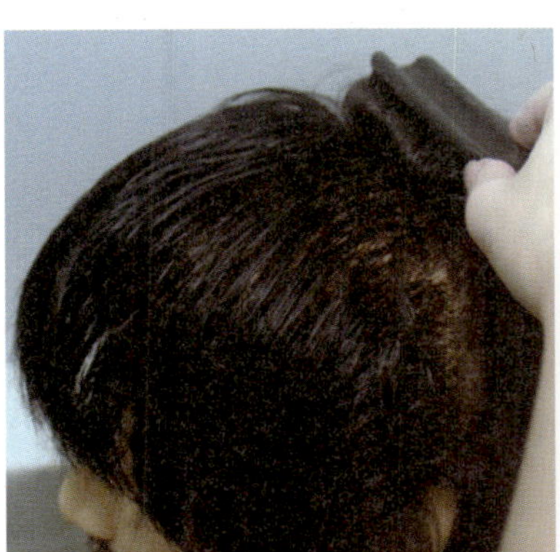

37. 탑 부분 드라이 시 두상의 흐름에 따라 뿌리 볼륨의 높이를 스퀘어 라인에 맞게 드라이한다.

38. 뿌리 고정 후 최고 볼륨이 무너지지 않게 드라이한다.

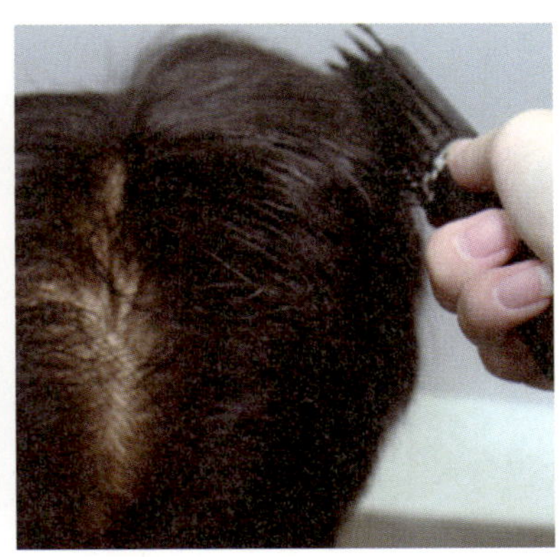

39. 브러쉬로 끝까지 형태를 만들어준다.

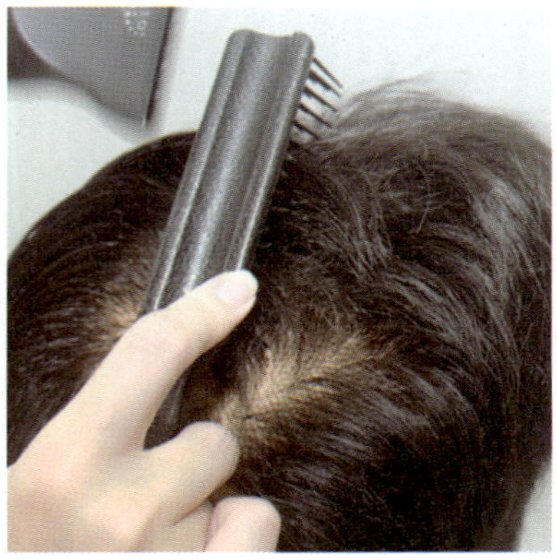
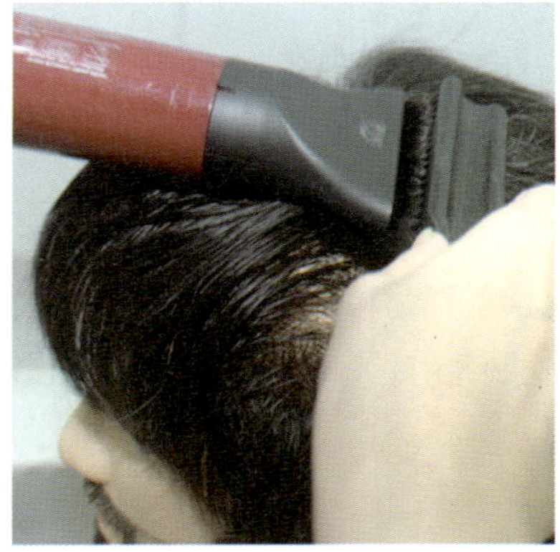

40~42. 탑 부분 드라이 시 두상의 흐름에 따라 앞, 뒤, 좌, 우 부분의 볼륨을 스퀘어 라인에 맞게 드라이한다.

43. T.P 부분은 두상의 정점이므로 뿌리를 살리지 않고 드라이한다.

44. 앞 패널과 연결되게 결 드라이한다.

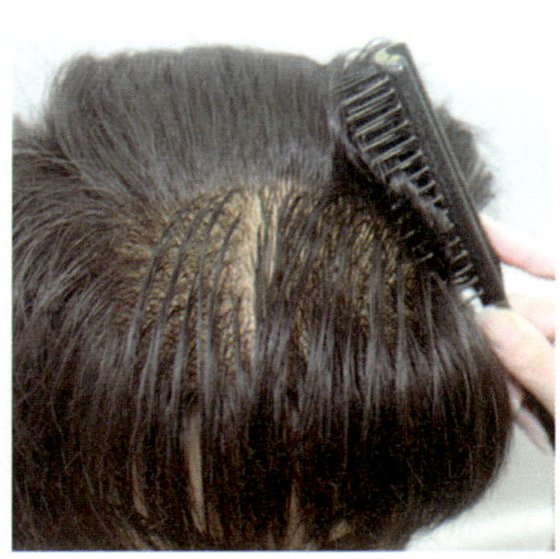

45. T.P 뿌리는 안 살리지만 사이드 코너 부분은 스퀘어 라인이 되도록 드라이한다.

46. 코너 부분 스퀘어가 확실하게 되도록 드라이를 들어준다.

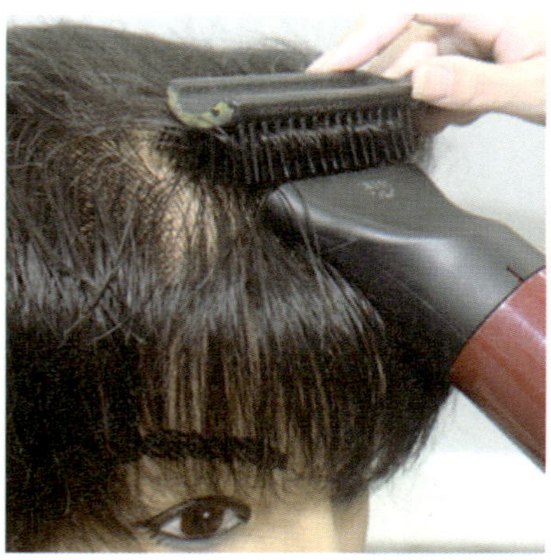

47. 프론트 부분으로 올수록 두상의 흐름에 따라 패널을 위로 올리지 말고 브러쉬를 앞으로 당겨 두상각을 맞춘 후 스퀘어 라인을 만든다.

48. 코너 부분을 스퀘어 시술한다.

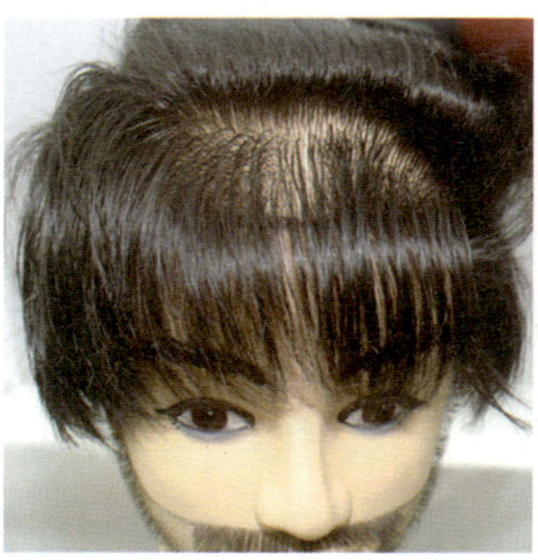

49. 드라이 열로 끝까지 형태를 유지시킨다.

50. 앞 섹션도 동일한 방법으로 시술한다.

51. 볼륨과 각을 세운다.

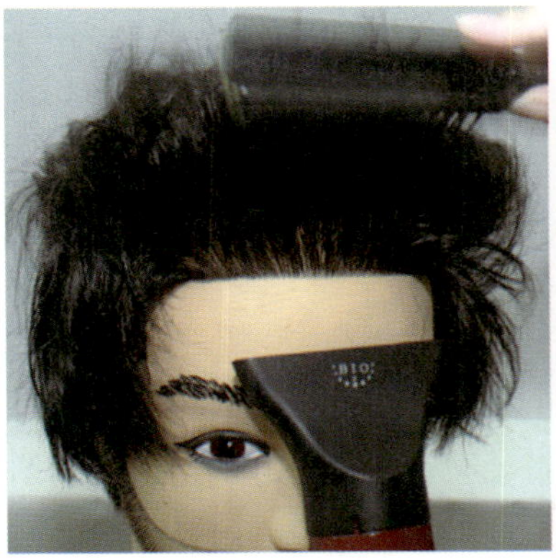

52~54. F.L의 C.P는 코끝의 위치에서 수직으로 올라간 부분까지 앞으로 당겨 드라이한다.

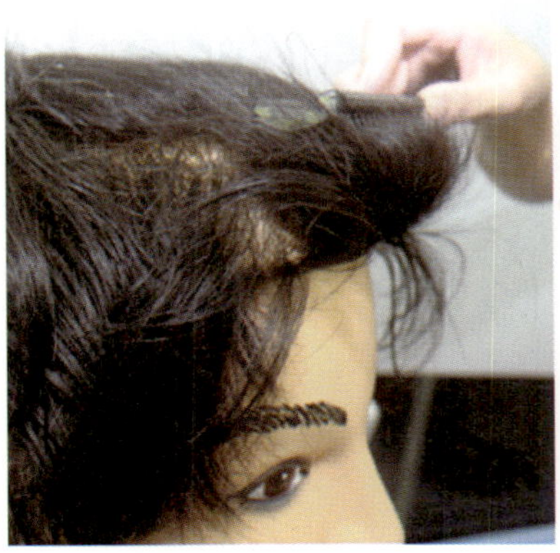

55. 옆에서 본 모습이다.

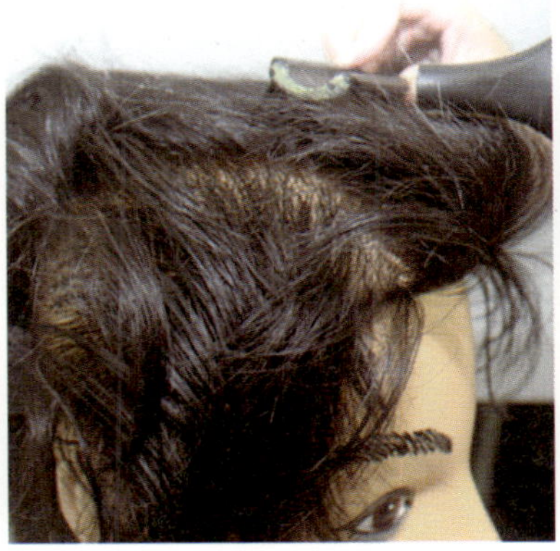

56. 드라이로 탑 부분이 평평하게 자리 잡도록 한다.

57. 코너 부분을 연결한다.

58~60. 템플 부분은 사이드 최고 볼륨과 만나는 지점으로 연결시켜 드라이한다.

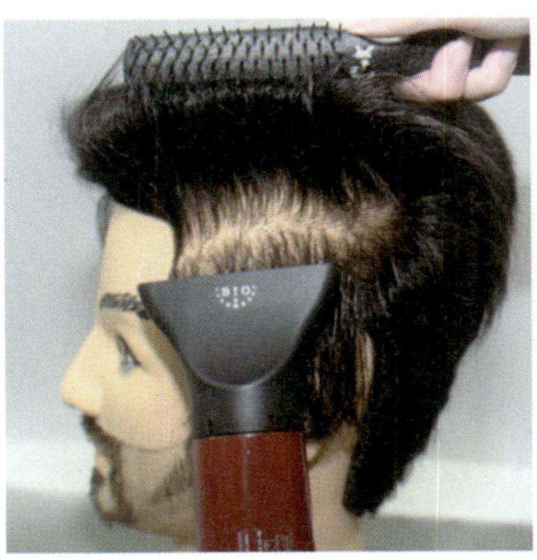

61. 사이드 부분을 탑 부분의 스퀘어 라인과 연결한다. 이때 최고 볼륨 라인이 무너지지 않도록 한다.

62. 코너 부분을 연결한다.

63. 다음 섹션도 동일하게 위로 세워서 연결한다.

64~66. 사이드와 백 사이드의 최고 볼륨 라인의 토대를 만든 후 나머지 사이드 부분은 뿌리만 고정시킨 후 패널 그대로 붙인다. 패널을 붙이되 F.L과 사이드 스퀘어 라인이 만나므로 역삼각형의 볼륨감은 유지한다.
79번 완성사진의 템플 지역은 F.L과 사이드 스퀘어 라인이 만나는 접점이므로 광택 라인을 맞추고 각이 무너지지 않도록 유의한다.

67. 왼쪽 사이드 완성 모습

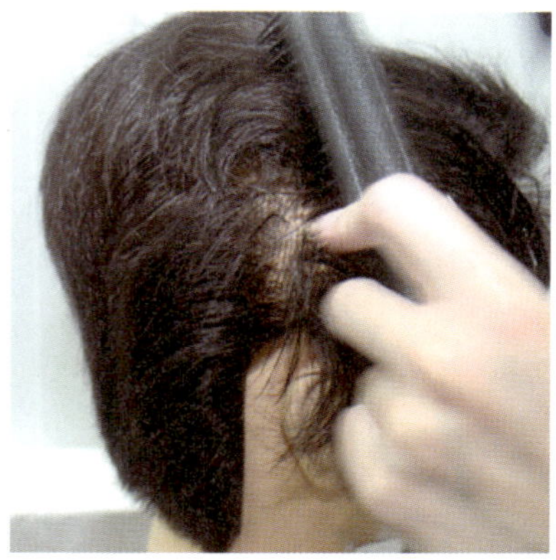

68. 반대편을 시작한다.

69. 왼쪽과 동일한 방법으로 시술한다.

70~72. 바람과 열을 충분히 가하면서 브러쉬로 볼륨과 스퀘어 연결을 고려하여 왼쪽과 동일하게 시술한다.

73. 앞머리 라인과 연결한다.

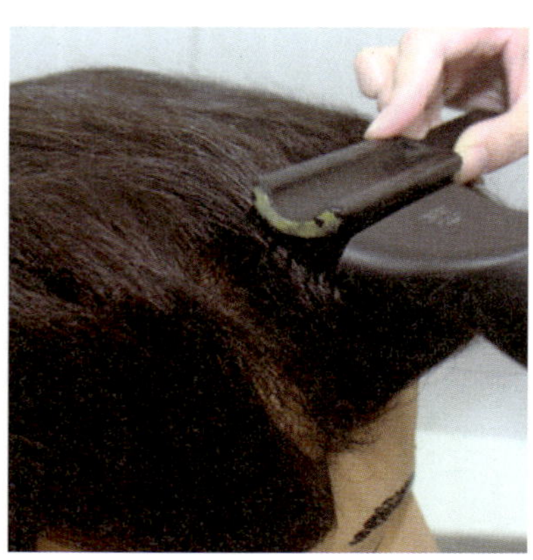

74. 연결 정리한다.

75. 옆면 완성 모습이다.

76. 드라이가 완성된 모습이다.

77. 빗으로 앞머리 볼륨 부분을 텐션있게 빗질 한다.

78. 앞머리 광택라인을 맞추고 스프레이로 마무리한다.

79. 앞모습 완성 작품이다.

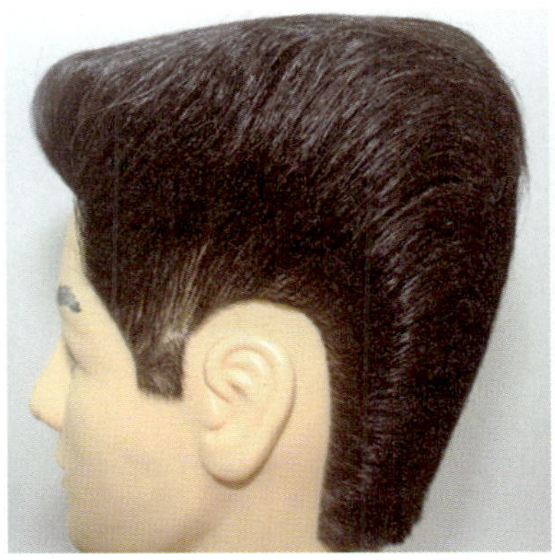

80. 옆모습 완성 작품이다.

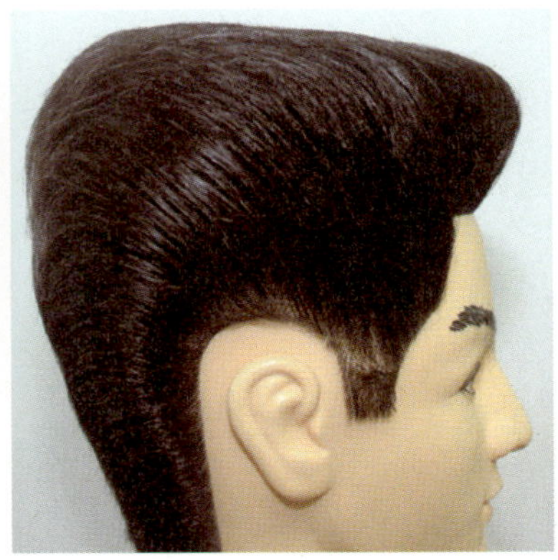

81. 옆모습 완성 작품이다.

82. 뒷모습 완성 작품이다.

83. 윗모습 완성 작품이다.

클래식 드라이

2. 왼쪽 가르마 드라이

(1) 왼쪽 가르마 드라이란?

왼쪽 가르마 드라이는 클래식 드라이와 시술 방법이 같고, 마무리할 때 왼쪽 가르마를 탄 후 방향을 잡아주면서 완성하면 된다.

(2) 사용도구

블로우 드라이 시술도구

(3) 시술순서

1. 클래식 드라이 완성 후 앞머리 라인을 잡는다.

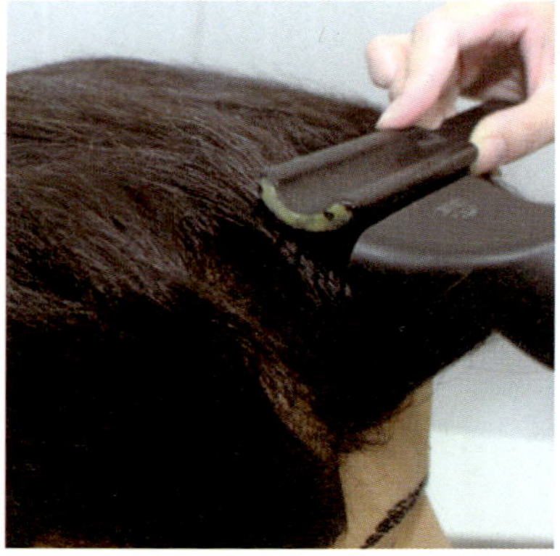

2. 열과 바람을 충분히 준다.

3. 클래식 드라이 완성 모습이다.

4. 클래식 드라이 완성 앞모습이다.

5. 가르마 위치를 설정한다.

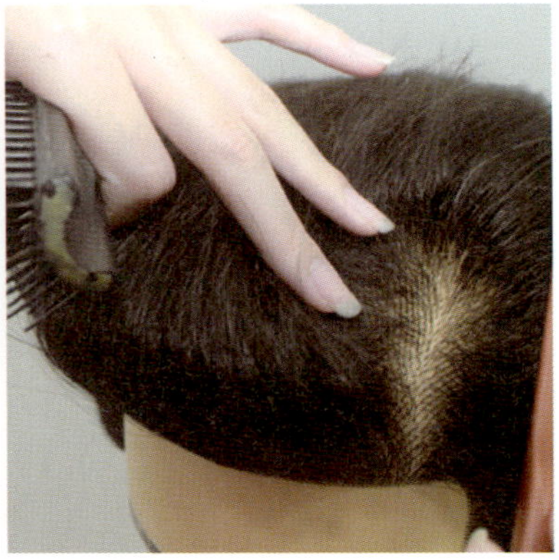

6. 위치 선정 후 자리를 잡아준다.

7. 가르마가 잘 보일 수 있도록 수분을 준다.

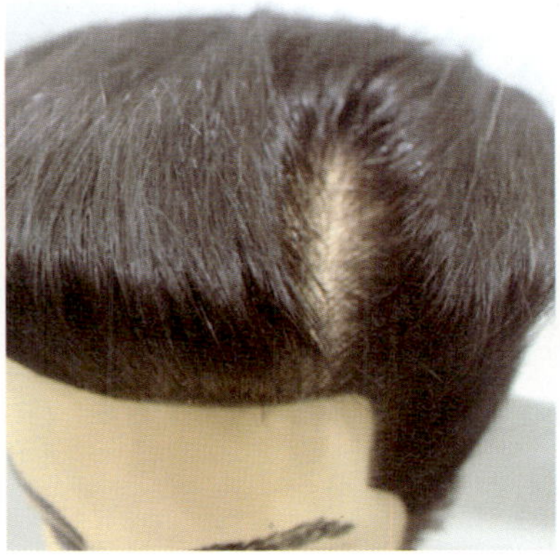

8. 가르마를 나눈 모습이다.

9. 나눈 부분 중에서 사이드 부분을 먼저 드라이한다.

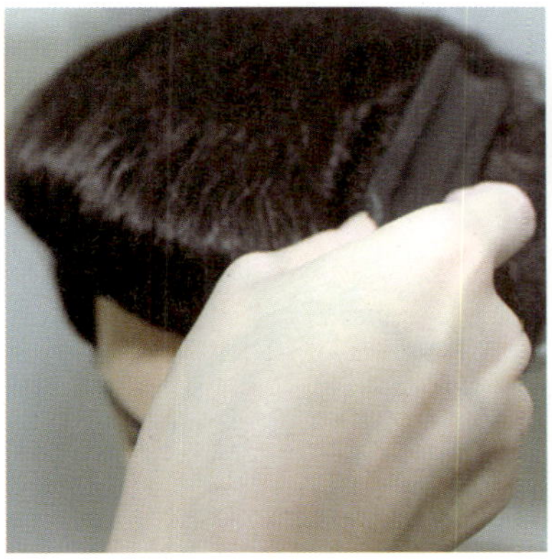

10. 수분을 주어 나누었던 부분을 뿌리 부분에 열을 주어 다시 잡아준다.

11. 온 베이스로 자리 잡은 후 고정시킨다.

12. 뿌리 고정 후 브러쉬 방향을 뒤로 하여 스퀘어 라인과 모류 방향을 맞춘다.

13. 모류 방향에 맞게 정리해준다.

14. 벌어진 부분을 다시 온 베이스로 고정시킨다.

15. 스퀘어를 만들기 위해 사이드 최고 볼륨 부분에 열을 주고 연결시킨다.

16. 스퀘어 라인을 생각하며 겉 표면을 연결한다.

17. 스퀘어 라인에 열을 주고 고정시킨다.

18. 스퀘어 라인과 연결되는 앞머리 코너 부분을 고정시킨다.

19. 수분으로 무너진 가르마 라인에 온 베이스로 열을 주어 고정시킨다.

20. 모류의 방향을 틀어 맘보 형태로 만들어 준다.

21. 맘보 형태를 만들기 위해 뿌리의 방향을 틀어준다.

22. 틀어진 뿌리를 역방향으로 온 베이스로 당겨 빈 공간을 채운다.

23. 바뀐 모류 방향대로 연결시킨다.

24. 바뀐 모류 방향과 최고 볼륨 모류 방향을 연결시킨다.

25. 앞머리 라인과 연결시킨다.

26. 앞머리 스퀘어 라인이 무너지지 않도록 열을 주어 고정시킨다.

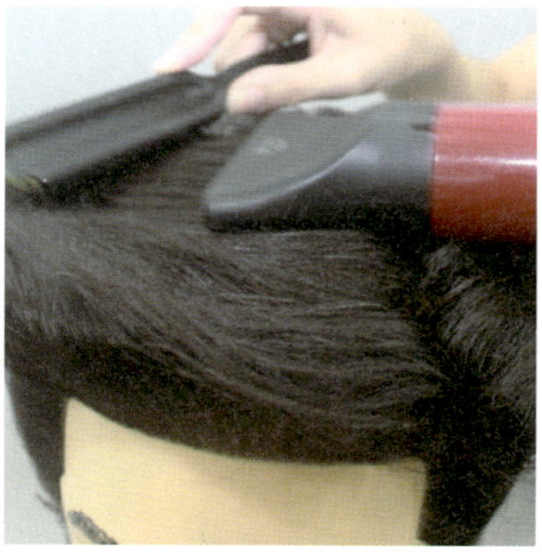

27. 모류 방향을 뒤까지 연결시킨다.

28. 앞머리와 탑 부분 모류 방향을
연결시킨다.

29. 가르마 코너 부분이 스퀘어 라인에 맞게
고정시킨다.

30. 모류 방향에 맞게 앞머리 라인을
고정시킨다.

31. 사이드 스퀘어 부분과 최고 볼륨 부분을
연결 고정시킨다.

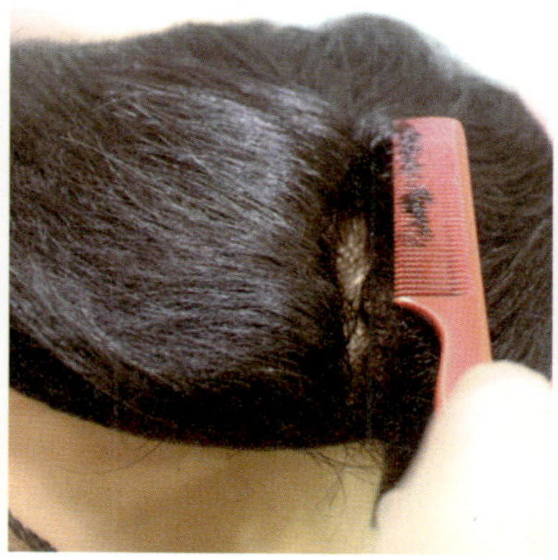

32. 가르마 라인에 텐션을 주고 빗질한다.

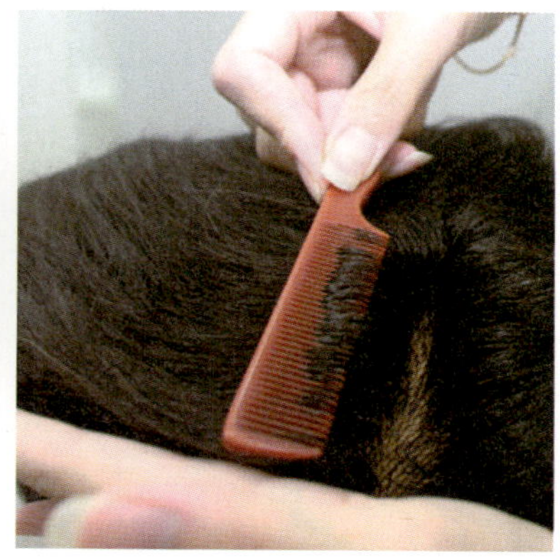

33. 가르마 라인이 잘 보이도록 빗질한다.

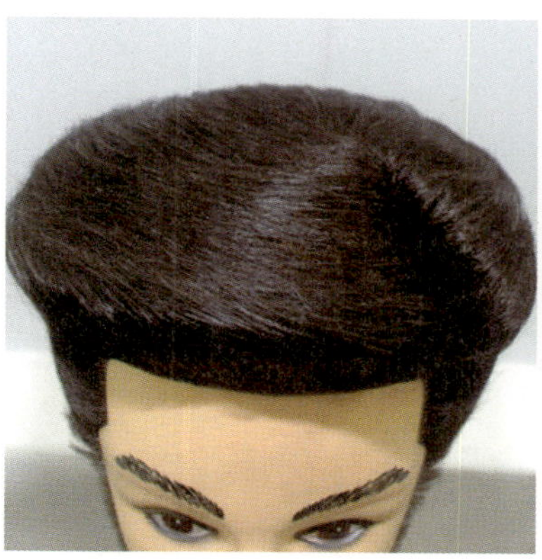

34. 완성된 모습이다.

35. 완성된 모습이다.

왼쪽 가르마 드라이

3. 맘보 드라이

(1) 맘보 드라이란?

탑 부분에 가르마가 없는 상태에서 웨이브 등 방향성을 나타내는 스타일이다.

(2) 사용도구

블로우 드라이 시술도구

(3) 시술순서

1. 클래식 드라이 완성 후 앞머리 라인을 다시 잡아준다.

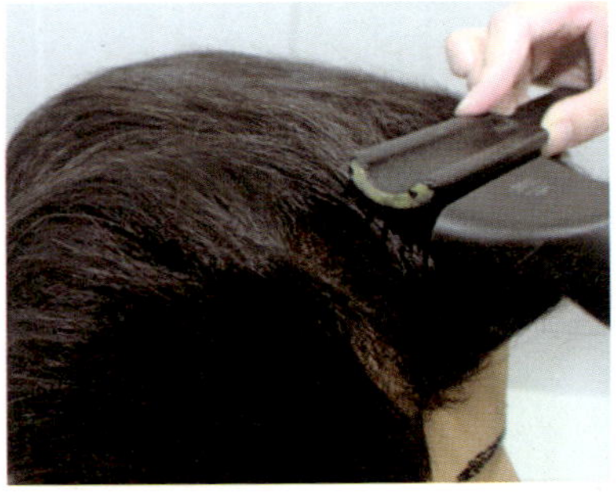

2. 열과 바람을 충분히 준다.

3. 클래식 드라이 완성 옆모습이다.

4. 클래식 드라이 완성 앞모습이다.

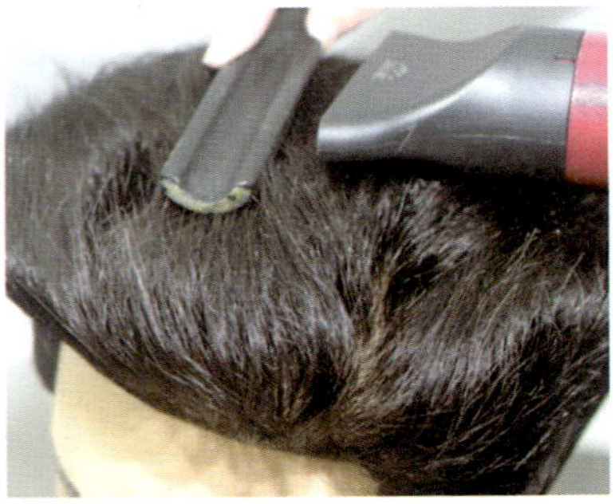

5. 탑 부분 모류 방향을 바꾸기 위해 오른쪽 사이드부터 뿌리를 틀어준다.

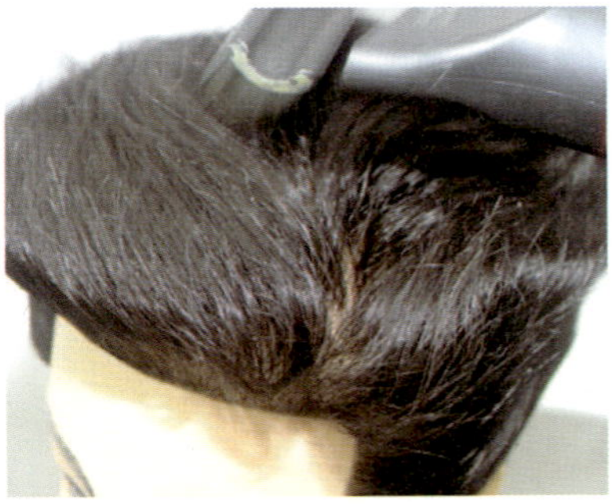

6. 틀어준 방향과 최고 볼륨 부분을 연결 시킨다.

7. 모류 방향이 사이드와 만나는 오른쪽에서부터 뿌리 방향을 돌려준다.

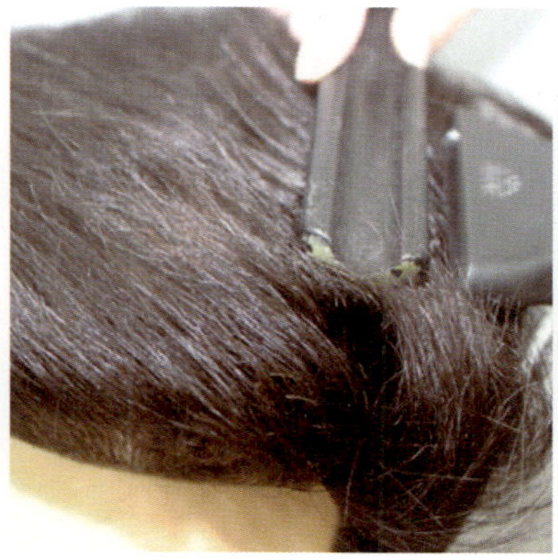

8. 탑 부분에서 T.P와 E.P 연결 부위부터 뿌리 부분을 돌려준다.

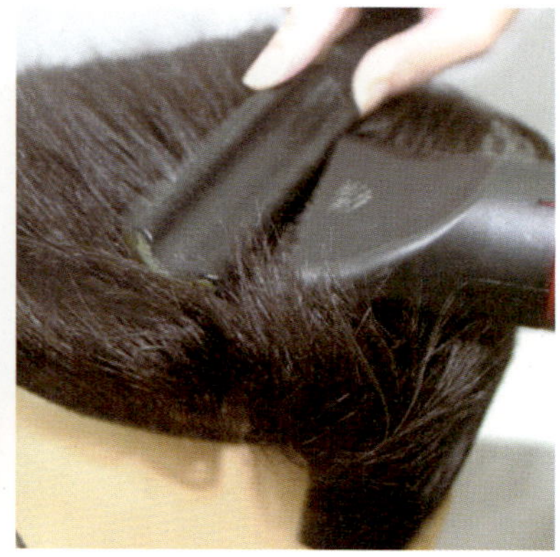

9. 방향성을 잡기 시작한다.

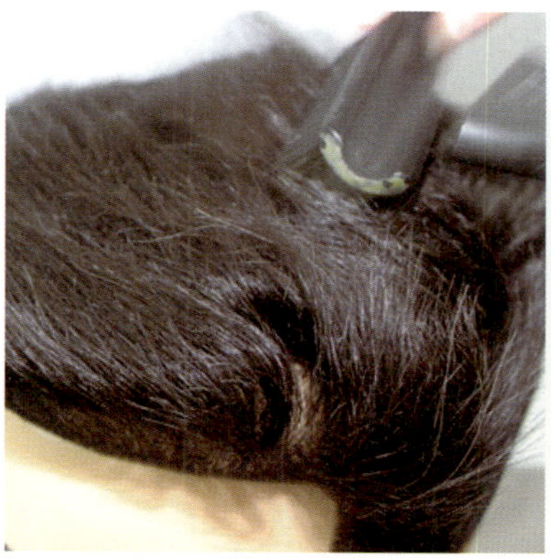

10. T.P와 G.P 사이의 연결 부분의 뿌리를 돌려준다.

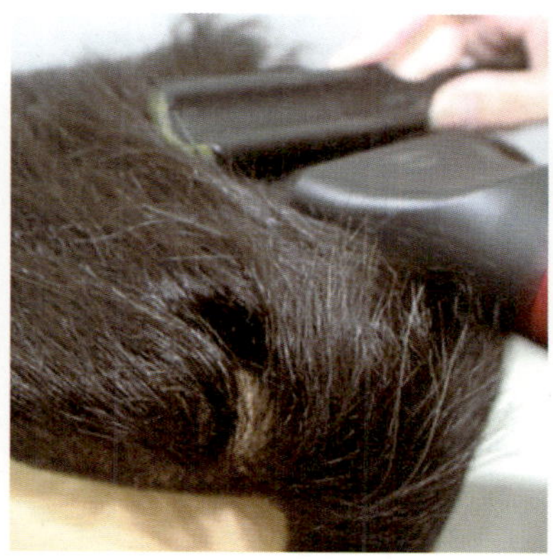

11. 뿌리를 돌려준 후 모류 방향으로 연결시킨다.

12. 방향대로 열과 바람을 준다.

13. 모류 방향에 맞게 앞머리 라인을 잡아준다.

14. 스퀘어 라인과 모류 방향에 맞게 릿지를 잡아준다.

15. 틀어준 뿌리 방향에 맞게 결 드라이를 해준다.

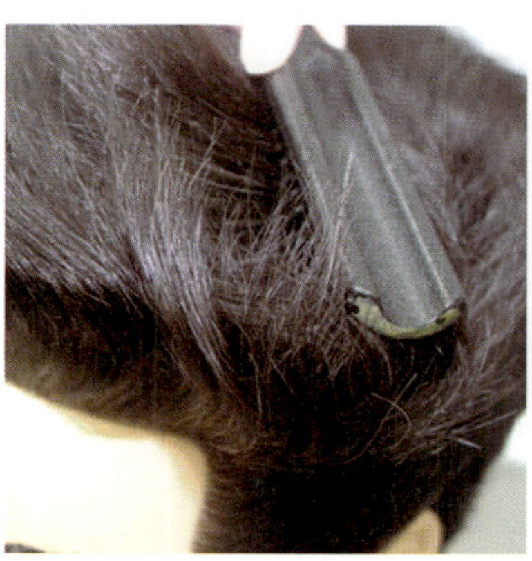

16. 결 드라이 후 틀어진 뿌리를 다시 잡아준다.

17. 틀어진 뿌리를 잡은 후 다시 결 드라이한다.

18. 최고 볼륨 연결 부분 쪽 틀어진 뿌리도 다시 잡아준다.

19. 오른쪽 사이드와 탑 부분 모류가 만나는 지점을 하나의 결로 드라이한다.

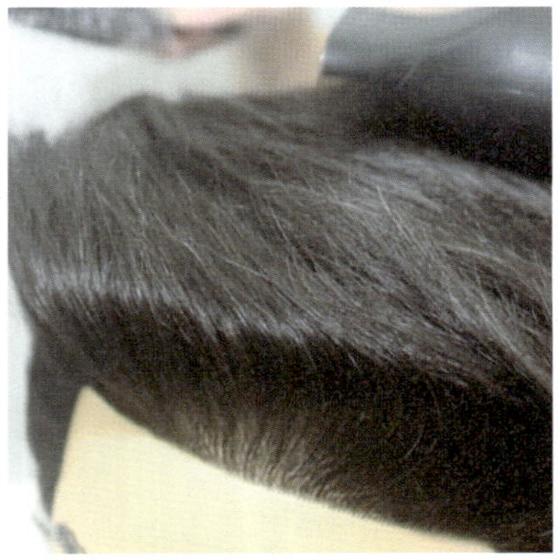

20. 앞머리 라인도 같이 연결한다.

21. 모류가 겹치는 부분을 잡고 열을 준다.

22. 끝까지 방향에 따라 바람과 열을 준다.

23. 왼쪽 사이드 스퀘어 라인이 무너지지 않도록 뿌리 부분에 열을 준다.

24. 뿌리에 열을 준 후 각을 살리는 부분에 열을 주고 고정시킨다.

25. 스퀘어 라인에 맞게 브러쉬를 수평으로 한다.

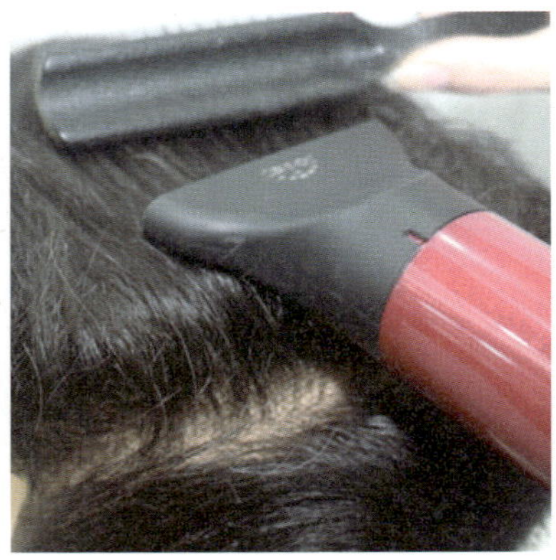

26. 스퀘어 위치 고정 후 결 드라이로 연결시킨다.

27. 최고 볼륨으로 연결되는 부분이 무너지지 않게 다시 잡아준다.

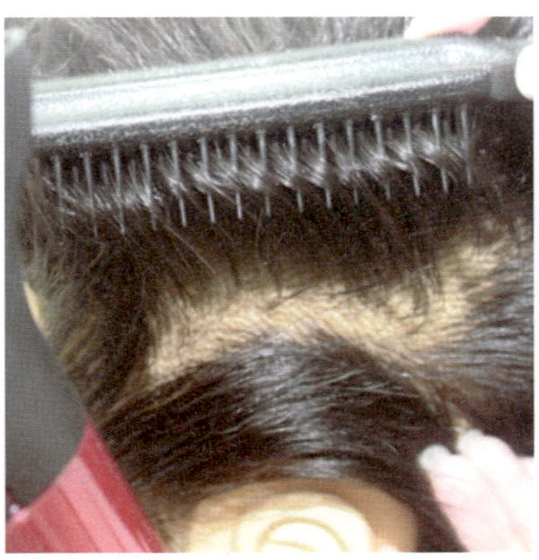

28. 스퀘어 라인 고정 후 사이드 부분은 앞으로 당겨 고정시킨다.

29. 뒤로 넘어간 뿌리를 당겨 고정시킨 후 스퀘어 라인과 연결시킨다.

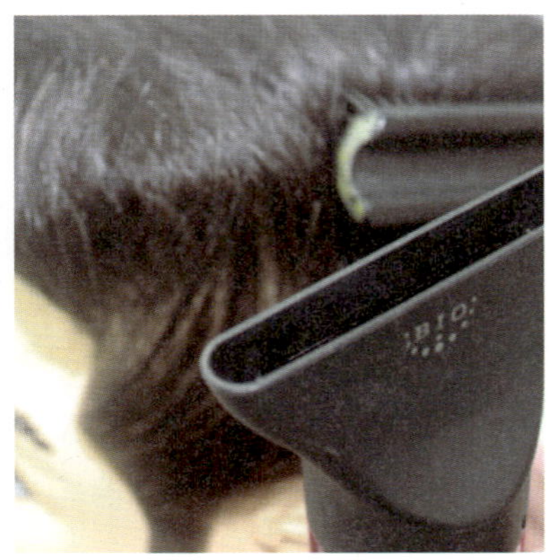

30. 열을 주고 브러쉬로 자리를 잡고 뜸을 들인다.

31. 다음 패널도 같은 기법으로 고정시킨다.

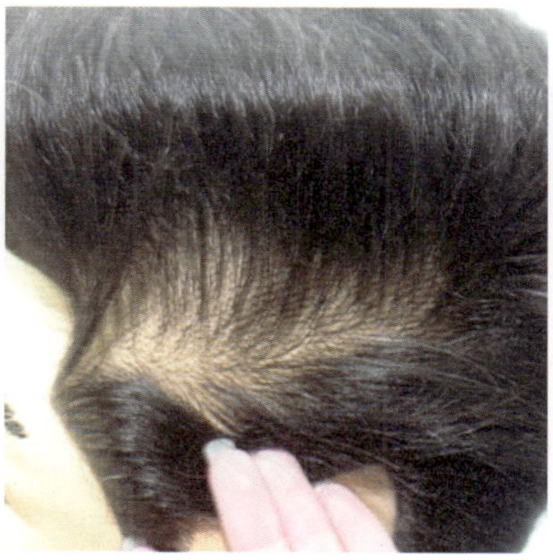

32. 사이드 뿌리 고정 모습이다.

33. 앞머리 라인과 연결시킨다.

34. 뿌리 고정 후 결 드라이한다.

35. 사이드 드라이가 끝난 후 탑 부분과 연결시키는 결 드라이를 한다.

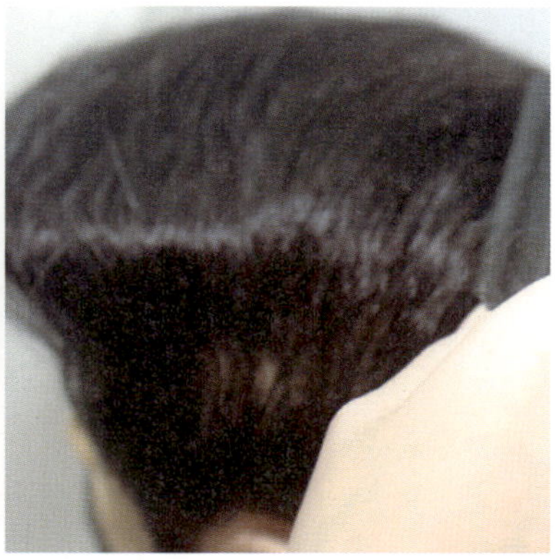

36. 최고 볼륨 연결 부분도 볼륨이 무너지지 않게 연결 드라이한다.

37. 탑 부분 완성 모습이다.

38. 앞머리 완성 모습이다.

39. 왼쪽 사이드 완성 모습이다.

40. 뒷모습 완성 모습이다.

41. 오른쪽 사이드 완성 모습이다.

맘보 드라이

Blow Dry

Chapter 7

Man's 스타일 연출

1. 스트록춰 시술하기

1. 스트록춰 시술하기

(1) 스트록춰 시술하기란?

남성 헤어스타일에 드라이와 브러쉬를 이용하여 다양한 웨이브를 연출하는 기법이다.

(2) 사용도구

드라이기, 브러쉬, 스타일링 제품

(3) 시술순서

1. 시술 전 모습이다.

2. 각 살리는 부분을 나눈다.

3. 뿌리 부분에 열을 준다.

4. 뿌리를 살리기 위해 모류의 방향을 역방향으로 밀어준다.

5. 역방향으로 밀어준 후 모발을 위의 방향으로 진행한다.

6. 각을 살려 고정시킬 부분에 열을 준다.

7. 사이드 부분부터 볼륨을 살려 각을 만든다.

8. 구레나룻 부분은 밀착시키고 윗부분은 뜨도록 브러시가 들어가는 각도를 조절한다.

9. 브러쉬의 방향을 모류 진행 방향 반대로 잡아 릿지를 잡아준다.

10~12. 핑거 웨이브처럼 모류 방향을 45°로 꺾은 부분을 내려 다시 약간 올려주면서 웨이브를 형성한다.

13~14. 동일한 방법으로 모선까지 드라이와 브러쉬를 이용하여 웨이브를 형성한다. E.B을 지나 코너까지 진행한다. 위와 같은 방법으로 릿지를 만들면서 진행한다.

15. 브러쉬로 잡고 열을 어느 정도 준 상태에서 정지시켜야 릿지가 더 선명해진다.

16. 모선 끝까지 웨이브를 형성한다.

17. 완성된 사이드의 모습이다.

18. 백으로 넘어가는 모습이다.

19~21. E.B과 B.P 사이에 릿지의 크기를 정하면서 위치를 선정한다.

22~24. 릿지의 크기가 어느 한쪽으로 쏠리는 것을 막기 위해 브러쉬 넓이만큼 잡아준다.
웨이브 형성 시 모발 내부까지 웨이브 릿지를 잡아주어야 형태가 안 무너진다.

25~27. G.P 부분에 최고 볼륨을 형성하기 위해 모류의 역방향으로 뿌리를 잡고 열을 가한 후 고정시킨다.

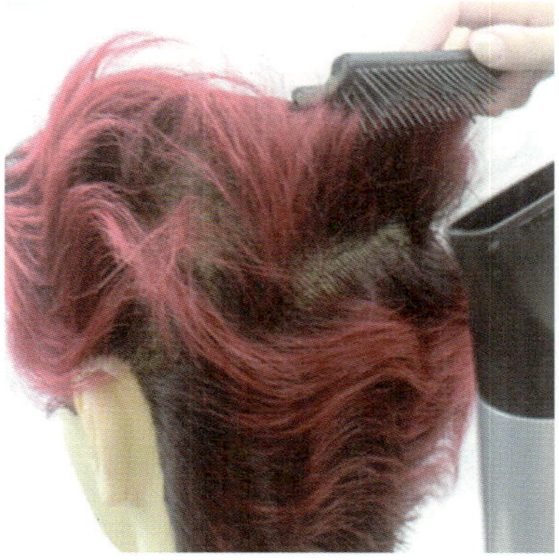

28.다음 패널도 같은 방식으로 고정시킨다.

29~30. 백 부분 스퀘어 라인에 맞게 뿌리를 고정시킨 후 B.P에 잡아놓은 릿지 라인에 맞추어 연결시킨다.

31~33. 이때 최고 볼륨이 무너지지 않게 브러쉬가 들어가는 각도를 조절한다.
사이드 코너 부분과 만나는 부분은 잘 무너지기 때문에 특히 주의한다.

34. 백 부분 드라이 완성 모습이다.

35. 오른쪽 사이드 스퀘어 라인 부분을 나눈다.

36. 모발과 드라이 각도

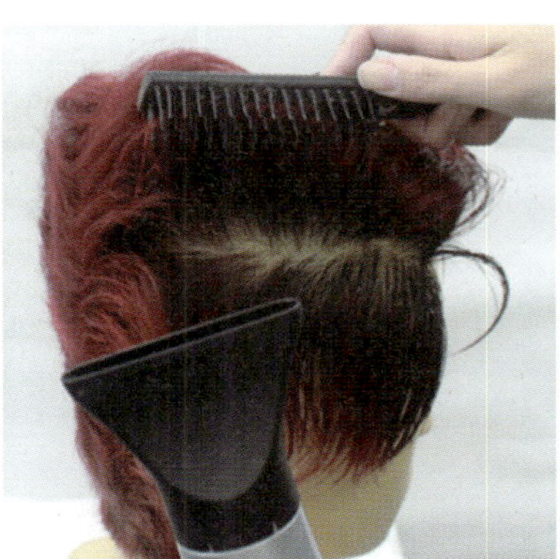

37. 뿌리를 역방향으로 앞으로 당겨 고정 시킨 후 모발을 위로 진행한다.

38. 다음 패널도 같은 방법으로 진행한다.

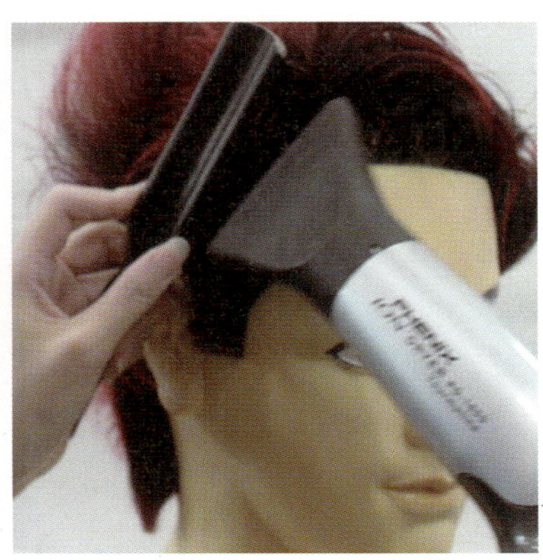

39. 템플 부분에 볼륨을 살려 각을 만들어 준다.

40~42. 릿지의 방향을 맞추기 위해 왼쪽 사이드와 다르게 구레나룻 부분에 작은 릿지를 하나 더 만든다.

43~45. 작은 릿지를 만든 후 왼쪽 사이드와 같은 방법으로 3단 릿지를 만든다.

46~48. 드라이 시 브러쉬 아랫부분은 두피에 밀착시키고 윗부분은 두피에서 띄우도록 한다.

49. 브러쉬 웨이브 각도

50. 오른쪽 사이드 완성 모습이다.

51. 앞머리 시술 전 모습이다.

52. 앞머리 드라이 시작 전 모습이다.

53. 스퀘어 라인에 맞게 모발을 당겨 드라이한다.

54. 사이드 코너 스퀘어 라인과 연결시킨다.

55. 사이드 코너와 연결시킨다.

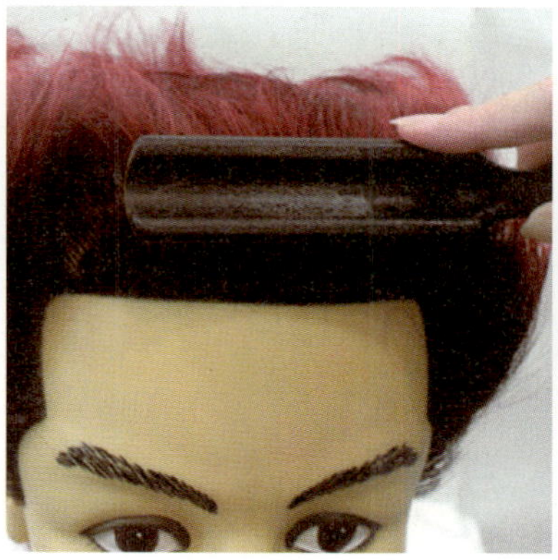

56. 릿지를 만들 방향으로 뿌리를 틀어준다.

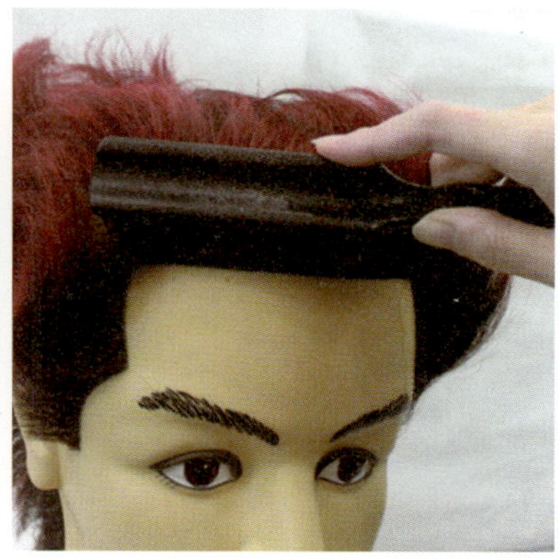

57. 사이드 코너 부분도 같이 연결시킨다.

58. 모발과 브러쉬 각도

59. 앞머리와 사이드 모류가 같게 연결시킨다.

60. 웨이브를 만들면서 웨이브 방향으로 이동한다.

61~62. 앞머리 라인을 만든 후 센터에서 최고 볼륨 사이에 릿지의 크기를 정하면서 위치를 선정한다. 릿지의 크기가 어느 한쪽으로 쏠리는 걸 막기 위해 브러쉬 넓이만큼 잡아준다.

63. 웨이브 형성 시 모발 내부까지 웨이브 릿지를 잡아주어야 형태가 안 무너진다.

64. 모선 끝까지 웨이브를 형성한다.

65. 측면 웨이브를 시작한다.

66. 사이드 스퀘어 라인과 탑 부분 릿지가 방향이 맞게 서로 연결을 시작한다.

67~69. 사이드 스퀘어 라인과 탑 부분 릿지가 방향이 맞게 서로 연결해 준다.

70~72. 드라이 후 릿지를 확실히 표현해야 할 부분에만 브러쉬 바깥살을 사용하여 열을 가해 더 확실히 보일 수 있게 한다.

73. 모선의 끝까지 연결한다.

74. 완성된 드라이의 모습이다.

75. 드라이 후 광택 스프레이로 마무리한다.

76. 굵은 빗으로 릿지 골을 살려 빗질한다.

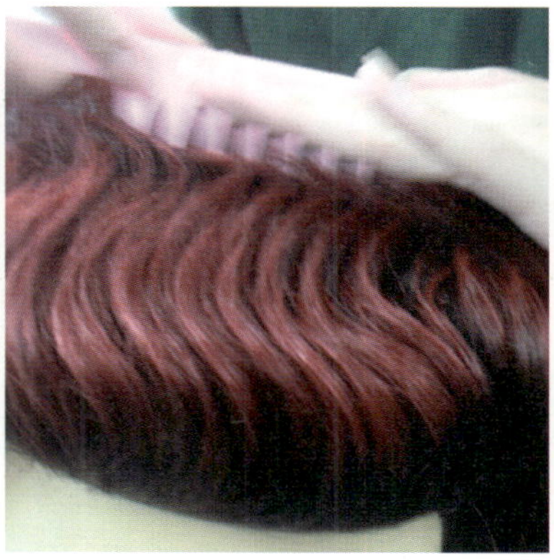

77. 릿지가 연결되게 빗질한다.

78. 스퀘어 라인을 살려 빗질한다.

79. 사이드와 백 부분이 연결되게 한다.

80. 오른쪽 사이드 완성 모습이다.

81. 앞부분 완성 모습이다.

82. 탑 부분 완성 모습이다.

83. 왼쪽 사이드 완성 모습이다.

84. 백 부분 완성 모습이다.

스트록춰 스타일

참고문헌

1. Blow Dry, 청구문화사, 권기형외 9인, 2006.
2. 드라이론학, 고문사, 지상기, 2001.
3. Iron & Blow Dry Styling, 훈민사, 강영숙외 10인, 2005.
4. 블로우 드라이 & 헤어세팅 & 아이론, 훈민사, 조미영외 7인, 2006.
5. 블로우 드라이 & 아이론, 청구문화사, 정년구외 13인. 2011.